NF文庫
ノンフィクション

海軍水上機隊

体験者が記す下駄ばき機の変遷と戦場の実像

高木清次郎ほか

JN245644

潮書房光人社

海軍水上機隊——目次

写真提供／各関係者・遺家族・『丸』編集部・米国立公文書館

海軍水上機隊

体験者が記す下駄ばき機の変遷と戦場の実像

サイパン沖「最上零水偵」苦難の索敵行

海戦の〝裏方〟重巡水偵隊の粘り強い戦い

当時「最上」飛行長・元海軍少佐　江藤圭一

私は昭和十二年三月に江田島を卒業（海兵六四期）し、明くる十三年八月、私たちのクラス百六十名中の六十名が飛行学生を拝命して、霞ヶ浦航空隊にあつまった。そして、そのほとんどが本人の希望どおりに陸上機と水上機の二組にわけられた。うち二十四名が水上機専攻の学生であった。

初歩練習機課程は霞ヶ浦航空隊の坂をおりた霞ヶ浦湖畔にある阿見の水上飛行隊で、九〇式水上練習機による操縦訓練を受けた。つづいて土浦市からバスで一時間以上かかる安中村に新しくできた鹿島航空隊で、九三式中間練習機による教育がおこなわれた。

江藤圭一少佐

そのころの飛行学生のコースは、これら練習機課程を約八ヵ月間で修了して、さらに操縦と偵察学生課程にわかれた。偵察は横須賀航空隊で、操縦は戦闘機、爆撃機、攻撃機、水上偵察機などにわかれて館山、大分、大村空などで四ヵ月間の実用機教程にすすんだ。

水上機組の二十四名のうち十名が、練習機教程の成績と適性および本人の希望も若干加味されて、偵察学生を命ぜられた。若かったので、ほとんどが操縦をのぞんでいたようだが、適性がといわれると偵察もやむを得ない。私も残念ながらその一人であった。

飛行学生の全教程を修了したあと、四ヵ月ばかり内地の航空隊で部隊実習をおこない、艦隊の戦艦、巡洋艦級の飛行士となって、艦隊勤務についた。

昭和十四年十一月、私は海軍中尉で戦艦伊勢《いせ》の飛行士として乗り組んだ。水上機乗りとしての、初の艦隊勤務である。当時、伊勢には九五式水上偵察機が、予備機もふくめて四機搭載されていた。

翌々年の昭和十六年四月まで約一年半を戦艦伊勢飛行士として、カタパルトによる射出発艦や洋上における揚収、夜間の海上を照射するサーチライトの光芒に添《そ》っての着水法など、いろいろな経験をつみかさねることができた。

その水上偵察機の洋上における揚収についてだが、航空母艦の飛行機の場合には、母艦の飛行甲板に発着すればよいし、戦後の海上自衛隊にもヘリ搭載艦ができた。しかし、カタパルトで射ち出し、海上に着水してこれを揚収するという、まことに手数がかかり、危険かつ困難な運用作業を要する艦載水上偵察機というものは、戦後まったく姿を消してしまった。

水上偵察機の洋上着水や揚収作業は、旧海軍においては長い年月をかけて研究演練されたが、ベテランのパイロットでも毎回毎回が真剣勝負で、まことに至難なわざであった。

任務を終えて帰投した水上偵察機は、母艦の上空を旋回しながら着水許可の合図を待つ。艦はいちど風上に艦首をむけ、全速力で左または右へ三六〇度旋回して、ふたたび艦首を風上に立てたところで機械を後進一杯にかけ、艦の行き足をとめる。艦の全速力回頭により、真っ白い航跡が描かれる。この航跡により外洋の波頭が一時的にけずられ、白い航跡の中はなだらかなうねりとなる。航跡の幅は二百メートルくらいあり、その中に着水するようパイロットは愛機をなだめすかしながら、たくみにあやつって航跡の白い帯の中に着水する。

波頭はけずりとったとはいえ、うねりがあるので、簡単には着水できない。たいていの場合、三回ぐらいはフロート(浮舟)を波に叩かれ、五、六メートルぐらいの高さでジャンプしながら、うねりの山または谷に落着水する。飛行機の脚が折れず、翼端をうねりの山にすくわれることもなく、ぶじに着水したときはホッとしたものである。

着水で第一難関をぶじにパスしても、つぎに艦の舷側に飛行機を水上滑走で持ってゆくのが、これまた大変である。エンジンをしぼると、水上機は自然と風上に機首をむける。おまけに水面を滑走するので、ブレーキが効《き》かない。そうして、舷側に吊り下がっているデリックのブロックの真下に飛行機を持ってゆかねばならない。

洋上揚収の場合は、うねりの山や谷で機体は大きく上下しながら、頭上で相対的に上下する大きな鉄製のブロックのフックに、飛行機に取りつけてあるタスキ状の吊索のフックを引っ掛けなければならない。これをたくみに掛けるのは後席の偵察員の仕事である。九五式水偵は二座機なので、後席の偵察員が士官であろうとやらねばならない。

ともかく飛行機をだましながら、舷側と翼端の間隔が二メートル程度の近さまで接近させないと、ブロックの真下にたどりつけない。したがって、この操作技術はかなりの訓練と経験を必要とした。

これが作戦海面では、敵潜の攻撃を警戒しなければならないので、飛行機の揚収艦はしばし戦列をはなれて揚収作業をおこなうことになる。この場合、対潜警戒の駆逐艦がかならず一隻、周囲の警戒にあたってくれたものである。

揚収も悠長にはできない。きわめて迅速におこなう必要がある。乱暴だが、たとえ飛行機が壊《こわ》れても搭乗員だけをひろいあげればよい、という場面もあった。

サイパン沖で展開した「あ」号作戦のときは、私は巡洋艦最上《もがみ》に乗っていたが、飛行機がデリックに吊られ、水面をやっと切ったと思われたとき、艦は全速で前進を開始した。そのため、その風圧と艦の動揺で、デリックに吊られたままの私と飛行機は、夏祭りのサーカスのブランコよろしく、しばし高所でゆられるハメになった。

そして、せっかく無事に揚収した飛行機をデリックにぶつけて壊《こわ》しはしないかと、キモを冷やしたものである。戦争中、水偵揚収作業中に艦が敵潜にやられたことは一度もなかったが、水上機の用兵上この点は弱いところであった。

＊

昭和十九年五月ごろ、私は巡洋艦最上の飛行長を拝命して、シンガポールで乗艦した。戦前からの練度の高い搭乗員は、もう数えるほどしか残っていなかった。内地の練習航空隊で教官をしていた古参搭乗員をかきあつめて、艦隊に配属したような状況であった。それでも艦上機にくらべれば、水偵の搭乗員の練度は、身屓《みびい》きかもしれないが、いくぶん高かったと思う。

当時の第二艦隊（栗田健男長官）の水上偵察機の保有数は、総計四十機はあったと思う。その大部分は零式三座水上偵察機で、任務は洋上単機索敵、攻撃、前路哨戒などであった。

このころの水偵隊は連日、哨戒飛行をかねて単機遠距離洋上航法、通信訓練を反復演練した。シンガポールにあるときは、セレターの水上基地を利用して訓練をおこなった。一回の飛行には六時間から七時間を想定し、基地から洋上三五〇浬《かいり》付近まで進出して洋上航法、遠距離交信訓練を実施した。

とくに厳重なる無線封止中の交信法として、電波の輻射《ふくしや》を局限するため、通信の呼出符号を一番索敵線の飛行機の場合にはモールスの短符「トン」ひとつとし、二、三番と以下順次、短符を二つ三つとするなどの取り決めをしてあった。約二ヵ月間の訓練で、相当の練度まで向上し、洋上四〇〇浬の地点から、泊地の旗艦と短符ひとつで連絡が確実にとれる域までに技量は急速に向上していった。

艦長の目にあふれる涙

私が零式三座水上偵察機（零式水偵）で参加した最後の作戦は、サイパン沖の敵機動部隊

後檣に取りつけられた揚収用クレーンに吊り上げられてカタパルト上へセットされる重巡足柄の九五式水偵。その左方の九五水偵との間に九四水偵の機首がのぞいている

を捕捉撃滅せんとする「あ」号作戦であった。

昭和十九年六月十九日午前二時、「飛行長、時間です」という後部弾火薬庫番兵の声に起こされた。三時間ぐらいしか眠っていないので頭はボーッとしている。艦はかなりガブッていて足もとがふらつく。

抽出《ひきだし》から〝航空錠〟をとり出し、水なしで呑みこむ。洗濯したばかりの晒《さら》しをいつもより少しきつめに巻き、下着も全部清潔なものに着がえた。飛行服を着おわるころには航空錠が効いてきたらしく、頭がスーッとさえてくる。

うす暗い艦内通路を、いくつかのマンホールをくぐりぬけて艦橋に上がってみると、ものすごい嵐だ。かなり大きなスコールの中に突っこんでいるらしい。暗幕をめくってチャートボックスに頭を突っこむと、チャートを照らす灯が寝不足の眼に痛く、まぶしい。

艦隊は北へ直進中で、午前五時に四五度に変針、サイパン島にむけてコースが引かれてある。私は航空図に午前三時の推測位置と所要のデータを記入し、暗号情報電報にひととおり目を通した。サイパン島周辺には、数群の敵機動部隊が待ちかまえているらしい。

当時の巡洋艦最上には零式三座水偵を予備機も入れて五機搭載しており、第一段索敵にはそのなかの二機が使用されることになっていた。敵機動部隊の捕捉殲滅《せんめつ》が目的の作戦であり、当然、サイパン沖の敵機動部隊との会敵の算はきわめて大であった。したがって、参加搭乗員はパイロットも偵察員も電信員も、すべてAクラスで組んだ。

前夜おそくなって、この搭乗割を示した飛行作業命令簿を搭乗員室へわたすと、案の定、予科練出身の最若年の連中が、私室に押しかけてきた。

「私を征《い》かせてください」

「どうして飛行長や先任だけで征くのですか」

「私たちでは役に立たぬと思われるのですか」

「いつまでも待機員にまわされるのでは、郷里《くに》の両親に顔むけができません。お願いです。なぜ駄目なのですか」

彼らは口ぐちに、うつむいている私の顔をのぞき込むようにして抗議した。私は即答できなかった。事実、彼らはこの最上に乗り組んできてから、昼夜をわかたぬ激しい訓練に、泣きごとひとつ言わずよく頑張ってついてきてくれた。平穏な状況下では、夜間飛行もなんとかこなせるようにはなっていた。

だが、敵機動部隊の前方には、数十機のグラマン戦闘機が厚い警戒網を張っている。わが劣速の水上偵察機が敵を発見触接するころには、すでに夜が明けている。単機で洋上数百浬を飛ぶ水偵を掩護する味方は何もいない。グラマンに見つかればイチコロである。敵にたどりつくまでは、なんとしてもグラマンから韜晦《とうかい》しなければならないが、これは至難のわざである。明日が最期の日となる公算も大きい重要な作戦である。彼らの気持ちは充分わかるが、若い彼らにはまだ無理だ。はっきり覚えていないが、「この次はかならず君たちにやってもらうから、そう先をあせるな」ということで、なんとかなぐさめ説得した。すごすごと部屋を出てゆく姿を見ながら、ひょっとしたら、これが彼らとの最後の別れとなるのではないか、と珍しく私は感傷にひたった。

飛行機の射出発艦は、日出二時間前の予定である。午前三時以降は、即時待機が下令されていた。

「飛行長、搭乗員整列よろしい」と先任搭乗員が低い声で報告してきた。

飛行服を着た私を見て、艦長の藤間《とうま》良《よし》大佐は、「飛行長、君も征くのか」とひとことといわれて、「下に行こう」私の背を押すようにして、われわれ搭乗員一同を艦橋のすぐ下の、細長く狭い艦長休憩室に連れていかれた。

そして前もって用意されたらしい小さなウイスキーグラスを搭乗員一人ひとりに渡され、ブランデーを注いでくださり、「では油断なく、成功を祈っているよ」といわれて、グラスを捧げられた。

狭苦しい、うす暗い部屋で、私は艦長と肩がふれるほどの距離にあって、艦長の両眼に涙がいまにも溢れそうになっているのを見た。

「好いおやじだな」と思った。

待機するカタパルト上で見た母の顔

後甲板のカタパルト上では、整備員がけんめいに愛機のウォーミングアップをしていた。

交替して機上の人となる。まもなく前席のパイロットから、ついで後席の電信員から、落ち着いた声で「出発準備完了、異状なし」の報告を受ける。

艦は依然スコールの中にあって大きくピッチングをくりかえし、波しぶきはスコールとともに後甲板に容赦なくたたきつけてくる。飛行機は高いカタパルトの上に載っているので、真っ暗闇の海原にむかって、大きく揺れている。眼前に展開するのは、黒い雨、黒いうねり、漆黒《しっこく》の海原である。これが平時の演習訓練であれば、当然、中止である。

エンジンの吐き出すわずかな排気炎がメラメラと光るだけで、座席の前の計器盤の針が青白く、まるで生きもののように、どれもかすかに振れている。航法要具、メモ板、暗号書など、必携物件に忘れものなし。「射出はじめ」の号令が下るまで、スコールに激しくたたかれながら、外の暗闇をじーっと眺めていると、ふいに母の顔が浮かんだ。

夢でも見ているように、闇の中にはっきりと母の顔を見た。出撃前、シンガポールの基地で受けとった母からの手紙を想い出した。

「銃後の守りは引き受けました。老いたりとも、この母は万一メリケンが上陸してくるようなことがあれば、鎌をふりかざして、メリケンと刺し違える覚悟です。どうか後顧の憂いなく存分にお国のために……」闇の中の母は、ふたたびそう語りかけてくれた。

いつも首から下げて、肌着の内側から温めているお守袋の中には「南無八幡大菩薩」「えびす様の小さなメタル」「天満宮」「弘法大師の御札」などが入れてあった。あるとき、空中で退屈なあまり禁をおかして中味をのぞいて見たことがあった。

太平洋のど真ん中で機がエンストを起こし、高度二千メートルから三角波の荒れくるう海面すれすれまで落下して、やっとエンジンがかかって命びろいしたときも、またエンストで不時着水して島にむかって泳いだときも、あるいは艦がやられて海に飛び込もうとしたときも、いつもこのお守りは身につけていた。そして必ず私は母に祈ったものだ。そのおかげか私は悪運強く生きのびては、つぎの戦闘に参加してきた。

カタパルトの上で二十分以上は待たされたであろうか。ようやくスコールも小止みになりかけたころ、「射出用意」の赤ランプがふられた。相変わらず、周囲は水平線も何も見えない真っ暗闇であり、艦は赤腹を出すほどに大きく揺れている。

エンジンをフル回転にいれて、パイロットが軽く手をあげると、ぐっと体が座席の後方に押しつけられ射ち出された。艦をはなれ機体が宙に浮かぶと、急に気分がスーッとして、肩の荷がおりたような気持ちになった。

敵空母を発見したら、敵の警戒網をくぐりながら、たくみに触接して味方攻撃隊を電波誘導し、燃料のつづくかぎり触接をつづける。そして攻撃隊の戦果を確認して打電したあと、敵艦に体当たり攻撃をくわえることが、われわれ水偵隊の暗黙の約束であった。

——さかのぼること一年前の昭和十八年夏、私はクェゼリンの第九五二航空隊からラバウル在泊の巡洋艦熊野《くまの》の飛行長を命ぜられて転任したが、それから年末までに、能代、愛宕と転任して、昭和十九年はじめにひさしぶりに内地へ帰り、呉航空隊の飛行長になった。

ここでもわずか三ヵ月の勤務で、ふたたび最上飛行長を拝命した。練習航空隊のベテラン教官教員が呉空に呼集され、零式三座水偵十五機に配乗して、シンガポールの艦隊に空輸されることになった。五機ずつ三組にわかれ、それぞれ呉空を飛び立って沖縄、台湾、海南島、サイゴンを経由してシンガポールに到着した。この長距離を、十五機全機ぶじに空輸できたことは、水偵隊として特筆にあたいすることと思う。そして、このとき集まった水偵搭乗員は、手持ちのA、B級熟練搭乗員の最後ではなかったかと思われる。

ともかく、これらの搭乗員はリンガ泊地に在泊中の第二艦隊の各艦に飛行機ともども乗艦し、さっそく次期作戦にそなえての猛訓練に移ったのである。このようにして、私は最上に着任いらい二ヵ月間、くる日もくる日も訓練に全力を傾注した。そしてこの日の「あ」号作戦を迎えたのである。

燃料ぎりぎり危機一髪の帰投

さて、艦をはなれたわれわれは、スコールの中をガブられながら三十分も飛んだであろうか。ようやくスコールを抜けると、前方がしだいに明るくなってきた。太平洋の夜が明けたのだ。

敵のレーダーを警戒しながら、高度五〇〇メートルで飛行した。海面はかなり荒れ模様で、白波が細いすじを引いていた。艦隊の進撃針路は四五度。

これにたいし、第一段索敵（第一回目の索敵）は、この基準針路四五度線を軸とし、扇形に左右に十五度ずつひらいて、右方を三、五、七、左方を二、四、六番索敵線として、計七機の零式三座水上偵察機が使用された。進撃正面に進出する一番線の索敵機の進出距離は、当然、他機よりもっとも遠い四二〇浬であった。

砲塔を撤去した重巡最上の後部飛行甲板上の水偵群。
単葉双浮舟が零式水偵、複葉単浮舟が零式観測機

わが最上機は、主隊の左側方四、六番索敵線を受けもった。私は四番索敵線で、進出距離は三五〇浬であった。

この第一コースの先端に到達したのは、七時を少しまわっていたと思う。すっかり良い天気となり、視界も良好となった。しかし、風はかなり強いらしく、海面には相変わらず白波が長いすじを引いていた。飛行中、ときおり、この白波の流れを観測しながら、風向風速と実速力を計算盤で求めるわけである。

パイロットはベテランの前田飛曹長、後席の電信員は中村一飛曹である。エンジンは快調、後席に声をかけてみると、通信状況良好、異状なしとのことで、まだ、どの索敵線も敵に遭遇していないらしい。

小沢中将ひきいるわが第一機動艦隊

の兵力は、大鳳《たいほう》、翔鶴《しょうかく》をはじめとする空母九隻、大和、武蔵などの戦艦七隻、愛宕、高雄など巡洋艦十四隻、駆逐艦二十九隻、その他給油艦九隻ほどであった。母艦の搭載機数は四百機をこえていたと思う。戦艦、巡洋艦搭載の零式三座水偵の総数約四十機は、われわれ第一段索敵につづいて、第二、第三段と、ほとんど全機が前路警戒、索敵に使われたとあとで聞いた。

このころは、わが艦隊も敵影をみとめぬまま、予定どおり針路を四五度にとり、サイパン沖の数群の敵機動部隊を求めて進撃をつづけていた。

索敵線の先端に到達すると、いっきょに高度二千メートルまで上昇し、四周の水平線の敵影を双眼鏡で捜索する。依然、敵影を認めず。そこで、右に九〇度旋回し、第二コースの航程七五浬に入る。前述のとおり、敵レーダー網を極力警戒し、ふたたび高度を五〇〇メートルに下げて飛行をつづける。

第二コースの先端に到達するころ、たしか八時少し前だったと記憶しているが、後席の中村一飛曹から、やや興奮した声で「敵大部隊発見」の報告を受けた。これが、前方索敵線（七番索敵線）の能代《のしろ》機からの第一報であった。

中村一飛曹は急に忙しくなった。いままで静寂だった空間も、たちまち無線封止が解かれ、作戦通信が輻輳《ふくそう》するようになった。母艦からつぎつぎと攻撃隊が発進する状況も、中村一飛曹はキャッチしていた。索敵機の進出距離から逆算して、彼我の距離は約三五〇浬と測定され、敵もおなじくわが艦隊を発見し、敵機来襲も必須となった。

第三コースは、わが艦隊の基準針路四五度として、最上との会合予定時刻と地点を計算して決め、帰投コースに入った。母艦の艦上機とわれわれの水偵とを比較すると、水偵は車輪にかわる浮舟をつけているので、この分だけ抵抗が多く、二個の浮舟を有する零式三座水偵は、時速として二〇ノットは損をしているのである。実速力は一一〇ノットくらいであった。敵機と遭遇した場合は、超低空、海面すれすれまで高度を下げるか、付近の雲中にもぐり込むかして敵から韜晦《とうかい》し、攻撃を回避するしか手はなかった。

敵影をみとめぬまま、予定どおり帰投コースを飛んでいるうち、二艦隊旗艦の愛宕から全索敵機にたいして、午前九時の愛宕の艦位を通報してきた。さっそく図面にいれてみると、前方にいるはずが、まったく反対の方向に位置が出た。不審に思い、後席の中村一飛曹から受信暗号電文をとりあげ、暗号書をひきなおしてみた。しかし、電文にまちがいはない。

それでも、私は針路を修正することなく、それから一時間ばかりを飛行した。つぎに報らせてきた旗艦の午前十時の位置は、予定よりさらに後方に出た。あわててディバイダーで計ってみると、どうも部隊は反転したらしいということがわかった。

帰投コースを大きく修正したが、最上のいる本隊までは燃料ぎりぎりであった。結局、わが機は終始、無線連絡は良好であったので、ぶじに帰投できたが、この艦位通報がうまくとれなかったら、予定の会合地点にむかい、そのまま燃料がつきて不時着したであろう。事実、通信連絡不能のまま、未帰還の水偵も一、二機あったようである。

艦隊の行動が急に変更されたため、帰投針路も大きく修正しなければならなかった。飛行時間もそれだけ予定より長くのびた。順調にたどりついても、燃料はぎりぎり一杯である。

艦隊上空への到達予定時刻になっても、海面の白波と水平線に浮かぶちぎれ雲以外、何も見えない。風を測り針路を修正し、なんども計算をやり直してみたが、間違いはない。やむを得ない。いましばらく直進しよう。私が不安に思うとおなじように、前席パイロットの前田飛曹長から、艦隊上空への到達予定を聞いてきた。

「まもなく、前方に味方艦影が見えるはずだ」と答えておく。私は風防ガラスをマフラーでふき、双眼鏡でじっと水平線付近を見つめていると、キラリと光る一点を発見した。間違いなく、それは味方前衛部隊の駆逐艦であった。前田飛曹長もすぐそのあと、これを見つけて弾《はず》んだ声で前席から報告してきた。それから約二十分後、ぶじに最上の上空に帰投した。

着水を急いだゆえか、二回やり直して三回目にやっと着水した。風がつよく、海面は三角波が荒れくるっていた。揚収は一度でうまくいった。揚収のための時間のおくれをとりもどすため、全速力で主隊を追う最上の艦橋にのぼると、艦長の藤間大佐は私の両肩を抱くようにして、ぶじの帰還を喜んでくださった。

分隊士の飛行機からは、それまで何度も呼び出してみたが、通信連絡がないとのことだった。私は艦長への報告が終わると、ただちに電信室へ駆けこんだ。そばに通信長がいるのに、私は電信員を叱咤《しった》しながら、分隊士の飛行機を呼びつづけさせた。

「だめです。全然、応答ありません」というのに対し、「もう一度もう一度」私は諦めきれずに、分隊士の飛行機を呼ばせた。電信員も黙ってけんめいにキーをたたき、ダイヤルをまわし、分隊士の飛行機を探してくれた。約三十分間、私にとって、その日でもっとも長い時間であった。

なお、この日、能代機につづいて、九番索敵線の熊野機も敵を発見した。二機ともたくみに敵の警戒網をくぐりながら平素の訓練どおり長時間触接し、能代機はじつに十数通の敵情報告をおこなったあと、消息を絶っている。

ガ島撤収　にっぽん水上機隊南へ飛ぶ

ソロモン最前線へ派遣された零水偵偵察員の体験

当時　R方面航空部隊派遣「妙高」掌飛行長・海軍少尉　小川次雄

昭和十七年にソロモン群島のガダルカナル島（ガ島）を占領した日本軍は、ただちに設営隊を送って飛行場を建設したが、海軍航空部隊を進出させるいとまもなく、アメリカ軍の大反攻にあって、せっかく設営した飛行場を占領されてしまった。

わが日本軍はこの飛行場を奪回しようと何度となく攻防戦をくりかえし、決死隊が飛行場に突入するということもあった。しかし、ついに敵の大兵力の前に屈して、飛行場を奪回することはできなかった。

この間に米軍は、ぞくぞくと後続兵力をガ島に送って膨大な量の物資を補給し、飛行場をりっぱに整備して大航空兵力をガダルカナル飛行場に集結させたのである。

ガ島にいた数千の日本軍は米軍の反撃にあい、飛行場の近くまで前進していたものが、しだいに西方に追いつめられ、ついには谷間とかジャングルの中にたてこもる始末だった。し

内地の小さな漁港に着水した重巡「妙高」搭載の
零式三座水上偵察機を見物に訪れた住民たち

かしそこでは、食糧や弾薬の補給はまったくつかない。それにくわえてジャングル特有のマラリア蚊に襲われて、ほとんどの者がマラリアにかかり、病死する者が続出して生きる力さえなくなってしまった。

連合艦隊司令長官はガ島にいる日本軍を撤退させることに意を決し、昭和十八年二月、ガダルカナル撤退作戦が開始された。当時わが海軍航空部隊は最前線にR方面航空部隊――これは飛行艇と二座や三座など水上機だけの部隊で、ブーゲンビル島の南方約二〇浬《かいり》の地点にあるショートランド島に基地があった。戦闘機隊はショートランド島のすぐ東にバラレ島という島があり、ここに零戦隊。それにブーゲンビル島のブインの飛行場にも零戦隊が、またラバウルには一式陸攻隊、零戦隊などが駐留していた（49頁地図参照）。

ラバウル基地からは連日、一式陸攻が飛びたち、ガダルカナルの米軍基地を攻撃していた。これを護衛して零戦隊も出撃していたが、待ちうける敵機と交戦しては、そのつど二機、三機と帰らない機があった。一方、R方面航空部隊の飛行艇や零式観測機（零観）は、これまた連日にわたって索敵に出ていたが、出撃のたびにかならず何機かは敵機の餌食にされていた。

零式観測機は、前線の基地へ物資を輸送する艦艇の護衛をするのが主な任務であるが、ガ島飛行場から大挙して飛来する敵戦闘機と空中戦闘をやったのでは、とても勝てるわけがない。こうして一機へり二機へりして、優秀な零観の搭乗員はほとんど空中に散っていったのである。

昭和十八年一月末、当時、私は第二艦隊所属の軍艦妙高《みょうこう》の掌飛行長で、零式三座水偵（零式水偵）の機長をやっていた。そのころ連合艦隊の主力はトラック島の艦隊泊地にあり、われわれは連日きたるべき決戦にそなえて猛訓練をつづけていた。ガダルカナル撤退作戦が計画されるや、第二艦隊の戦艦、巡洋艦に搭載されていた零式水偵の搭乗員五組がR方面航空部隊に派遣されることになり、私がその指揮官を命ぜられた。

やがてトラック島の基地から迎えにきた九七式飛行艇に便乗して、ラバウルの水上基地を経由してショートランド基地に到着したのが、昭和十八年二月一日であった。ガ島にいる兵員を救出に向かう駆逐隊を敵の魚雷艇からまもるのが、われわれに課せられた任務である。派遣された五組の三座水偵搭乗員は、任務に全生命をかけ、一人でも多くの戦友を救出しなくてはならないとかたく決心したのである。

護衛戦闘機一機もなし

昭和十八年二月三日、いよいよ第一回目のガ島撤退作戦が開始された。午前十時、ブインに集結していた駆逐艦二十隻は単縦陣となって、速力二十八ノットでソロモン群島の中水道を一路南下した。われわれはショートランド基地からこの光景を見送っていたが、どうかこの二十隻の駆逐艦がガ島にいる戦友たちを救出して、ぶじに帰ってくるよう祈った。

基地の椰子《やし》の木陰の涼しいところで、今夜の魚雷艇攻撃に出発する三機の零式水偵搭乗員がいろいろと作戦計画をたてている。そこへ先に出動した駆逐隊からの情報が入ってきた。

「午後二時、ソロモン群島の中間にさしかかったところ、ガダルカナル飛行場を出撃した敵の戦爆連合約五十機が襲撃してきた。空には味方の護衛戦闘機は一機もいない。敵の急降下爆撃機は、わが駆逐隊から一斉に射ちだされた対空砲火をくぐりぬけ、つぎつぎと襲いかかる。駆逐艦は右に左に爆撃を回避しながら全速でつっぱしる。

そのうちに駆逐艦の一隻に二五〇キロ爆弾が艦首に命中、ついに航行不能となってしまった。こうなっては、ガダルカナル撤退作戦に僚艦と行動を共にするわけにはいかない。僚艦がこれを曳航して帰らなければならない。だが、目指すガダルカナルには数千の戦友たちが救出を待っているから、他の艦は敵の攻撃が終わるとふたたび隊列をととのえて、一路ガダルカナルへ前進する」と。

午後七時から、ガ島の西北端付近に達した救出部隊は、大発（上陸用舟艇）をつかってガ島の将兵を駆逐艦に収容する。この作業は午後十一時までつづけられたが、この間に敵の魚雷艇が漂泊している駆逐隊をめがけて襲撃してくる。この魚雷艇を攻撃して駆逐艦をまもるのが、われわれ零式水偵隊に与えられた任務である。

綿密な計画をたてたわれわれ三機の零式水偵の搭乗員は、午後四時ショートランドを出発、一路サンタイサベル島レカタ基地を目指して飛行をつづける。まだ明るいので、敵の戦闘機に発見されないように低空で島の海岸線にそって飛行する。

約一時間後、薄暗くなったレカタ基地に着水する。待ちかまえていてくれた基地員に迎えられて、ただちに燃料の補給をはじめる。

めざすはガダルカナル上空

ソロモン群島中部にあるレカタ水上基地は、わが軍の最前線基地であり、海は遠浅で海岸は砂浜が何百メートルもつづいている。水上機の基地としては絶好の基地であるが、しかし一歩、島の中へ足をふみ入れればジャングル地帯で、海岸にはときどき大きなワニが出没するという、無気味なところでもある。この基地には、海軍から基地員が十五名、陸軍からは守備隊としてわずか一個小隊しか派遣されていなかった。

ラバウルから出撃してガダルカナル飛行場を攻撃にいく陸攻隊、それを護衛する零戦隊は、ブイン飛行場あるいはバラレ飛行場を飛び立った攻撃隊がガダル上空にさしかかるころ、待ちかまえていた敵戦闘機と空中戦闘になるのがつねである。

この空中戦闘の結果、物量をほこる敵の戦闘機の餌食《えじき》にされて墜落していく飛行機もある。中には傷ついて基地までたどりつけない機もでてくる。そのような時には、このレカタ基地にきて着水して飛行機を沈めても、搭乗員だけは助ける。助かった搭乗員は飛行機が行って救出する。

このような役目の基地として使用されていたレカタ基地も、敵に発見されてからは敵戦闘機が間断なくやってきては銃撃をくわえてくるので、昼間はぜんぜん使用できなくなってしまった。そこでわれわれは、主に夜間だけの基地として使用した。

レカタから目指すガダルカナルの上空までは約一時間である。すっかり暗くなったレカタ基地を午後六時に離水。満天の星は南十字星とともに輝いているが、海面は真っ暗で何も見えない。ところどころで稲妻がはしる。

午後七時、ちょうど出撃前に打ち合わせてあった駆逐隊が、島の将兵の収容を開始する時刻である。しかし、漂泊している駆逐艦の姿は上空からはぜんぜん見えない。われわれ三機の零式水偵は、高度を三〇〇メートル、四〇〇メートル、五〇〇メートルと差をつけて、協定した区域の哨戒をはじめる。

米軍の魚雷艇基地は、われわれが飛んでいる地点から約一〇浬くらい東の方向にあり、飛行場もその方向にあって、飛行機が離着陸するたびに青赤白の電灯がパッとつくから、飛行場の場所は電灯のつくたびにはっきりと見える。

魚雷艇は必ず東の方から進撃してくるにちがいない。そう確信して、とくに東の方向を注意深く警戒しながら哨戒飛行をつづける。時計を見ると十時を指している。

三隻の魚雷艇を撃退

このまま十一時に収容を完了して駆逐艦が引き揚げるまで、魚雷艇が攻撃にこなければよいがと思いながら、ふと東方の真っ暗な海面を見ると、海面に真っ白なすじが三本ならんでやってくるではないか。いよいよ魚雷艇が攻撃にやってきたなと逸《はや》る心をおさえて、操縦員の安永一飛曹と落ちついてゆっくりと攻撃しようと申し合わせて、三本の白いすじに近づいていく。

真っ暗な夜の飛行で、しかも三座水偵のような軽く操縦できない飛行機では、四〇ノットの速力で突っ走っている魚雷艇に、うまく照準して緩降下の爆撃をするのはそうとう無理なことである。

そのうちに、魚雷艇の方ではこちらを発見したとみえて、機関銃を発射しながら向かってくる。これを爆撃してなんとしても追っぱらわなければ、駆逐艦がやられてしまう。

今度はこちらの番だ。緩降下で攻撃にうつる。

白いすじを目がけて爆弾を投下。爆弾は魚雷艇三隻の近くに落ちたらしい。とたんに魚雷艇は三隻が別々の方向にいっせいに回頭転舵して、いまきた東の方に向かって走りはじめた。やれやれこれで駆逐艦はぶじだったと、ほっと胸をなでおろした。

攻撃にきた三隻の魚雷艇は去った。爆弾は命中こそしなかったが、駆逐艦をまもることはできた。いよいよ時計の針も約束の十一時がせまってきた。しかし、まだ油断はできない。燃料計を見るとまだまだ大丈夫。駆逐隊もまだ一生けんめい救出作業を続行しているかもしれない。そう思うと、十一時になってもすぐに帰る気持ちにはなれない。時計を延長して十一時半まで頑張る。

駆逐隊は収容を終わって、全速力で北上をはじめたことであろう。任務を終わって、ふたたびレカタ基地を目指して帰途につく。

午前零時半、レカタ基地上空に帰着した。上空から下を見ると、海岸の砂浜で大きな火が燃えている。何かあったなと思いながら、着水照明灯を海面に落として慎重に着水をする。

海岸に着くと、砂浜の上で飛行機が燃えているではないか。迎えてくれた基地員に聞くと、帰投した僚機が着水に失敗して砂浜にのし上げてしまった。そのときガソリンに引火したらしいという。しかし、搭乗員はすぐ砂浜に飛び降りて無事であることがわかった。

基地員が「ジャングルの中にテントがあるから、そこで一休みして下さい」と言ってくれたが、砂浜に車座になって一服タバコに火をつけて、おたがいに今夜の戦果を語り合う。

明るくなると、すぐに敵さんの戦闘機がやってきて銃撃されるから、われわれは暗いうちにこの基地を出発しなければならない。仮眠をとるひまもなく午前三時、二機の零式水偵に燃えた飛行機の搭乗員三人を分乗させ、お世話になった基地に別れを告げて、暗い海面からショートランド基地に向け離水した。いままで張り切っていた気持ちがすっかりゆるんで、任務を遂行した安心感とともに眠けがおそってくる。

急に機が大きくゆれる。操縦員もさぞ眠いことだろう。歌でもうたって元気をつけよう。大声をはりあげて「ラバウル航空隊」を歌う。まもなく夜が白々と明けそめたころ、ショートランド基地の静かな海面に着水した。こうして第一回のわれわれの任務はぶじに終わり、ブインの基地に帰投したのであった。

摩耶水偵隊アリューシャン対潜記

重巡搭載の水偵を駆って前路哨戒に生命を賭したベテランの回想

当時「摩耶」掌飛行長・海軍飛行兵曹長　鈴木利治

重巡鳥海《ちょうかい》に搭載の水上偵察機の先任搭乗員として南支方面の作戦に従事していた昭和十五年十月一日、私は海軍飛行兵曹長に任官し、この日、鳥海の姉妹艦である摩耶《まや》の掌飛行長を拝命した。

摩耶は昭和七年六月三十日に竣工して海軍にひきわたされた比較的新しい重巡であり、搭載機は九四式水偵であった。もっとも搭載機は、後に九五式水偵、零式水偵とかわっていく。

昭和十六年、風雲急をつげる太平洋を舞台に猛訓練に突入した。そして開戦前の十一月、第四戦隊の摩耶は南方艦隊フィリピン部隊に編入された。そのため太平洋戦争がはじまる十日前の十一月二十九日、佐伯湾を出港し、一路南下した。

十二月二日、台湾の馬公要港に入港。そして六日には艦長鍋島《なべしま》俊策大佐より訓示があった。きょうまでの経緯を説明し、開戦のXデーは八日ときまったことなどが発表された。艦内では、いよいよ来たるべき日がきたと、異様な熱気がたちこめた。

こうして十二月七日午後七時、暗雲がたれこめた馬公泊地を旗艦足柄を先頭に摩耶、那智、羽黒、妙高、軽巡球磨《くま》、名取、長良、神通、水上機母艦千歳、瑞穂、そして駆逐艦群が出港し、一路フィリピンをめざして南下した。

この作戦での私の任務は、比島に上陸する陸軍部隊を援護する南方部隊の前路哨戒であった。だが、この前路哨戒というのは、攻撃隊とちがってつねに単機で行動するのである。まず射出機によって発進した水偵は、十分もするとまわりはどこを見ても水平線のみの大海原のまっただなかを飛んでいた。こうして艦隊の前路約五〇〇キロくらいのところを往復するのだが、帰路について摩耶の艦影を見るとホッとした気分になる。

これが毎日の日課であった。

フィリピンにおける陸軍の上陸作戦の支援がおわったら、ふたたび馬公に入港した。ここで比島部隊の任務をとかれ、こんどは蘭印作戦の支援部隊に編入された。そして昭和十七年一月六日に出撃し一路南下した。援護する陸軍はボルネオやタラカン、さらにセレベス島メナドへの上陸に成功し、その後われわれはパラオに入港して休養した。

こうして十八日またまた南方部隊の航空部隊に編入され、二十一日パラオを出港した。旗艦蒼龍、飛龍、摩耶、そして駆逐艦とつづいたが、堂々としたものであった。それでも私は、ふたたび連日の前路哨戒だ。二十三、二十四日とアンボン島攻略戦が展開され、これもみごとに成功し、またもパラオに入港。ここで休養となり、毎日、艦上からの釣りざんまいに明

九四式水偵をクレーンで揚収する重巡鳥海。
シンガポール・セレター軍港にて

け暮れた。

ダッチハーバー爆撃の途上にP40出現

昭和十七年二月十五日、豪州方面作戦のため第二航空戦隊を護衛してパラオを出港し、またしても連日の前路哨戒に明け暮れた。そして十九日、オーストラリアのポートダーウィンを攻撃し、これもみごとに成功し多大な戦果をあげた。

われわれ艦載水偵隊は地味《じみ》な前路哨戒ばかりで、派手《はで》さはない。それだけに攻撃隊の戦果をきくと羨《うらや》ましいやら悔しいやらで、自分自身がときどき情けなくなってくる。それでも前路哨戒が自分にあたえられた任務だと気をとりなおして、ふたたび機上の人となり前路哨戒にはげむのであった。

三月三日、わが機動部隊はジャワ島南岸中西部のチラチャップを強襲した。このとき摩耶は、チラチャップから脱出する敵艦をもとめて哨戒していたが、運よく敵の艦影をみとめた。そこでただちに私が発艦して、弾着観測の位置についた。そしてジャワ南方海面で、みごとに他艦と協同で巡洋艦と駆逐艦をそれぞれ一隻撃沈したのであった。

明くる四日にふたたび敵を発見した。しかし、飛行機を発艦させるひまもなく、ただちに砲戦に突入した。だが、この砲戦の間わが愛機をかばってやることもできず、砲戦がおわってみると、カタパルトの上の愛機は見るも無惨な姿になりかわっていた。それいらい摩耶が横須賀に入港するまで、羽根をもがれた鳥となってしまったのである。

横須賀にひさしぶりに入港し、ここで休養と食料や水、それに弾薬などを補給していると き、敵艦載機の本土空襲があった。いわゆるドーリットル空襲である。そこでわが四戦隊は急きょ敵の機動部隊をもとめて太平洋を東進した。このため私は毎日発艦し敵の姿をもとめて前路索敵をおこなった。しかし敵機動部隊を発見することはできず、二十三日、ついに捜索をうちきって帰投した。

五月一日、瀬戸内海の柱島に向けて横須賀を出港し、四日は別府沖で仮泊、明くる五日に柱島において主力部隊と合流した。そこで摩耶は北方部隊第二機動部隊に編入され、二十二日、呉軍港を出港し、馬関海峡を通過して日本海を北上、一路大湊に向かった。

第二機動部隊は旗艦龍驤《りゅうじょう》はじめ隼鷹、比叡、金剛、高雄、摩耶と第七駆逐隊の編成となり、五月二十六日、大湊港を出港した。またしても私は前路哨戒と索敵をくりかえし、アリューシャンをめざして進撃をつづけた。

そして六月三日の第一回目の母艦攻撃隊によるダッチハーバー爆撃は、たいした敵機の反撃もなくうまくいった。ところが翌四日の爆撃は天候不良のため視界が悪く、水偵隊に爆撃の出番がまわってきた。そこで摩耶の九五水偵二機と高雄の九五水偵二機が爆装のうえ、悪天候をついてダッチハーバーに向かった。

しばらく飛びつづけていると、やはり私が危惧していたとおり、悪天候の中で突如として敵のＰ40戦闘機に遭遇した。出撃前からいやな予感がしていたが、それがいま現実のものとなったのであった。しかし、こちらは水偵のうえに爆装までしており、空戦などできるわけもない。そこでやみくもに雲の中に逃げこんでしまった。このとき高雄の水偵隊は敵機の餌《え》食《じき》になり、自爆したことをあとで聞いた。私は二番機をつれて雲の中をけんめいに逃げまわり、やっとのことで敵機をふりきった。それでもそのあと、陸上をなんとか爆撃して帰路についた。

九死に一生の帰投・着水

帰りは敵戦闘機の攻撃を警戒して海面スレスレの低空飛行をおこなった。そのうちに、果たしてこのまま悪天候の中をぶじに摩耶まで帰りつくことができるかどうかが心配になりだした。それというのも前日、隼鷹の艦爆が爆撃のため出撃してどうやら爆撃はぶじにすませ、いざ帰ろうとしたが天候が悪化し、視界も悪くなって母艦を発見することができず、ついに燃料がきれて自爆したということが頭の中をよぎった。

私もだんだん心ぼそくなり、気もくるいそうであった。しかしそのたびに「なんの負けるものか」と一人で勇気づけ、必死になって九五水偵をあやつった。

いよいよ予定到着時刻となった。一同は目を皿のようにして周囲を見張っていた。それでも予定時刻はせまっているが、コンパスをつかっているので方向は間違いないはずであるのに、摩耶がいるほうとは反対の方向に飛んでいるのではないかと、あらたな不安が頭の中をかすめた。

そのうち操縦員より「掌飛行長の前方に艦が見える」という報告があった。一瞬、わが耳

重巡の左舷カタパルトから射出される九五式二座水偵。60キロ爆弾２発が搭載可能

をうたがったが、さらに近寄ってよく見ると、まぎれもなくこれがわが母艦摩耶であった。まさに地獄で仏とはこのことであろう。天にものぼる気持ちとはこんなものなのであろう。

さまざまなことを考えながら摩耶に近づいて着水しようとしたが、つぎの悩みにぶつかった。それというのも海面は非常に波浪が高く、着水が心配になったのである。もし着水に失敗し、転覆したら海中に投げだされ、零下《れいか》の海で泳ぐことにでもなれば一巻の終わりである。

すると摩耶がとつぜん高速をだし、大きな円をえがきはじめた。一万三千トンの摩耶がスピードを上げて大きく旋回するさまは、まさにダイナミックなもので心づよいかぎりであった。これこそ水偵の荒天揚収法である。

すなわち艦が大きな円をえがいて旋回すると、一時的にその円内の波がおさまり、海が平坦になる。そのときをねらって、それとばかりに着水するのであるが、われわれもこうしてぶじに着水することができたのである。

考えてみると敵の戦闘機の攻撃を心配して、海面すれすれの低高度で飛行していたが、これがもし普通の高度を飛んで帰ってきたならばおそらく艦の発見はできなかったと考えると、まさに九死に一生をえた思いであった。

ふたたび受けた水偵隊勤務

こうして作戦もどうにか終わり、摩耶はじめ各艦はひさしぶりに帰国の途につき、ぶじに佐伯湾に入港した。

そして摩耶はこのあと柱島から呉に回航され、整備作業が待っていたが、私にも一通の辞令が待っていた。

それは「館山海軍航空隊掌飛行長を命ず」というものであった。これによって一年九ヵ月間にわたる艦隊生活に終わりをつげ陸上勤務になる、となかば期待する気持ちで館山航空隊に赴任した。

ところが、そこに待っていたのは、またまた水偵による夜間の敵潜水艦の索敵哨戒任務であった。このため昼は退屈するくらいのんびりとすごし、夜ともなれば飛びだして一晩飛びつづけ、早朝に帰隊するという毎日であった。そのうちに岩手県三陸沿岸を航行する日本の商船が敵潜水艦の攻撃を受け、被害が多くなったという。そこで館空において零式観測機による水偵哨戒部隊を編成し、私が編成隊長に任命された。こうして山田湾（岩手県宮古南方）に水偵隊の基地を設営し、毎日、早朝に出発して敵潜の哨戒ならびに商船の護衛にあたった。

そして敵潜水艦攻撃に多大なる戦果をあげたその実績をかわれた私は、航空技術廠飛行実験部付を命じられたのである。ここでは対潜哨戒専門の双発陸上哨戒機「東海」の実験にはいった。そして完成した東海をもって八月、神奈川県の追浜で対潜哨戒部隊を編成、佐伯空に進出した。

佐伯では厳しい訓練が待っていた。それもなんとか克服したが、豊後水道の哨戒をかねて部隊の訓練はなおも厳しさをましていった。こうして私は終戦までその任務についたのであった。

私が摩耶を下りて約二年半後の昭和十九年十月二十三日、本艦はレイテ沖海戦に栗田艦隊の第四戦隊として参加していたが、海戦を前にしてパラワン水道南口付近で米潜水艦デースの雷撃を受け、四本の魚雷が命中して沈没した。北緯九度二七分、東経一一七度二三分のところであった。

私は昭和二十年三月、海軍大尉に進級し、八月に終戦をむかえた。それによって十五年四ヵ月にわたる海軍生活にもピリオドをうったが、振りかえってみると三十名もいた同期生のうち、終戦のとき生き残ったのはたった三名という苛酷な生活であり、戦争であった。

しかし、いま生涯を振りかえってみると、この苛酷な十五年間というものが、必死になって生きてきた私にとって、もっとも充実した生活であったと思えてならない。

巨鳥Ｂ24狩り〝下駄ばき零戦〟奮戦始末

飛行場のいらない二式水上戦闘機と重爆Ｂ24の対決

当時　八〇二空付ショートランド派遣隊・海軍中尉　山崎圭三

昭和十七年十二月二十三日、第八〇二海軍航空隊付として、十五名からなる水上戦闘機分隊が横須賀で編成された。分隊長は横山岳夫中尉（海兵六七期）、隊員は上飛曹三名、二飛曹七名、飛長三名、そして私も分隊士として参加することになった。行き先はソロモン諸島ショートランド基地である。

当夜、横浜磯子《いそご》での壮行会では全員が痛飲した。半年前の六月三十日、飛行学生を卒業し、横須賀航空隊付兼教官を命ぜられていらい、新機種である二式水上戦闘機（水戦）での習熟、空戦訓練に明け暮れていた私にとっては、初の実戦部隊勤務であり、そして初の戦地行でもあった。

山崎圭三中尉

海軍兵学校、飛行学生、横空での水戦訓練と、ほぼおなじ道を歩んできた同期の宮沢中尉

は、すでに七月にアリューシャン列島キスカ島の五空へ、五十嵐中尉も八月に神川丸所属としてソロモン諸島ショートランド基地へ出陣していた。

隊員も皆沢、成田両飛長がキスカの五空で水戦搭乗員としての実戦経験を持つのみで、ほかはいずれも横空で初めて水戦搭乗員としての訓練をうけ、初めての出陣であった。おそらくほとんどの隊員が、イヨイヨとの思いであったとおもわれる。

当夜は横空分隊長船田《ふなだ》正大尉の愛唱歌『チャンコリン節』の替え歌（ナンボナンデモ……）を中心に高歌痛飲した（のち八〇二空で尾翼に書きいれた撃墜マークの斧印は、この替え歌の文句のなかの鉈《なた》をもじったもの）。ただ船田分隊長のみは、最後まで乱れることがなかった。分隊長は水戦の試験飛行から二座水偵パイロットの水戦への転換教育に専念してこられた、いわば水戦の生みの親、育ての親であるが、送り出した搭乗員がキスカやソロモンで悪戦苦闘しているのを知っておられたのであろうか。私もわれわれの部隊が、八〇二空水戦隊の前任の部隊がほとんど全滅したための補充部隊であることは承知していた。

二式水戦六機とともに、水上機母艦国川丸でショートランド基地にむけて横須賀を出港したのは、昭和十七年十二月三十一日、大晦日の夜半であった。東京湾を出るとすぐ敵潜水艦の魚雷攻撃をうけたが、さいわいこれは不発であった。

そしてそれから数日後に、艦は機関故障で漂泊をはじめたが、夜間、一乗員が真剣なおももちで艦内灯火管制の確認のため、各船室をとびまわっているのに出合った。きけば、敵潜に乗艦を沈められた経験の持ち主であり、漂泊地点は当時連合艦隊の主力基地であったトラ

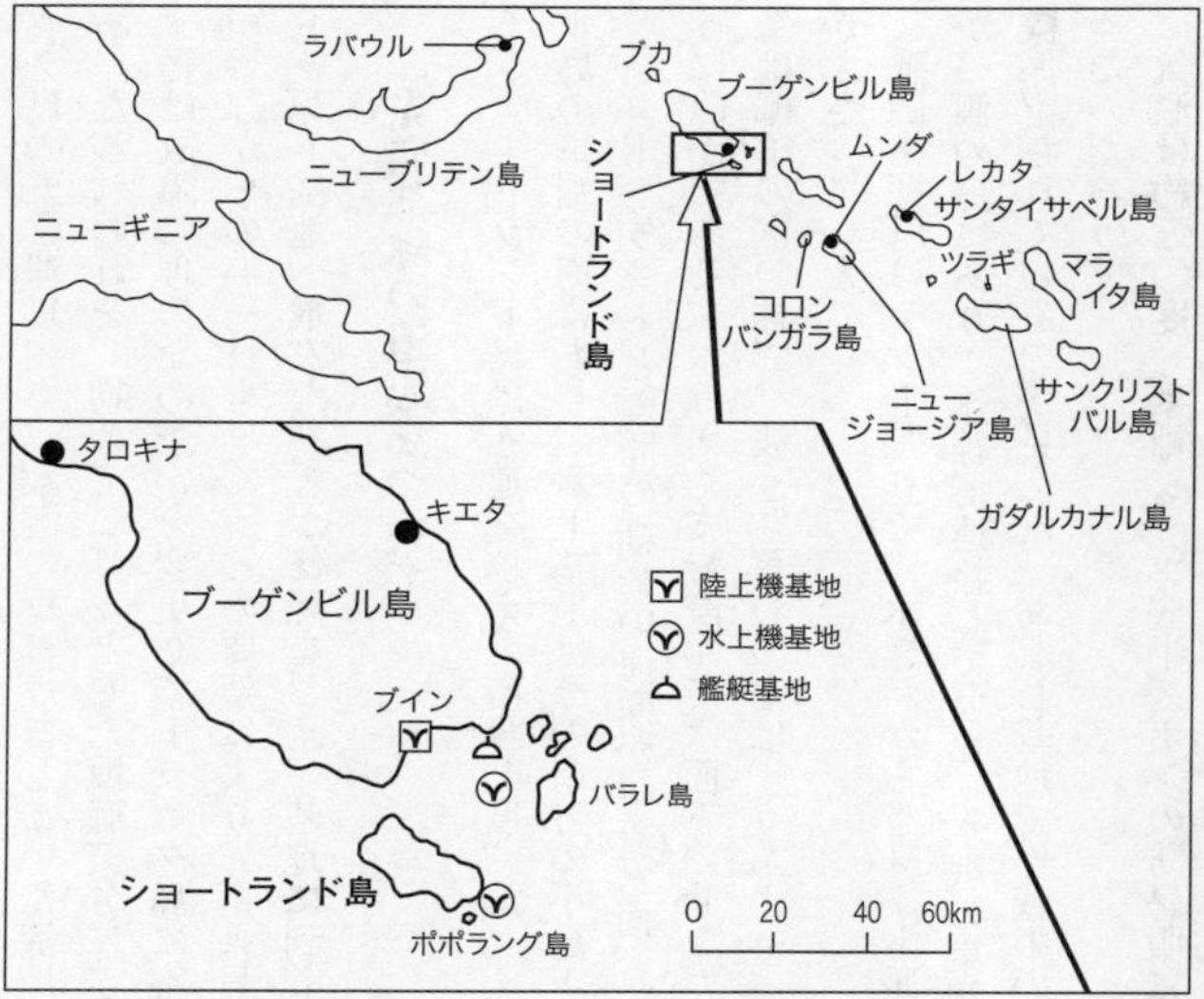

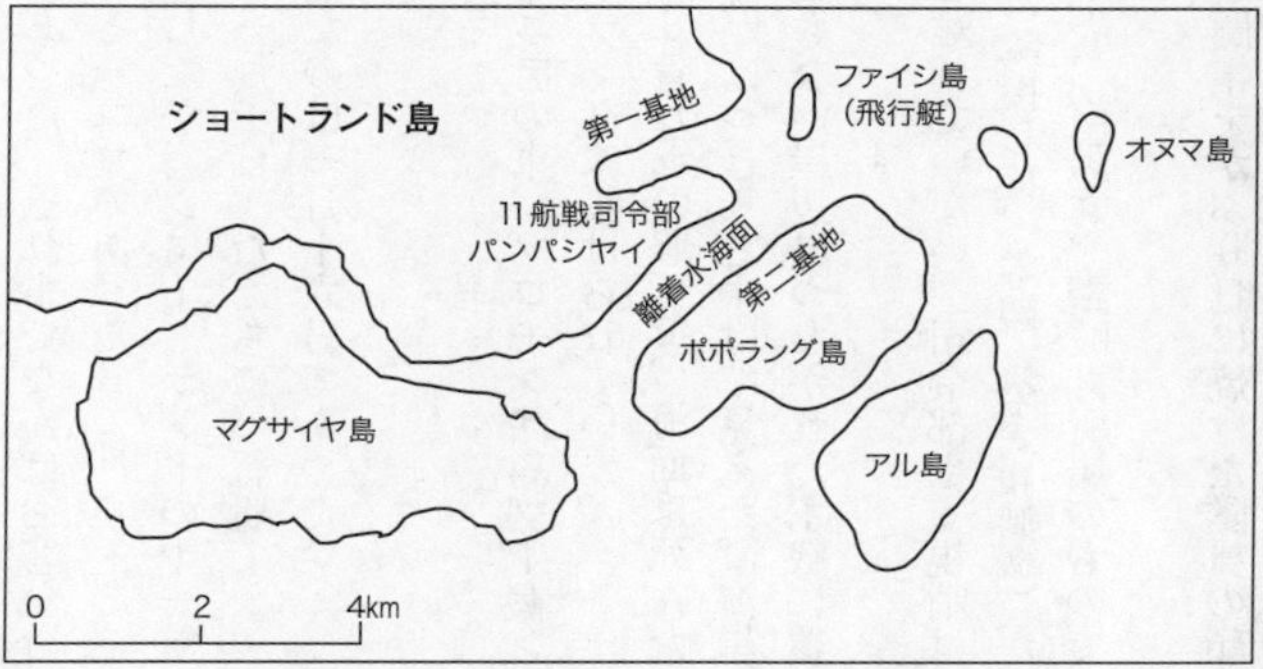

ショートランド水上基地要図

ック島の五〇浬《かいり》以内で、敵潜のウヨウヨしていた海域であった。それまでなかばお客気分であったわれわれを、初めてピリッとした臨戦気分にさせる一コマであった。

艦は故障修理のため予定を変更してトラック島に寄港したが、ショートランドの十一航戦司令部からの「一日も早く」との要望により、搭乗員は一月十日、ただちに飛行艇でショートランド基地へ飛んだ。艦が修理をおえ、基地に到着したのは一月十六日であった。

先発部隊の遺志をついで

ショートランド島は赤道を越えた南緯七度、ニューギニアの東、ソロモン諸島ブーゲンビル島の東端の南にあり、水上基地はその南方の小島ポポラングに設けられていた。

ショートランドとの間の細長い海面が離着水面（248頁写真参照）で、海面は死んだように静かであり、水はあくまで澄んで水面下のサンゴ礁がはっきりとすけて見えた。海岸一帯は椰子《やし》の木の林で、波うちぎわの木は、うちよせる波もない岸辺につながれた水戦に覆《おお》いかぶさっていた。

戦闘指揮所はテント張りで、水ぎわから十メートルと離れていない。司令部や監視哨は向かい側の島にあり、無線で連絡していた。水戦の東側に隣接して、零観（零式観測機）が数機係留されているのが見えた。おなじ基地で作戦中の千歳、山陽丸、讃岐丸所属のものであったのだろう。

気温は約三〇度。半袖シャツ、半ズボンの防暑服に戦闘帽をかぶり日に焼けた隊員の顔が、真冬の内地からきたわれわれに第一線への臨場感をおぼえさせた。原住民は石炭をみがいたように黒光りしていたし、諸島内のマライタ島には食人種がいるらしいという話にはいささか驚いた。

昭和十八年一月十日、基地に到着したわれわれを迎えた第一声は「待つことひさし」であった。ソロモン方面における水戦部隊の状況は、次のようであった。

最初に進出したのが横浜空へ編入された佐藤大尉（海兵六六期）隊で、昭和十七年六月ラバウル着、七月初めにガダルカナル島に近接したツラギ島に進出し、飛行場建設中のガ島の防衛にあたったが、八月七日、米軍の対日反攻作戦の出発点となったガダルカナル島およびツラギ島への上陸にさいし、これと交戦して全滅した。

第二陣が神川丸配属の小野彰久大尉（海兵六四期）以下の十一名で、九月四日ショートランド南方のポポラングに基地を設置し、さらに九月六日にはサンタイサベル島東岸のレカタに前進基地を設けて、基地上空哨戒と、ガ島の偵察およびガ島への増援部隊をのせた輸送船団の護衛の任にあたったが、十一月七日までに戦死九名、ほかは負傷または病気となって、可動搭乗員ゼロとなって解隊された。

第三陣が十四空（のちに八〇二空と改称）に編入された、すなわちわれわれの前任部隊である後藤大尉（海兵六六期）以下十名で、当初、本隊のあるマーシャル諸島ヤルート島行きの予定であったが、情勢の急変によりショートランド基地に派遣されることになったものである。

十月十二日に基地に到着、神川丸飛行長の指揮下にはいり、神川丸水戦隊とともに、主としてレカタを前進基地として輸送船団の護衛にあたったが、十一月七日、船団の上空に到着する直前、敵戦闘機の奇襲にあい、後藤分隊長以下五名が未帰還となるにおよんで、戦力は松山上飛曹と大島飛長の二名のみとなっていたのである。

これらの詳しい事情を承知したのは戦後のことであるが、前任の後藤部隊の生存者が二名だけであることはすぐ判明したので、基地全員の歓喜も察せられたのである。

八〇二空ショートランド派遣隊の隊長は、八〇二空飛行長江藤《えとう》恒丸少佐（海兵五八期）で、少佐は神川丸飛行長としてショートランドに初めて水戦隊の基地を設け、以来、神川丸、十四空（のち八〇二空）の水戦隊、零観隊の指揮をとられ、前年十二月七日付で八〇二空飛行長となられた方であった。横山部隊は前任の後藤部隊当時からの搭乗員二名をくわえ、計十七名となった。

一日でB24四機を餌食に

一月十四日（昭和十八年）から新人も飛行を開始し、主として基地上空哨戒と、来襲敵機の要撃にあたった。常時二、三機で上空哨戒をおこない、ほかは即時待機、警報によりただちに飛び上がる作戦の毎日であった。一日に十数回も飛び立つ日もあった。

来襲敵機はつねに戦爆連合で、二月初旬までは四発の重爆B17数機と、これを掩護する戦闘機はP38、P39、P40など数機からなっていた。この間の空戦で、敵戦闘機P39三機撃墜の戦果をあげたが、砂見二飛曹、皆沢飛長、秋月二飛曹の三機が被弾炎上、落下傘降下の損害をうけ、とくにキスカ島いらいの歴戦の皆沢飛長が、落下傘での降下中に敵機の機銃掃射により戦死したのは断腸の思いであった。

二月十三日、初めて新重爆B24が姿をみせた。B24六機とP38、P39の計八機を、零戦、零観とともに水戦十一機で迎撃し、水戦隊はB24二機、P38とP39それぞれ一機を撃墜する戦果をあげた。

だが、一七〇キロ東方のコロンバンガラ島上空付近に達したときの敵の残機はB24二機のみで、うち一機がエンジン二基を停止したまま進路を北にかえ遁走するのにたいし、機銃を撃ちつくした味方の数機で後上方よりの擬装攻撃をくわえたところ、尾部よりB24の搭乗員五、六名が落下傘降下し、機はそのまま五、六十メートルの高度で北進するのを見た。

水戦隊は栗田、古内両二飛曹が被弾して不時着したが、のちに収容されてぶじであった。

この日の空戦が、ショートランド基地での空戦のなかでもっとも強く印象にのこっているものである。当日は不時着機の捜索に出た長田上飛曹と本多飛長の二機が、これも味方機の捜索にきたと思われる敵B24一機と遭遇し、これを不確実撃墜するオマケまでついていた。

明くる十四日にもB24九機、戦闘機P38、F4Uの計二十数機が来襲、零戦や零観とともに水戦隊でこれを迎撃したところ、水戦隊はB24二機とF4U一機を撃墜する戦果をあげ損害はなかった。

この日以後、昼間の戦爆連合による空襲はとだえ、昼間はP38が高高度で偵察に飛来する

マーシャル諸島ヤルート島イミジエ基地に並ぶ802空の二式水戦。左２機目が山崎圭三中尉の搭乗機。山崎中尉らショートランド派遣隊は昭和18年３月、ヤルートの本隊に合流した

のみで、かわって夜間または黎明時《れいめい》に爆撃に来襲するようになった。したがって、水戦隊は昼間の上空哨戒と黎明時の索敵哨戒をおこなったものの交戦はなく、夜間爆撃にたいし、土を掘った防空壕のなかでジッと我慢の日々となった。

三月にはいり、疲れから夜間空襲にたいしても防空壕に退避するのがめんどうになり、椰子の葉をふいただけの宿舎の簡易ベッドのなかで、「シューという爆弾の音は、頭上をとおりすぎたときのもの。当たるときはいやな音は聞こえない」と不精を決めこみ、基地の東方一七〇キロにあるコロンバンガラ島方面からの敵の艦砲射撃の砲声を聞き、敵の来攻、上陸にそなえて機密書類の焼却準備をするようになったころ、水戦隊に本隊復帰の命令が出た。

基地をはなれたのは三月十三日であった。水戦全機十三機が本隊の飛行艇に誘導されて、カビエン、トラック、ポナペを経由し、本隊のあるマーシャル諸島ヤルート島に着いたのは三日十八日である。

水戦という名の悲しき水上機

われわれ横山隊のショートランド基地での約二ヵ月間の作戦の戦果は、不確実をふくめ撃墜B24四機、P38一機、P39四機、F4U一機の計十機で、戦死は皆沢飛長一名のみにとどまった。

これはソロモン方面で作戦した水戦隊の、横浜空佐藤隊、神川丸小野隊、十四空（のちの八〇二空）後藤隊が、撃墜二十三機（横浜空分は不明のためのぞく）の戦果をあげながらもほとんど全滅し、残された可動搭乗員二名のみという損害をうけたなかで、きわめて僅少の損害といえる。

思うに、先発隊の損害が大きかったのは、当時、味方の陸上航空基地はラバウルにあって、前線拠点のガダルカナル島まで約一千キロもの距離があり、ガ島の制空、船団護衛を十分おこないえなかったため、設営が容易な水上基地を最前線に設け、水偵、零観とともに、水上機隊のみで最前線での任にあたったためであろう。

われわれ横山隊がショートランド基地に進出した時期は、米軍は前年の十一月中旬、ガ島の飛行場整備が完了し、ソロモン方面への戦爆による空襲をおこなっていた時期ではあるが、味方もすでに前年の十一月初旬、ブーゲンビル島ブインに陸上基地が完成し、以後、前線での船団護衛も零戦隊が担当するようになり、水戦隊はもっぱら基地周辺の防衛の一翼をになうのみとなっていた時期であり、したがって、空戦もほとんど要撃戦のみで、しかもほとんどがブイン基地の零戦隊との協同交戦であったのである。

このような状況下での戦闘経験でしかなかったので、本来の状況の水上戦闘機の真価をうんぬんできる立場にないが、私自身の経験からすれば、水戦の本体は零戦そのものであり、戦闘機とは名がつくものの、やはり下駄ばきの鈍重な水上機の域を出なかった。九五水偵で訓練をうけた身にとって、横空ではじめて新鋭機二式水戦に搭乗したときは感激であったたし、水戦同士での空戦訓練も快適であったが、敵陸上機と対してみると、当然のことながら能力の差は歴然であった。

まず上昇力の弱さは情報の遅れとあいまって、交戦しうる位置にたどりつくまでをいらだたせたし、友軍機同士はもちろん、地上との交信もできない孤立した状態では、目くばりも大変で、おおむね立ち上がりで遅れをとった。敵戦闘機との交戦では、当然、互角に攻撃のチャンスを得ることはできず、敵の仕掛けに乗じて小まわりをきかせるか、乱戦中の偶然のチャンスを捉えるしかなかった。爆撃機にたいしても、自由に好位置から何回も攻撃をかけるぜいたくは許されなかった。無理な位置、姿勢からでも数少ないチャンスを有効に捉えるしかなかった。

われわれがいくばくかの戦果をあげえたのは、多くは味方の零戦隊の参加による乱戦のたまものであったのである。装備も主力の七・七ミリ銃弾はなかなか有効弾とならなかったし、頼みの二〇ミリ機銃も、弾倉入りのため五十発のみで少なすぎた。最初の空戦時には、わずか二撃で撃ちつくしてしまった。五撃まで効率よく使えるようになったのは数回の空戦経験をへたあとであった。

とまれ、自身の体験から推して、先発水戦隊が水上機隊のみで敵の陸上戦闘機を相手に任務を遂行した苦労は、想像にあまるものがあったであろうと思われる。しかし、その労苦もむくわれず、ガ島は放棄することとなった。撤退作戦が終了したのち、中部ソロモン防衛の任を零戦隊にたくし、われわれ水戦隊はソロモンを去ることになったのである。感慨ひとしおであった。

懐かしきソロモンの日々

水戦隊はそののちマーシャル、ギルバート方面で作戦ののち、昭和十八年十月、九〇二空へ転属され、内南洋で作戦中、昭和十九年二月、トラック島基地で米空母部隊の奇襲をうけ、交戦してほとんど全滅し三月に解隊された。ソロモン当時の搭乗員の多くは、それまでに順次内地へ転属、零戦、銀河の搭乗員に転換していった。

私自身も昭和十九年一月、厚木空で零戦搭乗員となり、のち上海、台湾沖、比島での作戦にも参加した。零戦搭乗員としての戦闘体験は、水戦当時とはくらべようもなく強烈なものであったが、初陣のソロモンでの二ヵ月は、いまなおはっきりと目に浮かぶ光景がある。

昼間空襲がとだえた一時期には、平安な日もあった。基地の食糧は豊富で、内地では貴重であった肉類をはじめ、いろいろの缶詰がそろっていた。しかし、暑さと飛行で疲労した身体はこれをうけつけなかった。いちばん口に合ったのは、主計兵が適当に探してきた比較的やわらかい木の葉のテンプラであった。主計兵が試食し、無害を確認したあとにみなで食べるのである。

宿舎のそばには背たけ四、五メートルのレモンの木があったし、島内には野生のパパイア、パイナップル、バナナなどもあった。交替でこれを探しにいったこともある。

サンゴ礁で魚獲りもした。ゴムボートに乗り、二、三十メートル沖でハッパをかけるのである。すると水深が浅いので一発で、二、三十センチくらいの魚が百匹近くも気絶して浮き

マーシャル諸島上空を哨戒飛行する802空の二式水戦。翼下には60キロ対潜爆弾

上がる。ボートから飛びこんで息をふきかえさないうちに拾いあげるのである。しかし色が赤、黄、青などの原色で、日本の魚をみなれた目には気味が悪く、身も潮にもまれていないためか、しまりがなく大味であった。

心楽しい思い出のみが先にたつが、われわれ若い搭乗員の第一線での日々は、士官であれ、兵であれ、おなじようにただ命令にしたがって行動するだけであり、そしてその行動のなかで、眼前の事象にいかに対処するかだけが、自分の意志能力を発揮する場所であったのである。

緊張した日々ではあったが、基地での人間関係が、いささかの軋轢《あつれき》もなく、おなじ境遇におかれたもの同士の、わだかまりのない、裸のつきあいであったのは幸いであり、今日でも、いまさらに懐かしさをおぼえさせるのである。

それにしても、当時の仲間の多くはそののちの戦闘で戦死し、いまは亡い。冥福を祈るのみである。

十一航戦　ショートランド上空に敵影なし

水上機母艦の飛行長が語るP38と水上機部隊の激闘の日々

当時「神川丸」飛行長・元海軍中佐　**江藤恒丸**

南太平洋の果て、千古斧《おの》を入れたことのない鬱蒼《うっそう》とした原始林におおわれたガダルカナル島——この島に、わが海軍が何気なく造りはじめた飛行場の進捗ぶりに、アメリカ軍は俄然、色めきたった。南太平洋を制圧するのには絶対の要衝であるこの島は、彼らにとって一番痛い泣きどころだったのだ。

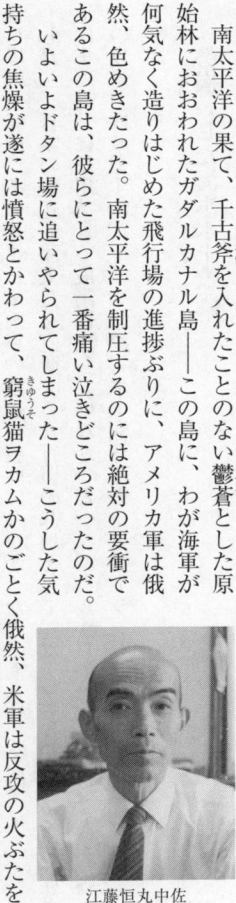

いよいよドタン場に追いやられてしまった——こうした気持ちの焦燥が遂には憤怒とかわって、窮鼠《きゅうそ》猫ヲカムかのごとく俄然、米軍は反攻の火ぶたを切ったのである。彼らは集められるだけの戦力をかき集めて、戦勢の挽回をこの島の攻防にかけたのであった。

江藤恒丸中佐

そして、昭和十七年八月七日——彼らはガ島に上陸した。ガダルカナルに敵上陸の急報をうけた第八艦隊（長官三川軍一中将）は明くる八日、手持ちの全兵力をあげこの上陸軍を攻撃し、血みどろのガ島争奪戦の幕が切っておとされた。

ガダルカナルの争奪戦は、とりもなおさずヘンダーソン飛行場の争奪戦であった。そして飛行場の争奪は、そのまま日米両軍の輸送の戦いにつながったのである。

しかし、日本の輸送船団上空を直衛する飛行機の基地として、ブーゲンビル島ブインの基地はまだ充分に使用できる段階に達していなかった。ラバウルからでは一千キロもあって、その攻撃力は減退する。そこで急遽、水上機部隊をショートランドに進出させることになった。

勢揃いした海軍水上機隊

ショートランドの水上機基地は、まれに見る天然のすばらしいものだった。島と島とのあいだに横たわるまっすぐに延びた水道は、水上機の基地としてこれ以上のものはないと思われるほどだった。この天然の基地に勢揃いした水上機は、海軍のもつ水上機のほとんど全部であった。

藤村悟、三浦憲太郎、江村日雄、山田龍人、西畑喜一郎、香西房市、それに私と、つまり水戦の飛行長が、ずらりと勢揃いしたのであった。これが第十一航空戦隊の勢力であり、城島高次少将が司令官だった。

ともあれ、ガ島の争奪が双方の死力を尽くしての一大消耗戦になろうとは、当時の私たちのだれもが想像しなかった。どうせ近いうちに、ヘンダーソン飛行場にひるがえる星条旗も一敗血にまみれるだろうくらいにタカをくっていたものだ。

敵機の来襲もそう頻繁《ひんぱん》にはなかったし、私のいたころはむしろ楽な戦闘だった。南方特有のスコールだけが、毎日午前と午後の二回、決まったように訪れては、そのあとは目にしみるような青空を私たちに残していってくれた。

「雨の多い内地で飛行訓練をしないで、こっちで訓練をしたほうがましだ。視界はよし、それに訓練する飛行士だって空からのこの美しい眺めを堪能《たんのう》しながら訓練できるし、だいいち決まってくるスコールをのぞけば、訓練計画はスムーズに進行する」

こんな会話が交わせるくらいほとんどの日が訓練に終始して、近くで実際に戦争しているのだという雰囲気がちっともわかない。「そのうち、パッとする戦争もあろう」といって、私たちは原住民の世話やきの道案内で、島内を見学して歩いたものだった。ところが、その世話やきがスパイだったとは――。

スパイといえば、ジャングルからしばしば怪電波が飛び出していた。そして、われわれの行動がいつもキャッチされるのにはまいった。そこで司令部で島を探索したことがあったが、結局、獲物は見当たらなかった。

司令部は向かいの島の高台にあった。ここは外人の住居のあとで、石油冷蔵庫（ガス冷蔵庫と同じ原理であるが、ガスのかわりに石油をもちいた）など珍らしい品物に、私たちはその文化の高さを驚いたものだった。

この司令部に、ある日、原住民の女が訪れて「私の夫は日本人だ。ササジマという男で彼が真珠貝をとりにきたとき一緒になった」という。そこで調査したら、どうも本当のようなので食べ物をあたえて帰したこともあった。

青空にひらいた赤い落下傘

敵機の来襲目的は、ブインおよびラバウルのわが飛行基地にあった。ある日、ブインを襲った敵機六機のうちの一機が、かすかに白煙をひいて僚機から遅れているのをとらえた。高

トランド着、水戦隊は即日、ガ島争奪戦に出撃

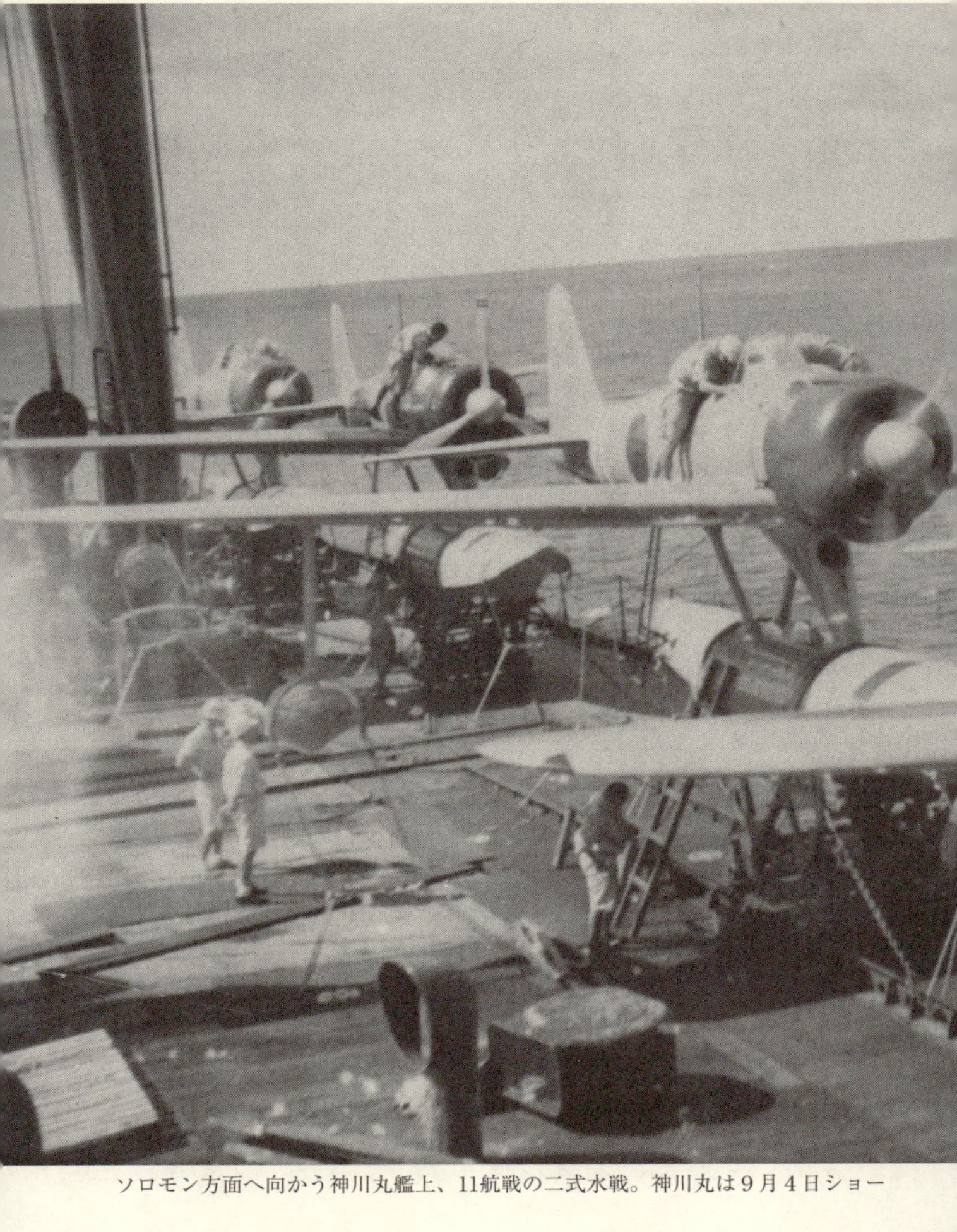

ソロモン方面へ向かう神川丸艦上、11航戦の二式水戦。神川丸は９月４日ショー

度三千メートルほど。おそらく、ポートモレスビーの基地に帰るところだろう。

わが水上戦闘機（水戦）は、またとない獲物に一斉に飛びかかった。大きな花のまわりを飛びまわる蝶のように、このB24一機を水戦の一群が上から横から下からいじめる。この派手な空中戦を陸で見ていた友軍の勇士は、やんやのカッサイを送るのをおしまなかった。

一瞬、閃光と同時に、B24は黒い煙を青空にふいて海中に突っこんだ。ひまな戦争にいらいらしていた私たちにとって、まさにこの戦果は溜飲の下がる思いだった。敵の戦闘機は、ようやく使えるようになったガ島の飛行場からのものだった。

快速のP38が私たちの水戦をあなどるように、悠々と飛んでくる。畜生、なんとしても今日は墜としてやるぞ。いまに泣き面をかくなよ。

数機の水上戦闘機が、これに挑んでいった。敵も自信まんまんにこれを迎える。われわれの方は機数は多くても戦闘力ではとうてい及ばない。敵はこれを知っているのだ。一機が敵を巻きこむように垂直旋回した。他の友軍機が別の角度からこれをとらえた。

と、そのときP38は一閃を青空にしるして、真っぷたつに分解した。翼の付け根に友軍の二〇ミリ銃弾が命中したのだ。搭乗員は赤い落下傘をひらいて脱出した。地上でこれを見ていた兵隊は落下地点に急ぐ。分解した飛行機は海に墜ちていった。敵の飛行士は司令部に連行されてきた。

「何のためにお前は戦っているのか」司令官の静かな、それでいて厳しい声。「アメリカの自由と独立をまもるためです」

敵ながらアッパレな言葉だった。

水上機隊は敢闘した

ショートランドの艦隊泊地には、巡洋艦はじめ輸送船など大小二十隻の艦船が碇泊していた。この艦隊をめがけて、豪州からイギリスの雷撃機が一機、攻撃をしかけてきたことがあった。さいわいにも魚雷は命中しなかったが、その中のはずれた一発は、不発のまま海岸におどりあがってきた。

思わず、背すじがヒヤリと冷たくなる。「脅かしやがるなあ」とつぶやいたが、しかしこの英国魂ともいうべき不敵な行為には、舌を巻いて賞讃していたのであった。しかも、ごていねいに私などは真っ先に飛び出して、不発の魚雷見物に行ったりしたのである。

水上機は、ガダルカナル島への輸送船団の護衛によく活躍した。いつまでも船団と一緒にいては、敵潜水艦の発見につとめたのだった。また、泊地上空の護りとして、性能に劣る機を駆って優秀な敵と対抗した。

ガ島の偵察に、そして敵基地への夜間攻撃に、大いに活躍したのであった。しかし、ガ島をめぐる争奪戦がしだいに泥沼に入りこみ、いつ終わるとも知れない情況になるすこし前、私はヤルートの基地に転進を命ぜられたのであった。

零水偵と米魚雷艇 凄絶なる暗夜の決闘

敵制空権下、中部ソロモンに展開された水上機隊の死闘

当時 九三八空操縦員・海軍上飛曹 **江島三郎**

水上機部隊九三八海軍航空隊の私の戦友たちは、そのほとんどが戦死した。好運にも生き残った私のほか少数をのぞいて、隊員の九割方は生きて内地の土を踏むことがなかった。

ニューギニア戦線に向かった部隊は、その言語に絶する烈しい戦闘に何度も生まれ変わり、新編成された。しかし、とりわけこのおびただしい戦死者の数をかぞえてみても、わが九三八部隊は当時から精強な水上機隊として知られていた。

江島三郎上飛曹

誕生は昭和十八年四月十五日、ちょうど第十一航空戦隊がその日に解隊され、新たに水上機母艦神川丸《かみかわまる》飛行隊と国川丸《くにかわまる》飛行隊とをもって編成された。司令は寺井邦三大佐、飛行長は歴戦の山田龍人少佐で、隊員は生き残りの九州出身者が多かった。

私が南方に転任になったのは昭和十八年三月だった。九七大艇に乗せられ、トラックを経由してラバウルの南方二五〇浬《かいり》に位置する小島ショートランドに輸送された。ショートランドといえば、当時、南方地区では最大の水上機基地であった。ガダルカナルにつづいて最も突出した前線であり、一度ここに来た者なら誰も忘れ得ない懐かしい場所なのである。

そのころ、このあたり一帯の上空は完全に敵の制空権下にあったが、それでも、連日ニュージョージア、ハモンド諸島を中心とする中部ソロモン群島周辺の索敵哨戒に従事し、あるいは水上輸送に協力、敵陣地攻撃、魚雷艇攻撃、輸送船攻撃と、水上機の飛ばない日はなかった。

私の所属していた神川丸は汽船改造の七千トン水上機母艦で、搭載機八機、カタパルト二基をもっていた。

遂に魚雷艇を仕止める

昭和十八年の八月ごろから敵の魚雷艇狩りがはじまった。そのころ毎夜のように強行された東京急行の日本駆逐艦をねらって、魚雷艇はダニのようにしつこかった。

なにしろ二千馬力級の航空機エンジンを備えつけて、四〇ノットの高速を出すのだ。五〇トン程度の小柄とはいえ、こいつが暗闇から出てドテッ腹めがけて魚雷を発射する。精鋭をほこる駆逐艦といえども、敵魚雷艇はたしかに不気味な存在だった。

だが幸いなことに、この〝夜の狼〟が活躍する時刻が夜間なので、夜しか動けなかったわが水上機にとっては、絶好の餌物だったわけである。かくして普通三隻から五隻でやってくる魚雷艇と、単機の三座零式水上偵察機との一騎（?）打ちが、毎夜、暗黒の洋上でくりひろげられた。

九月はじめのある夜だった。例のように、ニュージョージア島にそって警戒に当たっていると、右手の水面に四本の白いウエーキが望見された。魚雷艇だ！　島蔭にかくれているやつは捜すのにやたら苦労するが、高速で突っ走ってくる敵は、ウエーキですぐそれと分かる。黒と白の対照が目にしみるように鮮やかだ。

まっすぐ目標に向かって飛ぶ。数分のうちにもう敵の上空だ。しだいに高度を下げる。高度六〇〇メートルが規定の攻撃位置だが、もうたしかに過ぎたはずだ。

敵はさっきから一三ミリ機銃を射ち上げている。こちらは七・七ミリ旋回機銃一梃で応戦する。

応戦しながら爆弾照準を定めるが、敵さんは一三ミリ二梃で射ってくるので、その砲火は猛烈だ。うっかりするとこちらが喰われてしまう。水面すれすれの超低空なので、へたすると水中に突っ込む危険もあった。

第二回目の降下爆撃で六〇キロ爆弾二発が投下された。搭載爆弾はこの二発だけなのだ。思わず暗闇に吸い込まれるように落下してゆくその降下線を見つめる。

と、今まで四本だった白いウエーキが、急に四方に散った。水すましのようにすばしこい。

哨戒飛行する零式水偵。単葉双浮舟、後方旋回銃１梃に60キロ爆弾２発を搭載

よく見るとウエーキは三本しかないではないか。一隻に爆弾が命中したのだ。至近弾でもうまくゆけば魚雷艇を撃沈することはできたが、こう見事に消えてなくなったところをみると、ど真ん中に命中したのにちがいない。

念のために、いま一度、超低空で付近を旋回してみる。たしかに一片の黒い影さえ認められなかった。

「機長、やっつけました！」

突然、後部の偵察員が叫んだ。私は当時、上等飛行兵曹で、この水偵の操縦士兼機長をつとめていたのだ。つづいて電信員はさっそく司令部宛てに、敵魚雷艇一隻撃沈の報を無電で打つ。

一昨日、仕止めたやつは命中と同時に、ものすごく燃えさかった。敵さんの燃料はガソリンを使っていたから、その焔は紅蓮である。燃えないやつは戦果を確認するのがむずかしい。いままで何隻撃沈したか、正確な数字はとてもわからない。

すでに広漠たる海面には、逃げ散った三隻の敵魚雷艇のウエーキは見られず、戦場はふたたび夜の静寂と暗黒の世界にかえっていた。

艦載水偵〈発進—帰投〉全航程マニュアル

自ら操縦桿をにぎり任務に邁進した搭乗員が綴る体験的水偵百科

元「熊野」飛行長・海軍少佐　高木清次郎

航空母艦から発進して、攻撃や空中戦闘に従事した飛行機のことは周知のことであろうが、母艦以外の軍艦（戦艦、巡洋艦、潜水艦など）に搭載された水上偵察機の活躍は地味で、あまり知られていない。

私は巡洋艦の飛行機に乗り組んで、昭和十六年から昭和十八年の夏まで第一線で作戦に従事した。その間に経験したおもな作戦と、見聞した水上偵察機の活躍について述べてみたい。

高木清次郎少佐

航空母艦から発艦する車輪のついた航空機を艦上機とよび、戦艦や巡洋艦などに積載されたフロート（浮舟）のついた水上機を艦載機とよんで区別していた。母艦から艦上機が発進するときは、自力で甲板上を滑走して浮上するが、水上機の場合は洋上航行中でもカタパルト（射出機）をつかって、わずか二〇メートルほどの距離を滑走台ごとすべって発進するのである。

カタパルトには火薬式と空気式があって、潜水艦では空気式を用いたこともあり、ほかにバネを用いて離陸促進装置としたものもあったが、戦艦、巡洋艦では火薬式を使用した。

発進の合図には、昼間は手旗、夜は懐中電灯を使用した。そして発進準備の合図で、飛行機のエンジンを全開にし、カタパルト上を滑走する「滑走台」に乗った水上機を固定している安全ピンをぬき、固定を解くのを確認し、離艦の瞬時に機が水平であるように艦の動揺、風向を勘案するのである。

発射の命令がくだされると、カタパルトの心臓部の筒中で火薬に点火、その爆発力を利用して、滑走台を急速に前方に押しだして加速し、その先端で機は滑走台から分離したあと自力で浮上し離艦、そして飛行状態にうつるのである。

カタパルトの上をわずか二〇メートル滑走するだけで、揚力のつく速力に加速するのであるから、その加速Gは3G（普通の重力の三倍）におよび、操縦員はにぎった操縦桿を、後席では前方の隔壁を腕でささえてつっぱり、後頭部をマクラで支えるのであるが、その腕が思わずたわむくらいの力であった。

このとき射出がうまくいかず、またスピードが充分な浮力に達せずに墜落したり、加速のGのショックの反動で機首を上げすぎて失速したりして起きる事故が、戦前の訓練時代にも年に一回くらい報告され、教訓としてよく聞かされたものである。

私は昭和十六年四月、軽巡神通《じんつう》の飛行分隊長に発令されたが、その前任者はチフスで亡くなられ、さらに前々任者はカタパルト事故で殉職され、何代もつづいた鬼門の配置だと聞きおよんだ記憶がある。

恐い敵戦闘機の出現

太平洋戦争の後半、陸上偵察機や水冷式エンジンつきの艦上偵察機が出現するまでは、もっぱらこれら巡洋艦に搭載された三座水偵が、洋上索敵偵察の主役であった。ミッドウェー海戦、第二次ソロモン海戦、そして南太平洋海戦などの敵部隊発見を報じたのは、いずれも巡洋艦の三座水偵であった。

だが、これらの発見機は「敵空母見ゆ」の第一報を発信し、つづいて敵情をつぎつぎに報告するいとまもなく、ほとんど全機が敵戦闘機の餌食《えじき》となり、帰還していない。また、敵のほうからわが偵察機の姿を見つけられていながら、偵察機からは雲の影の点々と黒く海面に見えるものと敵艦との識別ができず、みすみす敵を発見できなかった場合もあったように聞きおよんでいる。

索敵飛行中は、三名の搭乗員が空域を区分して、つねに見張りを怠《おこ》たらないのであるが、雲にさえぎられたり、雲の影に幻惑されたりで、万一、先に敵戦闘機に見つかろうものなら、無防備かつ低速の水偵では撃墜されるのは必定で、一瞬の油断も許されないのである。

出飛行高度はおおむね五〇〇メートル、対気速度一二〇ノットくらいで巡航し、約三時間進出しては、そのあと約三十分ほど先端を進行方向とほぼ直角に飛び、扇形をえがいて引きかえすのが通例であった。

私も昭和十七年八月二十四日、ソロモン諸島の北方洋上での第二次ソロモン海戦と、昭和十七年十月二十六日、南半球フィジー諸島近くの洋上での南太平洋海戦の二回、この索敵網の一翼をになって、味方部隊の前方約三五〇浬の索敵に従事した。

出発前、艦橋で司令部よりの命令にもとづいて担当の部署、出発時刻などの命令を艦長より受けた。これは自機にさだめられた針路、進出距離、飛行高度、任務を終えて約七時間ののち帰投した場合の揚収などに関して、あらかじめ指示を受けるのである。そして、打ち合わせをすませたのち、準備万端ととのった偵察機にもどって機上の人となり、発進の予定時刻を待つ。

各艦の三座水偵は一機ずつしか搭載されていないので、七、八機が索敵に発進するさいは、隊列を乱しながら各艦から射出して発進する。発進の指揮は、各艦のとりきめにより運用長、通信長、甲板士官などがあたり、艦橋よりの指示により行なわれた。揚収の場合もまた同様である。

この二回の索敵飛行とも、僚機の「敵発見」の電報を傍受したまま予定コースを索敵して帰投し、洋上で重巡熊野《くまの》に揚収されて任務を終えた。このころ航空母艦では攻撃隊の発進を終えて、敵攻撃隊にそなえて味方の直掩戦闘機を発進、また収容と戦闘行動におおわらわであった。

最も緊張する揚収の一瞬

カタパルトから射出発進する場合は、まずカタパルトを艦の首尾線より三〇度ないし四〇度くらい右舷、または左舷に回転させて、艦の進行と自然の風向との合成された風向に機が正向するようにして射出した。水上機の場合は、洋上での離水、着水とも風向に正向しなければならない。陸上機とことなり、少しでも機がかたむけば、すぐ翼端を水にとられ転覆するのである。

洋上で帰投したのちの揚収は、艦全般にわたる大作戦である。すなわち洋上でウネリと波があれば、まず水上機の着水点に、艦の操艦によって航跡で波静かな水域をつくってやる必要がある。艦は最初は横風を受けて高速で走り、そして九〇度くらい回頭して、風上にむかって変針する。この航跡の白くあわだった内側の水面が恰好の接水点となる。

このように、この作業は艦の行動と、機の着水操作との緊密な連係のもとで行なわれねばならないのである。とくに薄暮におよんだ場合、夜間でもそうであるが、探照灯で風下側を仰角一五度くらいで照射し、機に風向を知らせる。ときには発煙筒を投下して、海面上の風向を確認する手段とすることもある。

私がかつて経験した南太平洋海戦のさいは、まさにこのような条件のときであった。揚収のために艦が停止したり、また上空を照射することは、敵にこちらの所在をしめし、また近海に敵潜水艦でもいたら格好の目標となるわけで、きわめて危険である。このため、すみや

巡洋艦のカタパルトから射出されて勇躍、偵察飛行に向かう九五式二座水偵

かに揚収を終わらせる必要があった。

夜間は昼間とことなり、接水する直前に機首を上げるので、水面が見えないこともあった。かつて私は、このときエンジンを多めにふかして、若干機首を上げつつ接水してもよい姿勢であったため、艦のつくった波静かな地点に接水した。

ところが、この瞬間にウネリの山にあたって、二〇〇メートルもジャンプした。そしてふたたびフロートが海面につくや、またもジャンプし、三度目にしてようやく着水して行き足がとまった。このときには機首が上がり、一瞬、後方に機が沈むような錯覚すらおぼえて、胸をなでおろしたものであった。

それから水上滑走で艦の揚収舷側に近づくのであるが、艦は少し右舷前方から風を受けて停止している。そして左舷いっぱいに直角に出したデリックで、機をひっかけて揚収するのである。

水上滑走に七、八分かかるのが普通である。そのようにして機がデリックの下にくるまで、艦橋では水上滑走中の機のほかに敵潜などへの見張りや、僚艦の動静などを凝視しているので、連続して神経のはりつめた時間となる。

機のほうでは、いよいよデリックの下に近づく少しまえに、ふつう後席の若い電信員が翼上にのぼり、足場をかためて翼上の四点にかけられたワイヤーの頂点を手でもって、デリックの下にたれた滑車の下につけられたフックに引っかけるのである。

この作業はじつに緊張する。すべての呼吸がぴったりと合っていないと、艦の動揺、機のちょっとした針路のミスや風向、さらに波の動揺などでやり直すことになるからである。

デリックのフックに機のワイヤーが引っかかった瞬間、揚収指揮官は巻きあげを命ずるわけだが、その瞬間、艦の動揺で機の翼端をぶつけてメリメリとやる危険も多く、確実に吊り上げてカタパルト上の滑走台に収容されるまでは、一瞬の油断も許されないのである。

そこまで終わって、ようやく艦は従来の行動にうつり、乱れた陣形を立て直したりして、つぎの作戦行動にうつることとなる。

スラバヤ沖海戦の思い出

私が昭和十六年十二月の日米開戦のときに乗艦していたのは、第二水雷戦隊旗艦の軽巡神《じん》通《つう》であった。同艦は四本煙突、五五〇〇トンの旧式艦である。これに搭載した三座水偵といっても、複葉の九四水偵で、戦艦や重巡のそれとは若干任務を異にし、夜戦において水雷戦隊である駆逐艦の雷撃戦に協力するため、敵部隊への触接偵察が主任務であった。

そのため開戦前の訓練でも、夕食が終わったのち出発して夜半に帰る夜間航法、夜間に航行している商船などをとらえては、その針路、速力などを測定したり、動静を偵察する訓練を主眼とした。こうして開戦時には、ミンダナオ島ダバオ沖にあって、フィリピン、メナド、アンボン、クーパンなどの一連の南方進攻作戦の支援にあたった。

昭和十七年一月の中旬、ダバオ港に入港する前、湾口付近において私は対潜哨戒にあたっていた。ほかにもう一組の搭乗員の乗った九四水偵がおなじく任務についていたが、彼らは敵機数機と交戦して撃墜された。さいわい一名は負傷したものの、ひっくりかえって水面に浮いたフロートの上に這《は》いあがって救助された。しかし、もちろん機体は放棄せざるをえなかった。

そこで急遽、機材を更新し、乗員の補充も頼んだが、これが間にあわないうちに、折りしも陸軍のジャワ上陸を支援していた日本艦隊と連合軍との間でスラバヤ沖海戦が行なわれた。昭和十七年二月二十七日のことである。これは日本軍の上陸を阻止しようと攻撃してきた米英蘭豪連合の巡洋艦五隻を主力とする艦隊との間に起きた海戦である。

このとき「敵近し」の情報をえて、薄暮近くになって発進の命を受け、敵情偵察と触接のためカタパルトより射出発進した。しかし、まだ高度は三〇メートルたらずで、離艦したのち数分しかたっていないころ、「前方敵艦」という操縦員の声が、伝声管をつうじてわが耳にとどいた。

そこで私は「左変針」と命令して、太陽の沈みかける反対側である東側にまわり、しだいに高度をあげた。ありがたいことに制空権はわが方にあって、九五ノット巡航の九四水偵でも、敵艦の砲撃以外には心配するものがなかった。

後席電信員はすぐ「敵発見」を打電した。そして下を見ると、わが輸送船団約六十隻にむかって突進する敵重巡ヒューストン、バタビアなど五隻と駆逐艦群、そしてそのあいだに割って入るように北方から急進するわが部隊が見える。

まるで机上演習で、模型の艦をならべて見ているような錯覚さえおぼえる。高度一千メートルからの高見の見物である。いまここでわが方が攻撃をしかけないと、敵の砲撃が輸送船団に開始されるだろう。

「いまだ！」と、打電を命ずるいとまもなく、わが部隊は一斉に敵方にむかい変針した。と同時に砲撃を開始した。こうして、しばらくのあいだ砲戦がつづいたが、わが方に挟叉弾の水柱が見えるが、直撃弾はないようである。しかし万一、神通に敵弾が当たったらどうしようと、一瞬、不安が脳裏をかすめたが、まもなく太陽の沈んだ海は急速に暗黒の闇につつま

クレーンから伸びるワイヤー先端の艦側作業員と九五水偵搭乗員による揚収作業

れていき、砲撃戦も終わった。

どうやら敵は輸送船団からはなれて逃避したらしい。そこで日ごろ鍛練した夜間偵察の本領を発揮せんものと、徐々に敵上空に達して敵部隊の針路、速力、動静を刻一刻と報告打電する。一時、敵部隊に動揺が見えた。これは日本海軍自慢の酸素魚雷が、遠距離で敵駆逐艦に命中したのだと、後日聞かされた。

こうして夜半まで触接を保っていたが、艦からの命令で占領直後のバンジェルマシンの海岸の河口近くにいる水雷艇友鶴《ともづる》に帰投を命ぜられ、われわれは那珂機と交代して北上した。

しかし、暗黒の海に友鶴を発見することはできず、しかたなく海岸線の白波を確認して、河口近くに夜間着水をした。このとき、ほとんど燃料計は零に近く、飛行時間もすでに十一時間におよんでいた。そこでエンジンを止め、漂流するにまかせて睡魔とたたかいながら夜明けを待った。

どのくらいたったただろうか、ハッと気がついて、いつのまにか閉じたまなこを開けてみると、眼前が白く大きなものにおおわれている。なんだと思ってよく見ると、大きな白い帆を張ったジャンク船だった。まもなく夜が明けた。しかし着水したときに見えた陸影も、いまはまったく見えない。

燃料計は零に近く、エンジンをかけても飛び上がれる自信はない。しかし、このままでは生還はむずかしい。それでも電信員がフロートの上に降りて、エンジンスタートのエナーシャをまわす。そして、「コンタクト」の合図とともに、ブルブルとエンジンが一発でかかった。暖機のあと風にむかって離水し飛び上がると、めざす友鶴が見え、陸地も見えた。

すぐに着水して、水上滑走をしながら近づき、艦尾に艫綱《ともづな》を流してもらいこれに係留した。やがて艦から航空燃料をはこんできてもらい、それを三名の乗員で補給し、いつでも神通へ帰還できる準備をととのえた。

しかし、艦は目下、追撃戦で揚収できず、少しはなれたところにいる水上機母艦神川丸《かみかわまる》に一時収容された。そして「後命を待て」とのことだったので、神川丸に一泊してから神通に帰った。揚収されたのは三日目であったが、これも緒戦のなかであったから、こんなことができたのであろう。

カタパルト射出発艦と搭乗員心理

元「摩耶」飛行長・海軍少佐　沢島栄次郎

にぶい射出音を残して、黎明《れいめい》の空に飛び出してゆく水偵。大きく静かなウネリに合わせて射出された水偵が、月の光の中に溶け込んでゆく。静と動とがかみ合った一瞬の美しさである。

灼熱の太陽の下、編隊航行の戦艦戦隊から行なわれる同時射出も、水上機母艦の四基のカタパルトによって行なわれる連続射出も、はた目には勇ましい。しかし、射出発艦がここまでになるには、わが海軍にファルマンやカーチス（いずれも水上機）が舶着してから、約二十五年という年月が必要であった。

沢島栄次郎少佐

さて、射出発艦で、射出する人と射出される搭乗員の心理的な不安や事故や失敗の話は、いろいろと残っているが、それはほとんど昭和十年ころ以前のもので、射出機や関連艤装が使用する者の手の内に入り、搭載機の出力が大きくなってからは、事前の点検整備と暖機試運転によるエンジンの状態確認ができておれば、射出そのものには何の不安も感じなかった。

戦前の搭乗員や整備員は使用機のメカには強く、簡単な原理・構造と充分な強度・安全率をとってある射出機のメカニズムを理解することは容易なことであった。とはいえ、射出発艦が航行中の艦隊の常識となっていた頃でも、未経験による不安感という程度のものはある。

射出操縦は、要領を教えられてからすぐに本番である。戦時中でなくても、同乗して身体にかかるGの程度を体験してから本番などという余裕はなかった。射出未経験者にはダミー射出試験をなるべく見せるようにしてはいたが、射出のタイミングは覚えられても、Gの感覚はつかめなかった。

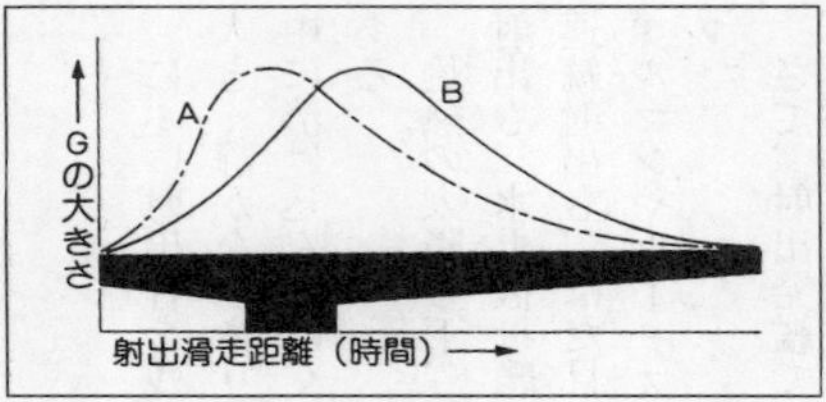

射出時のG

射出時のGは身体の真後ろ方向にかかる。機体（滑走車）が動きはじめてから、射出機先端の二〜三メートル手前で固定爪がはずれるまでの距離と機体重量、離脱時の初速（離水速力＋α）などから計算され設計されて、Gは最高3〜4Gにおさえられている。二座機の搭乗員は急降下後の引き起こしなどで、身体の垂直方向へかかる2・5～3くらいのGは体験しているから、Gの感じやその影響を教えるのも容易だった。

射出時のGは「身体が後方に押しつけられる、手や腕を前に出せない、固定してないものは後方にずれる」のであるが、高速の引き起こしや急旋回では「身体が下に押しつけられる、手や腕をあげられない」という状態になる。

射出時のGの変化は図のようになるが、いろいろな関係で、当初のものは線Aを描いていた。Gのショックは急なのであるが、後年のものは線Bを描くように設計され、Gの大きさは変わらないが、ショックは大分やわらげられた。もっとも、身体にかかる大きなGも最初の一秒間ぐらいのもので、一～二回射出されれば、固定爪のはずれる音がわかるようになる。

急降下引き起こしのさいに、Gをしだいに強くかけてゆくと、目の前に黒の幕がさがってくる。つまり、頭の血液（眼底血液）がさがって見えなくなるわけだが、この時のGが3・5ぐらい（人によって個人差がある）である。Gが真後ろにかかる射出では、こんなことは一度もない。まして、意識不明になるなどということは絶対にない。

射出指揮官と搭乗員

射出時には、射出機は水平、機は離脱後の機速を確認してから上昇に移るのが原則であるが、Gのために操縦桿を引きすぎて上昇姿勢をとってしまい、あわてて押さえたりして、見ている者をハッとさせる。逆にGを意識し押さえすぎて、海面スレスレであわてて起こしたりしてハラハラさせることもある。

慣れてしまえばこのようなこともなくなるが、ちょっと間違えれば事故につながる。それで、操縦席前方、計器板の下あたりから指の太さくらいのヒモをつけ、その末端に結び目をつくって操縦桿をにぎる人差指と中指の間に軽くはさんで、桿の引きすぎを防いだ。中には、離脱後もそれを離すのを忘れて桿が引けなかったなどというウカツ者もいた。

スロットルレバーは所定位置（ほとんど全開）まで押しておき、離脱するまで手をかけさせなかったのが通例である。これも慣れれば、レバー近くの固定部に指をかけていてよかった。射出時のGでレバーを引いてしまったというのも初期の語り草である。

射出時に適当な合成風力・風向が得られるよう艦橋と針路・速力を連絡し、要求するのは飛行長の仕事であり、射出指揮官の仕事である。機が離脱するさいに射出機が水平にたもたれるようタイミングをはかって下令するのは、射出指揮官の責任である。

全長19.4m、射出速度28m／秒

重巡足柄から射出される零式水偵。射出機は火薬式、

大艦でも変針転舵のさいは相当傾斜するし、ウネリの方向が悪いと動揺もある。動揺しやすい軽巡での射出経験は私はないが、いずれにしても射出機高は水面より相当高く、機上で射出を待つ搭乗員にとって、動揺の影響は大きかった。射出指揮を信頼してはいても気が気ではない、というのが正直なところだった。

これに反して、潜水艦の射出機の高さは水面から一メートルちょっとで、艦もまたウネリで動揺しやすい。そのため、射出機にはプラス二度ほどの仰角がかかっており、軽量機にくらべて射出機長は充分すぎるほどとってあるが、射出のタイミングをとるケースは大艦より多い。

大戦中の空母からの発艦や戦後の巨大空母からの射出発艦は、テレビや映画でよく見る。この状景とはちょっと違うが、水上機母艦からの連続射出や同時連続射出における、艦橋と飛行甲板、射出指揮官と搭乗員や整備員の呼吸の合い方は見事なものであった。

今次大戦における諸国の水上機洋上使用例はよく調べていないが、おそらく、わが海軍における発艦作業や航跡静波揚収による水上機の洋上使用の技量は、どこの国の海軍よりもすぐれていたものと思う。

私個人についていえば、摩耶飛行長、伊八潜飛行長、霧島飛行長、千歳飛行隊長、四航戦航空参謀と、射出し射出された経験中、射出機不発が一回あったきりで、事故には出合っていない。当時の飛行科員がいまどこでどうしているだろうかと思いつつ、この稿を終わる。

日本海軍水上機発達史

元 海軍航空本部員・海軍技術中佐　野邑末次

野邑末次中佐

飛行機のなかで、水上に浮かんで自力で航行し、かつ水上から離昇し、また水上へ降着しうるものを総称して、水上機という。このなかで浮舟《ふしゅう》（フロート）を持ち、これによって水上で胴体をささえる型式のものを水上機といい、胴体がそのまま艇体となって直接、水上に浮かぶものを飛行艇という。

水上機または飛行艇のなかで、その特性上、水面に降着することはできるが、水面から離昇は困難であるため、補助装置として射出機を使用して離昇せしめるものがある。ときには、とくにこれを区別して、射出用飛行機と呼んだことがある。

水上機または飛行艇であって、陸上から離昇し、または陸上へ降着できるような降着装置をもつものを、水陸両用機または水陸両用艇という。

さて、つぎに水上機の型式と、そのおもな用途および利害得失をくらべてみる。

飛行艇

重量がだいたい六～七トンより大きい場合は、特別の場合をのぞいて、この型がえらばれる。重量が大きくなればなるほど、飛行艇が有利となる。これは浮泛《ふへん》に要する部分を搭載物の置場、すなわち浮舟と胴体とが一体となるため、構造重量および有害抵抗が小さくなり、また波浪にたいする凌波性も有利である。

重量が小なる場合は、飛行艇型とすることは有利ではない。すなわち主翼、尾翼、発動機、プロペラ、座席などが水面に近く、水上滑走中に水をかぶる機会が多く、また小型機の特長ともいうべき運動の軽快性が飛行艇では劣ることである。

浮舟型

比較的小型で、総重量が五～六トン以下の水上機は、だいたい双浮舟または単浮舟型をえらぶ。

小型水上機は凌波性をよくするため、主翼、尾翼、発動機、プロペラ、搭乗座席を水面より高くはなさなければならない。このため浮舟をつかい、脚支柱によって胴体、そのほかの重要部分を高く支持する方法をとる。

双浮舟にするか、単浮舟にするかはつぎの点で決定する。

イ、単浮舟型…とくに要求のない場合は、有害抵抗のすくない単浮舟を採用する。この型は飛行艇もおなじであるが、水上の横安定が主浮舟のみで得られないので、かならず側舟または端舟をともなうが、この補助浮舟を収納できれば、有害抵抗をへらすことができる。

ロ、双浮舟型：単浮舟型にくらべ、洋上での安定性がすぐれている点はあるが、有害抵抗の大きいこと、および浮舟の構造重量が大であることから、つぎのような場合にかぎってえらぶ。

a、物品を胴体の下に搭載する場合。

b、測量用大型写真器を搭載する場合。

c、とくに水上安定性を重視する場合。

d、浮舟一個の大きさを極力小さくさせる必要がある場合。

ハ、水陸両用型：飛行艇または浮舟型で、陸上滑走用の降着装置をあわせ持ち、水上および陸上のどちらからでも、またどこへでも発着できる利点がある。

この欠点は、二種の降着装置の重量を、いつも携行《けいこう》していることである。車輪は適当に収納できるから、抵抗の増加はあまり問題とはならないが、重量増加の弱点は簡単に解決されない。しかし両用の利点の方がすぐれているので、とくに輸送機や救難機などの用途に使用される。

性能に関すること

空中の性能を考えるとき、もちろん優秀な航空機でなければならないから、空中における性能に関することは、陸上のそれと大差はない。水上性能を良好にするためには、空中性能を良好にする条件と、たがいに違う点が多くある。水上機が備えるべき条件はつぎのとおりである。

イ、水上浮泛のため排水量があること。

ロ、静止時および低速進行時に、前後および左右の水上静安定が十分であること。

ハ、全滑走速度範囲において、前後の動的安定が良好であること。

ニ、水上滑走中の抵抗が小であること。

ホ、水上滑走中および浮泛時の方向の据《すわ》りが良好であること。

ヘ、水上旋回が容易であること。

ト、滑走中の水切りがよく、また飛沫《ひまつ》のすくないこと。

チ、空気抵抗が小さいこと。

水上の条件は平水だけでなく、風波のある水面においても満たされなければならない。

構造強度に関すること

空中における強度だけでなく、水上において波浪が前方からくる場合、側方からくる場合などに起こりうる着水の状況に対して、十分な強度を持っていなければならない。

イ、重量が小さいこと。

ロ、多量生産において工作が容易であること。

取扱いに関すること

水上機は取扱上、つぎの点に考慮をはらう必要がある。

イ、腐蝕《ふしょく》：軽合金は海水によって腐蝕されるから、防蝕のため化学表面処理および塗装をする必要がある。とくに異種材料と接触すると、電気的腐蝕を起こすので絶縁材を挿入することを忘れてはいけない。また内部に入った海水は、簡単に抜けるよう考慮する必要がある。

ロ、揚収《ようしゅう》運搬：運搬車によって陸上に引きあげる方法と、吊上装置をもちいて吊り上げる方法とがあるが、これらは容易に操作できることが必要である。自体に運搬装置を装着してあるものは、重量増加の不利はあるが、取扱いは便利である。

ハ、曳航《えいこう》：曳航索の取付金物、曳航中の縦および横の安定などを考慮する必要がある。

ニ、繋留《けいりゅう》：必要な索、金具の強度、位置など、水上機の使用状況にしたがい、また作業員の便利なように考慮されなければならない。

滑走路は無限の海

日本は四面を海でかこまれているので、海洋を舞台とすることを絶対に必要としたし、また当時は現在のような長大な飛行場を建設する技術などは夢想だにされず、飛行場として水面を利用することが適当であった。これが日本海軍が水上機に注目したもっとも大きな理由であった。

はじめにカーチス型水上機を、ついで第一次大戦当時に使用されたファルマン型水上機を購入してから、ここに日本海軍の水上機発達史が連綿とつづくのである。

水上機の設計試作はまず横須賀海軍工廠にはじまり、ついで広《ひろ》海軍工廠、のちになって海軍航空技術廠で行なわれた。初期には主として飛行艇の試作に、その努力がそそがれたのであった。昭和に入ってから民間会社にも多くの水上機が発注されるようになった。これらの水上機はおもに軍艦に搭載され、艦隊とともに行動して哨戒、護衛、弾着観測などに使用する目的をもって設計試作された。

つぎに、これら水上機の発達を型式ごとにわけて述べてみよう。

ダイナミックな飛行艇

海軍の飛行艇は、横須賀海軍造兵部が英国ショートのF5型飛行艇を製造したのにはじまる。この飛行艇は制式名を「一五式飛行艇」と呼ばれ、複葉の全木製機であった。艇体はベニヤ板を木製のフレームにカゼインで張りつけ、鋲打ちするといった指物《さしもの》大工式のものであった。

その当時、ドイツのロールバッハ博士が金属飛行機の設計技術を持っているという情報を知り、海軍は同博士に金属飛行艇の設計製作を依頼した。いわゆるR型飛行艇である。この飛行艇は当時、欧米にもなかった全金属製ではあったが、艇底のかたちが平面で、しかも着速が速く波浪の衝撃に弱かったことと、ジュラルミンの腐蝕性にたいする対策が十分でなかったことなどのため、あまり実用にはならなかった。

その間、広海軍工廠では「八九式飛行艇」と呼ばれた複葉の飛行艇が試作され、また昭和二年、英国スーパーマリン社から同様の飛行艇一機が輸入されたが、いずれも特筆すべきことはなかった。

R飛行艇製造のためドイツに行っていた和田操中佐一行が帰国し、ロールバッハの工場で修得した技術をもとにして最初に試作されたのが単葉の全金属製飛行艇で「九〇式一号飛行艇」と呼ばれた。この飛行艇は、ワグナーウェブという薄い壁板で構成された桁《けた》と上下面板で、箱型を形成する主翼構造を初めて採用したものであった。これがその後、すぐれた海軍航空機を生むにいたった構造上の根源となったのである。しかし、この飛行艇は試作のみでおわった。

つぎに九〇式一号飛行艇を小型にした「九一式飛行艇」が試作ならびに製作された。はじめ水冷式発動機（九一式六〇〇馬力）二基を搭載していたが、のちに空冷式発動機にとりかえられた。一方、民間会社では海防議会の献金によって、川崎航空機が二

日本海軍初の全金属製単葉九〇式一号飛行艇。主翼上の３基のエンジンが特徴的

回にわたりドイツのドルニエ系統の飛行艇を試作したが、どれも一機ずつの試作でおわった。昭和九年、九試大艇として民間の川西航空機に、四発大型飛行艇の開発が命じられた。昭和十一年七月の初飛行をへて、十三年に九七式大艇として採用された本機は、全幅四〇メートル、安定性抜群、長大な航続力で乗員たちの信頼も得て活躍したが、防禦力と速力が弱かった。

　昭和十三年、ふたたび川西に大型飛行艇の試作が発注され、この片持式四発の全金属製飛行艇は昭和十五年十二月末に初飛行した。はじめ全備重量二十八トンを目標として設計されたが、その後、搭載物の増加により、偵察状態で四千浬《かいり》の航続力を持つためには、全備重量を三十一トンにふやさなければならなかった。

　そのために艇体の沈みが深くなり、水上滑走中のしぶきによって、プロペラが湾曲《わんきょく》するほどであった。そこで艇体の深さを増し、艇底の形状を研究してこの問題は解決されたが、その結果、水上滑走中の安定範囲が小さくなり、操作にはとくに注意を要するようになった。艇は「二式飛行艇」と名づけられ、大東亜戦争中は遠距離哨戒、または爆撃に大活躍をした。性能は当時の欧米飛行艇にくらべ格段の優秀性を持ち、じつに画期的なものであった。

　この艇を輸送機に改装したのが「晴空」である。またこのころ愛知に発注された単葉双発の全金属製飛行艇は、改造の結果、練習用飛行艇（二式）として使用された。

　海軍が直接に設計試作した最後の飛行艇は、昭和九年、航空技術廠ではじめられた十二試中型飛行艇であった。これはのちに広海軍工廠で製作されることになったが、実用されなかった。また、軽金属が不足してきた大戦末期に「蒼空」と呼ばれる、全木製で艇首の開扉できる大型輸送用飛行艇の試作を川西に準備させたが、ついに完成を見るにいたらなかった。

小型艇は愛知によって二度試作され、いくらか使用された。複葉単発で乗員は三名であった。夜間に艦上から射出され、長時間哨戒および敵艦隊に触接し、しかも夜間安全に着水できるように計画されていた。夜間水上偵察機とよばれたが、評判はあまりよくなかった。

快速を誇る単浮舟型水上機

単浮舟型の初めての水上機は、アメリカから購入したカーチス型である。

昭和の初めごろ、中島飛行機が米国のヴォートコルセアの設計技術をとりいれて初めて試作した複葉複座の偵察機は、九〇式二号偵察機と名づけられた。主翼は、ボルトンポール型といわれる薄い鋼板を引

九〇式二号水偵。複葉複座の単浮舟。軽快な運動性で空中戦や急降下爆撃も可能

きぬいた型材で構成された桁二本をもっていた。胴体は、鋼管の熔接でできていて、主翼、胴体とも羽布張りであった。この機種は空中運動が軽快であって、戦艦や巡洋艦の射出用水上機として長くもちいられた。

ついで中島に、この型の性能向上型の試作が発注され、それが九五式水上偵察機として完成した。戦艦、巡洋艦に搭載されたほか、昭和十二年ごろ起工された水上機母艦千歳、つづいて千代田に搭載の予定であった。

戦艦や巡洋艦の弾着観測は敵機の抵抗をはらいつつ行なう必要があるため、海軍は三菱にさらに性能のすぐれた複座水上機の試作を発注した。これが零式観測機である。全金属製であったが、とくに上下翼は楕円形のジュラルミン製で、空力性能の向上につとめた跡が明らかにみとめられた。

当時、三菱は工作機械能力が不足していたので、各部の結合金物はクロームモリブデンのうすい鋼板を熔接して、熱処理により一〇〇トン／平方ミリ以上の強度を出すように設計され、これは非常にむつかしい工作であった。

昭和十四年、海軍は川西に高速の水上偵察機の試作を発注した。単浮舟型の遠距離哨戒用で「紫雲《しうん》」と呼ばれた。この水上機は設計上、いろいろ新規格が採用された。すなわち二重反転プロペラ、翼下面におさめられるゴム製の翼端浮舟、投下できる主浮舟などである。

零式艦上戦闘機に単浮舟をつけ、水上戦闘機とすることも試みられた。二式水上戦闘機である。本格的な水上戦闘機としての設計試作は川西に発注され、完成したのが「強風《きょうふう》」である。この強風を陸上戦闘機に改装したものが「紫電」である。

安定のよい双浮舟型

双浮舟型の水上機としては、フランスのファルマン型が購入された。第一次大戦後、ドイツからハンザー型を入手して使用された。その後、愛知などでハンザー型の改良型および二式水上偵察機などが試作されたが、あまり実用されなかった。

大正十年ごろ、横須賀海軍工廠において横廠式水上機の設計試作が行なわれた。引きつづき一三式水上練習機が試作された。この練習機は複葉単発で、構造は木製羽布張りであり、水上滑走中に強い向かい風にあうと進めないほどのものであったが、練習機として長くつかわれた。

一四式水上偵察機は複葉単発三座で、構造は一三式とおなじであったが、浮舟はのちにジュラルミン製にかえられた。これは巡洋艦に搭載され、また基地で長く使用された。さらに試作された一五式水上偵察機は、複葉で下翼は上翼よりいくらか小さかった。これはあまり実用されなかった。

昭和になってから、「九〇式水上練習機」「九三式中間水上練習機」が試作された。これらは複葉単発で、構造は胴体が鋼管熔接の羽布張りであった。練習機として長くつかわれた。民間では愛知に複座の水上偵察機の試作が発注され、九〇式一号水上偵察機として完成したが、多くはつくられなかった。

川西には射出用の遠距離水上偵察機が発注された。昭和八年に完成して、九四式水上偵察機と呼ばれた。射出発進および波浪中の離着水ができ、しかも長い航続距離を要求されたから、空力上および構造上、いろいろの工夫がほどこされた。そのひとつは翼幅および上下翼のくいちがいを大きくしたことである。発動機は水冷式から空冷式にかわり長く使用された。

昭和十二年、つぎの水上偵察機が中島と愛知に競争試作のかたちで発注された。これは愛知の勝利となり、零式水上偵察機と呼ばれた。単葉三座の全金属製機であった。急降下偵察機で急降下爆撃もできる二座水上機が、愛知に発注された。「瑞雲《ずいうん》」である。急降下のため、降下中の抵抗板として胴体付け根あたりの主翼後方の下面に、スプリットフラップに似た装置をつけていたため、この振動による尾翼ぶれを生じたが、のち改善された。

巡洋潜水艦に搭載した単座の小型水上偵察機は、海軍で二回試作された。潜水艦の上部にもうけられた円筒の中に格納するためには、急速分解および組み立ての必要があった。どちらも複葉で、主翼の付け根の結合ピンは、差したあと抜けないようにゴムバンドをかけ、そのほかのピンは差したあと尖端を折りまげる簡単なものであった。潜航中、電熱器で潤滑油をあたためておき、急速浮上とともに円筒から機体を引き出し、組み立てて空気式射出機で打ち出すのであった。

大戦後期、パナマ運河の爆撃のため、大型潜水航空母艦が建造された。これに搭載する水上爆撃機を愛知が試作することになった。これは「晴嵐《せいらん》」と名づけられた。この水上機の基礎は、艦上爆撃機「彗星《すいせい》」とおもわれるが、潜水艦に格納するために、主翼がおりたためるようになっていた。

胴体と主翼とが管型金物で結合され、ピンを抜いたあと主翼を引き出し、管型金物のまわりに九〇度回転したのち、後方におりまげて胴体にピッタリ合わせるようになっていた。浮舟はもちろん投下式で、短時間の組み立ておよび高速飛行を要する場合には投下できるようになっていた。この水上機は二隻の潜水空母に搭載されて出撃したが、途中において終戦をむかえた。

その他のものとしては、昭和十三年、日本飛行機に輸送用の水陸両用艇が発注された。この艇は主翼上面の気流剝離《はくり》の悪いくせが改善されず、ついに実用に供されなかった。

かくて零戦に浮舟が付けられた

一青年技師が告白する二式水上戦闘機誕生秘話

当時二式水戦担当・中島飛行機小泉製作所技師　田島　敦

昭和十五年もやがて暮れようとする頃だったろうか、零式艦戦を水上戦闘機に改造するための設計試作を、中島飛行機太田製作所（のちの小泉製作所）で受けもつことになった。かつてこれまで、わが国には水上戦闘機（水戦）という機種は制式化されたことがなく、当時としてはまったく思いもよらぬことだった。

しかし、緊迫する国際情勢から水戦の必要度はきわめて高く、しかも急速に作り出さねばならないという要望が、強く作戦部門の方から打ちだされていた。そこで、これまでの空白をうめ、さらには本格的な水戦を生みだすべく、当時すぐれた空中性能と、とくに二〇ミリ機関砲二門の威力とにより、その信頼性を高めつつあった零戦の水上機化に着目したのではないかと推察している。

また中島飛行機では零戦の量産の一部を引き受けることが決定していたことと、設計部長の三竹忍氏が九〇水偵、九五水偵および十二試水偵などを手がけたベテランであったことが、設計部内のサイドワークとして気がるく引き受けることになった大きな要因ではなかったかと思う。

さて、これまではよかったが、当時、入社二年生の若輩たる私に、部長はこの仕事を担当するよう命ぜられたのである。どうせお手伝い程度と思ってとりかかったが、多忙な上司にいちいち教えを乞うわけにもいかず、当時としてはえらく苦労した感じであった。

しかし、部長の方針がきわめて適切であったこと、設計製図のベテラン三人の貴重な経験と努力に助けられたこと、浮舟の外形線図設計と実験を分担した海軍航空技術廠科学部担当者で後に亡くなられた部員の優秀な技術、同廠飛行機部員の熱心な推進力もあって、そうう苛酷な技術的時間的な制約があったにもかかわらず、なんとか要求に合ったものにまとめることができた。

生まれかわった零戦

つぎに、いささか技術的内容とその経緯《いきさつ》にふれてみる。

浮舟配列の型式は単浮舟型とし、その支柱もできるだけ単純で抵抗のすくない形にし、翼端浮舟の支柱は、当時としては最先端をゆく単支柱方式にするようにきめられた。

仕事は陸上用引込脚をこのように置きかえるだけで、しごく簡単なように見えるが、以下に記すようないろいろな難題もあった。

後方の機は水上滑走中である

索敵哨戒飛行から無事に帰投、基地員に迎えられる二式水戦。

第一に、重量はとうぜん水上機にあらためることにより増大するのであるが、主翼桁材の許容強度から、この増量をたしか三百キログらいだったと思うが、それ以内におさめないと負荷に耐えられなくなり、戦闘機としては落第することになるので、この点にはつねに気をつかった。

つぎに浮舟の外形線図は前にのべたとおり空技廠でいろいろの模型実験の末に決定され、結果は着水、離水などの水上性能はすべて好成績であった。

一方、浮舟取り付けに応じて垂直尾翼の増面積をおこなったものについて風洞試験をした結果、安定性などはきわめて良好であった。実機で、最高速がいくらまで出るか、あるいはまた零戦からいくらのマイナスですむかが残された性能上の問題であった。

外形的なものがきまれば、具体的な構造設計にとりかかるのであるが、これにはだいぶ苦労した。本来の陸上機として合理的に設計された構造をもつ零戦の胴体の下に、あるいは翼端ちかくに、大きい集中荷重をつたえる支柱が簡単につくものではない。

そのころ、たまたま零戦の被弾機が工場にきており、これを修理かたがた水上戦闘機に改造し、試作の第一号にするという、きわめて経済的な計画になっていたので、他社のわかりにくい図面を見るより、実物検討にしくはないと、人知れずお百度をふんだりして、なんとか小部分の改造と部品追加ていどで取付点をきめることができた。

しかし、あまり重量をケチリすぎたか、第一回の強度試験には、みごと強度不足の結果となって失敗におわった。空技廠の広い落下試験プールにおいて、あるいは強度試験場で逆さにおかれた機体の浮舟に縄をつけてギューギュー引っぱられるのを、ただ一人派遣されて見まもり、わが身をさいなまれるような強度試験の洗礼をはじめて受けたわけであった。しかし、ただちにそれ相応な補強をして、強度の方も無事に完了した。

その他、水上機としてとうぜん考えなければならないこと、たとえば耐水、耐蝕、繋留、曳航、翼端浮舟、離散防止の繋索、乗降など、それに主浮舟中に設けた増槽の燃料応急排出装置などについても設計をおわり、いよいよ土浦で飛行試験がおこなわれるまでになった。

第一号機のうぶごえ

飛行試験の結果は、離着水や凌波性などの水上性能および空中性能ともに、だいたい良好の成績をおさめ、最高速もまずまずというところであった。

ただ水上旋回性能、とくに風のある場合は外方へかたむき、翼端浮舟の抵抗増大の結果、尾翼のみでは旋回が思うようにゆかないので、水中舵がぜひ欲しいということになり、索伝導で方向舵と連動したものをとりつけた。

その他、こまかい改良をおこなって、ついに海軍当局の第一号機領収飛行式のところまでこぎつけた。計画開始から約一年後の昭和十六年十二月八日がその日であったので、とくに記憶があざやかである。

その日、なにも知らずに会場へおもむいたところ、開戦の話題が多少出たていどで、えらいことになったと思ったが、海軍の将士をはじめとして初飛行関係者は平常とかわらぬ態度で着々と準備をととのえ、初飛行は無事におわった。そしてめでたく第一号機は、海軍のもっとも期待をよせる水上戦闘機として領収されることになった。

そしてその後つぎつぎと納入され、追浜の水上機隊で実行上の検討を重ねた末、昭和十七年度にはいよいよ制式化されたのである。

わが二式水戦アリューシャン上空を飛べ

濃霧の海空域に米軍機を迎えうった下駄ばき戦闘機隊の記録

当時「君川丸」副長兼四五二空飛行長・海軍少佐　古川　明

太平洋戦争緒戦の連戦連勝に気をよくしていた日本に、冷水を浴びせかけられたのが、ドーリットルの果敢な日本本土空襲であった。これが呼び水になったのか、少なくとも連合艦隊首脳の心中に焦《あせ》りというか、何かわだかまりがあるままに実施されたのが、六月上旬のミッドウェー作戦であった。

このとき、陽動作戦的要素をもつ支作戦として、アリューシャン方面作戦が行なわれたのである。ミッドウェーではご存じのとおり大敗を喫し、ミッドウェー攻略の目的を達することなく引きあげたが、アリューシャン方面ではキスカおよびアッツの両島を無血占領した。

古川明少佐

昭和十七年六月七日以来、ここに氷雪と暴風と濃霧の海空域に日米双方の死闘が展開されたのであった。キスカ・アッツ両島ともツンドラ地帯で、土木技術におくれた当時の日本としては、陸上飛行場の建設はなみたいていのことではなく、結局、最後まで完成できなかった。そこで頼れる航空機は水上機のみであった。

戦力は二式水戦と零水偵

その後、北方の戦局の動きに応じて、たとえば敵のアッツ侵攻、キスカ撤収作戦などの場合は多数の艦艇が臨時に投入され、また一式陸攻隊によるアッツ攻撃なども行なわれたが、以下、全期間を通じて北方の空域で活躍した水上機隊の動きを中心に話をすすめていこう。

昭和十七年六月十一日にはキスカで敵飛行艇二機の偵察を認め、十二日になると飛行艇数機による三群の空襲をうけた。しかし、地上砲火の反撃により敵数機にも被害をあたえた。その後、六月十五日にはB17、B26がやってきたが、機数も五、六機ていどであった。

六月十八日にわが方はアガッツ島に飛行場調査部隊を揚陸させた。十九日にはB24の爆撃によりキスカ湾口で日産丸が沈没している。キスカにおける四五二空は、二式水戦常用六機、補用二機、零式水偵常用六機、補用二機の航空機をもっていた。それらは君川丸により運搬した。

七月三日のB24の空襲では、その君川丸も弾片により小破の被害をうけた。また七月五日には付近の対潜掃討中の子日《ねのひ》（沈没）、霰《あられ》（沈没）、霞《かすみ》（大破）、不知火《しらぬい》（中破）というように、敵潜水艦による駆逐艦の被害が続出した。

第五艦隊に属し、二式水上戦闘機を搭載してアリューシャン海域へ向かう君川丸

キスカ周辺では、わが駆逐隊、駆潜艇隊、水上機隊と、敵潜水艦との激闘がつづいた。

七月六日、八日にはわが方に手応えがあったが、さらに十五日には駆潜艇二十五号と二十七号が撃沈されてしまった。

七月というと、この方面は白夜である。いつまでたっても日が暮れない。ちょっと暗くなると、すぐ明るくなってしまう。また、連日連夜ふかい霧におおわれるので、飛行機による対潜作戦はどうも思うようにはいかなかった。

敵機は霧の中でもキスカと思われるところへきて爆弾をバラまいていくだけだが、海中にひそむ敵潜はけっして一筋縄ではとらえることはできなかったので、せっかく水上機隊が進出しても作戦は思うようにいかなかった。

七月二十四日には択捉島《えとろふとう》留別湾外において日照丸が、三十日にはキスカで廉野丸がいずれも敵潜により撃沈された。

戦爆連合による連日の空襲

その後、八月にはいっても霧は相変わらずであった。したがって空襲盲爆の頻度は少なくなった。三十一日にはアラスカ方面行動中の呂号第六十一潜水艦が、ナザン湾でノーザムプトン型大巡を攻撃、魚雷一本を命中させたものの、その後、消息を絶った。

九月になると敵空襲部隊は、P38、P39がやってくるようになり、基地建設が前進した模様であった。とくに十五日にはB25四機、P38、P39約十機の来襲にたいし、水上戦闘機隊（水戦隊）の全力を投入して反撃したが、二機が未帰還機となり、一機が不時着機となった。また湾内にいた野島丸は被弾大破した。わが方の戦果は、B24一機、P38四機、P39一機であった。

九月二十六日にはB24七機、P39二十機とこれまで最大の空襲があり、P39二機を撃墜したが、

君川丸艦上の零式水偵と搭乗員たち。君川丸は昭和18年9月まで北方海域に行動

わが方も水戦一機の犠牲がでた。そして二十九日も三次にわたる戦爆連合の空襲があり、敵戦闘機二機撃墜、わが方の水戦二機未帰還というように、なけなしの水戦隊はほとんど底をついてしまった。

十月になると、冬季にはいる前の天候のやや安定した時期で、空襲もいちだんと激しく、一日は九機、三日は二十機、九日は十四機、十日は七次にわたって八機、六機、六機、四機、二機、四機、二機と、延べ三十二機を間断なく繰りだしてきた。ただし、わが方の被害は駆潜艇十四号の中破のみであったが、水戦隊は使用不能、零水偵隊はアッツ方面に退避し、防空砲火による二機撃墜のみにおわったのである。

その後も数機による小規模な空襲は十月十三、十六、十七、十八、十九、二十、二十一、二十四、二十五、二十八、三十一日とつづいた。しかしいずれも盲爆で、これといった被害はなかったものの、敵の反撃能力が着々ととととのっているのが無気味に感ぜられ、わが方の陸上飛行場の整備が渇望された。が、きびしい冬将軍の来襲で、前途は雪空とおなじく感ぜられ、やむをえず君川丸による水上機の輸送をつづけなければならないのが現状であった。

ところで敵の飛行艇、B24などによる哨戒圏はキスカ、アッツをおおっているので、水上艦艇による両島への進出は、第一に天候の予測、第二に敵信の傍受、第三に厳重な電波管制、第四に周辺に散在していると思われる敵潜水艦の目を逃れること――の諸条件、さらには強力な水上護衛の必要があったが、護衛兵力がたりないので、重要船以外は単独航行もやむをえない状況であった。

十一月にはいると八日の空襲で、海軍宿舎の四棟が小破し、さらに陸軍部隊で一名の戦死者がでた。つづいて十日には水戦五機、零水偵四機が被弾焼失という惨状で、とにかく、急遽補充の必要があった。十一月二十七日にはアッツ島に約十機の戦爆連合による空襲があり、入港中のちぇりぼん丸が沈没した。

君川丸副長兼四五二空飛行長を拝命

君川丸がアッツに水上機をもっていったのが十二月下旬、濃霧と吹雪《ふぶき》と暴風により敵機の哨戒の目をのがれ、昭和十八年一月一日、大湊にもどってきた。その日より私は、同艦の副長兼飛行長の職を執ることになった。

冬季に日本列島付近を通過する低気圧は、北上するにしたがって台風なみの勢力となり、これがアリューシャン列島ぞいに東方に移動するのが公式になっている。キスカの水上機基地も、この低気圧をまともにうけると、湾内に大波が侵入し、整備員、基地員の苦労にもかかわらず水上機を破壊してしまうので、天気のよいときは空襲、悪いときは暴風との戦いで、心の安まる暇もないありさまであった。

昭和十七年も暮れて昭和十八年にはいるころ、敵の北方における哨戒飛行の能力はますます強化された観があり、独航の輸送船の被害が大きくなってきた。十二月三十一日には浦塩丸が爆撃により中破し、一月六日にはアッツ沖で琴平丸、もんとりいる丸が空襲により撃沈された。八日にはアッツ沖に米軍の大巡一隻、中巡二隻、駆逐艦三隻の小部隊を発見、敵の動きはさらにはげしいものが感ぜられた。

はたして一月二十四日、わが方の零水偵がキスカの目の前にあるアムチトカ島コンスタンチン湾に駆逐艦五、輸送船五隻を発見した。同島はキスカ島の東四〇浬《かいり》にあり、最初、飛行場をつくるのに適地ではないかと調査したが、全島ツンドラの沼沢地で平坦ではあるが、前述したようにわが方の土木能力と天象、輸送力を勘案して放棄した島であった。

しかし、敵はそこに目をつけたのである。さっそく四五二空では数次にわたりコンスタンチン湾に攻撃をかけ、一月二十六日には運貨船一隻を炎上させたが、天候の状況により徹底した戦果はえられなかった。

二月二日には水戦八機、水偵一機により米駆逐艦二隻に被害をあたえたが、わが方も水戦二機を喪失。五日にも水戦四機、水偵一機をもって攻撃。十四日は水戦四機、水偵三機（うち一

濃霧と暴風に苦闘、452空は急速に消耗していった。写真はキスカ島の二式水戦

機未帰還）、十六日には水戦四機、水偵二機、十九日には水戦二機（全機未帰還）など、敵基地建設には全力をあげて妨害をつづけたが、二十五日には同島より発進したとみられるP40の来襲が確認された。

消耗急をつげる四五二空の苦闘

敵前進基地と呼応するように二月十九日には、米海軍の大巡一隻、中巡二隻、駆逐艦四隻がアッツを砲撃している。

いっぽう君川丸は、一月十五日、横須賀に入港。零水偵隊は大湊に残したものの、零水偵一機、二式水戦七機を搭載して、一月二十四日には幌筵水道柏原湾においてアッツ行きの陸軍二八三名を便乗（この人たちは五月にアッツで玉砕した）させて、駆逐艦薄雲《うすぐも》に護衛され一月三十一日、暴風雪と霧にたすけられて、どうやらアッツ島の北海湾西浦に入港し、吹雪ふんぷんたる中で人員、機材を揚陸した。

明るくなるまえに敵機の哨戒圏外にでるため、午後九時三十分に出港。何事もなく二月五日に大湊にはいった。さらに前述のように、キスカで悪戦苦闘をつづける四五二空の消耗はますます急をつげているので、重巡那智の搭載機と君川丸の固有機あわせて零式水偵五機を搭載、今回はキスカ沖一〇〇浬の地点より射出して空輸することになった。

そして二月六日、大湊湾において全機の射出訓練を行なった。二月九日、駆逐艦電《いなずま》の護衛のもとに大湊をたち、十二日には幌筵水道に到着した。さらに夜間出撃を敢行し、十四日には天候を確認して全機射出を行なった。

零水偵四機はぶじキスカに着いた。ほかの一機は機位を失したが、運よく航行中の山百合丸ふきんに着水、ぶじ収容された。

敵機哨戒圏内における山百合丸船長の沈着な決断は、ほんとうに頭のさがる思いがした。なお、観測機一機は途中から引きかえし本艦に収容したが、他の一機はついに消息をたった。

零水偵四機は君川丸の坂本分隊長が誘導してキスカ到達前、霧のきれ間の下にポッカリ浮上した潜水艦を発見、急いで爆撃したが戦果は不明であった。

さらに間断なき補給が要望されたので二月二十七日、横須賀で零式水偵三機、二式水戦六機を搭載、三月七日には幌筵水道を出撃、「イ」船団を編制した。

このときは那智以下の第五艦隊主力は、全力をあげて護衛し、状況によっては会敵を期していた。「イ」船団は君川丸、粟田丸、崎戸丸であった。そして三月十日、ぶじアッツ島北海湾に入港し、揚陸後、急きょ出港、十三日には幌筵水道に帰着した。

キスカ方面は、君川丸の必死の飛行機補給も間にあわないくらい消耗がはげしく、アムチトカ島飛行場完成とともに空襲の頻度と機数は増加の一途をたどる様相となり、彼我航空兵力の差は歴然たるものとなった。

かかる状況のもと、君川丸は横須賀に補給のために入港、また飛行機隊は館山基地に移動し、所在部隊と協力して、東京湾外列島線の対潜哨戒および船団護衛の任務についた。

三月二十七日にはさきの二月末とおなじく、第五艦隊の全力をあげての補給作戦を実施した。たまたまアッツ島沖にて大巡一隻、中巡一隻、駆逐艦四隻の米艦隊と遭遇、チャンス到来であったが、なんとなく不徹底な攻撃に終始し、長蛇を逸してしまった。

アッツを目前に無念の反転

四月も中旬ごろから天候の好転とともにキスカ、アッツ方面の空襲は熾烈となり、連日第一次より第十次くらい、延べ百機に達することもめずらしくなくなった。

君川丸は四五二空増勢用として観測機八機を搭乗員、整備員とともに乗艦させ、必要物品の積み込みと約一ヵ月の人員の訓練を行ない、五月一日、横須賀より幌筵水道に直行した。

五月四日、択捉《えとろふ》水道をオホーツク海にぬけようとしたとき、流氷帯にはいってしまったので、速力をおとしてやっと脱出することができた。

午前五時、突如として右後方約一千メートルより魚雷三発の発射音を聞き、ついで三本の航跡が君川丸にむかっているのを発見した。君川丸は魚雷に平行するよう取舵《とりかじ》に転舵。フルスピードで転回してはいるものの、魚雷は約三〇ノットで刻一刻と近づいてくる。その間の長いこと。幸いにも、魚雷は君川丸の左右横四〇メートルくらいのところを通過して、艦橋では思わずため息がもれた。

五月十一日、幌筵水道より軽巡木曾《きそ》、君川丸、駆逐艦若葉《わかば》、白雲の順に出撃、アッツ島にむかう。

いよいよ明日はアッツ島に入港という十二日、緊急電がとびこんだ。「アッツ島に米軍上陸」と――。だが、わが方の敵状偵察の観測機は航続距離が短いので、もう一歩ふみこまねばならない。しかし搭乗員の練度は二組をのぞいて、この天候（濃霧、吹雪）では無理である。

私は飛行長という職にあり、決断のカギをにぎっている。だが、アッツまたはキスカ周辺の天候と、こちらの射出海面の天候がマッチしなければどうにもならない。アッツでは敵ははやくも橋頭堡をつくった。

北海湾の海軍通信隊は、水上基地は保持しているといってきている。もう一歩前進と歯をくいしばったが、天のさだめか艦の周囲の天候は好転しない。指揮官たる木曾艦長からも意見をもとめられる。やむをえない。断がくだった。部隊は後ろ髪をひかれる思いで反転した。

五月三十一日、アッツは玉砕した。キスカからも搭乗員は三々五々、潜水艦で引きあげてきた。七月二十九日、キスカ撤収に成功。四五二空は占守島別飛沼《べっとびぬま》で再編された。そして昭和十九年の十月まで地味な哨戒作戦がつづけられ、昭和十九年十二月、多難な生涯を閉じ解隊された。

潜水艦搭載「零式小型水偵」の性能と戦歴

日本だけが実用化した潜水艦の飛行機〝潜偵〟の全貌

元「伊八潜」飛行長・海軍少佐　沢島栄次郎

飛行機と潜水艦は仇敵《きゅうてき》同士であった。第一次世界大戦中（大正三年〜八年）に、それぞれ急速な発達はしたが、陸海戦場の主力にはなれなかった。

制空権の争奪は独仏国境付近で、また制海権の争覇《そうは》は北海や地中海ではげしくおこなわれた。飛行機のおもな役割は、近距離の陸上要地や戦線の偵察、対地攻撃（陸戦協力）、空戦で、遠距離——といっても今日から考えれば中距離であるが——偵察攻撃は、ツェッペリン飛行船しかできなかった。

また、対潜警戒（哨戒・攻撃）に充当する機は、不十分であった。しかも、発達したとはいえ、飛行機の諸性能はまだ劣悪で、ドイツ機はフランス上空を越えてドーバー海峡をわたり得なかった。英米の飛行機隊にしても、基地をフランスに前進させて戦った。ちなみに、ベルリン〜ロンドン間は約四三〇浬《かいり》、ベルリン〜パリ間は約三八〇浬であった。

零式小型水偵。格納の都合で低くした垂直尾翼を補う尾翼下の安定ひれが見える

戦争状態にはいってからの、性能向上のための新機種の研究開発は、生産能力との兼ね合いや戦局の趨勢《すうせい》なども影響するので、きわめてむずかしかったであろう。

海の主戦場は、英国を中心とした四周の海と地中海であった。対英仏の水上艦艇との比較では、圧倒的に劣勢だったドイツが、戦略的にも戦術的にも、Uボートによる交通破壊戦（補給輸送路遮断作戦）に勝利への活路をもとめ、その準備をととのえていたのも当然である。

地中海は、当時としては広かった（東西約二千浬・最広部約五〇〇浬・最狭部約七〇浬）。だが、海上補給路はほぼ決まっている。アメリカからの対英仏補給路は、ノース水道やセントジョージ、イギリス、ドーバー、ジブラルタルなどの諸海峡でしぼられている。

そして、これらの陸上からの飛行機による対潜制圧も、常時あったわけではない。また、当時の輸送船団は速力もおそく（六〜八ノット？）、之字運動で潜水艦の目をごまかしても、なれた潜水艦乗りにはすぐ見やぶられる。

船団を直接護衛する駆逐艦や駆潜艇も数が不足しており、前路の哨戒機はついていないことが多かった。それゆえ、潜水艦にとっては格好《かっこう》の活躍舞台であり、輸送船団はUボートの良き獲物であった。英国の要請もあって、大正四年に日本から駆逐艦を主体とする第二遣外艦隊が地中海に派遣され、二年数ヵ月にわたって地味で根気のいる船団護衛と対潜戦闘に従事した。

対潜戦闘方法の進歩と相まって、Uボートの姿はしだいに外洋に消えていったが、このドイツ潜水艦の活躍が、日本をはじめ各国の潜水艦作戦や潜水艦戦術に多くの戦訓を残した。

太平洋戦争前の艦隊訓練で、あるいは戦中に、視認による対潜哨戒をやった搭乗員にはよくわかることだが、機上からの潜水艦発見の確率は非常に低い。水上航走中の潜水艦でも、相手発見の遅速は特別な場合（たとえば気象・天候・海象が飛行機に味方した場合）をのぞいては、潜水艦のほうが早い。

しかし、第一次大戦当時は対潜機の飛来もまれで、昼間の水上航走がかなり無難にできた。潜水艦にとってみれば、飛行機から発見され急襲されても、致命的な打撃を受けることはまず少なかった。それよりも、避退潜航を余儀なくされて、襲撃（雷撃）の機を失したり、追躡の足をとめられて獲物を逃したりしたほうが痛かった。

また飛行機にしても、有効な対潜攻撃の武器を持っていなかった。対潜艦艇が敵潜の頭上付近に到達するまでのもどかしさといったら、言い表わしようもない。映画で見るようには、なかなかうまくゆかないものである。

しかし、痛い、もどかしい、ではすまないのが戦争である。飛行機も潜水艦も、被弾一発が致命傷となることがある。潜水艦にとって「頭上の敵」は飛行機と駆逐艦・駆潜艇であり、逆に飛行機にとっては「眼下の敵」であり、対潜艦艇にとっては「足下の敵」であった。これらの関係は、第二次世界大戦までつづいた。

発想：期待は潜水艦の隠密性と飛行機の機動力

以上のように、第一次大戦では飛行機と潜水艦は戦術的に仇敵であった。戦略的な目的で、この両者を結びつけることもなかった。飛行機は飛行機の、潜水艦は潜水艦の、それぞれの性能や任務のちがいと限度があったからである。

しかし、潜水艦に飛行機を搭載するという着想は、おそらく第一次大戦中に生まれていたのであろう。あるいは大戦後に、勝者側も敗者側も、戦訓の中からくみとったのかもしれない。

潜水艦の活用範囲は将来、広域海洋にひろがるであろう。広域の遠距離にある敵の後方要地の攻撃や偵察が、戦局に重要な影響を持ってくると考えられたのであろう。ことに大戦中のUボートの活躍は、一般にも軍首脳にも強く焼きつけられた。

しかし、着想は生まれても、潜水艦と飛行機を結びつけるという計画が本格化するまでにはいたらなかった。大戦の終了直後では、飛行機・潜水艦とも、それぞれの性能や生産技術からみて、まだまだ多くの問題点があったからである。

大正末期から昭和の初期にかけて、各国の潜水艦と飛行機は、いちじるしくその性能を向上させた。潜水艦は艦型増大をともなったが、夜間水上航走や昼間潜航で隠密航続力を延伸した。

しかし、潜水艦の戦略・戦術的特徴はその隠密行動性にあるので、その所在を発見されたなら、奇襲もむずかしくなり、対潜攻撃にたいする防禦力も弱いので、強行偵察もできなくなる。

潜水艦のもう一つの弱点は、自身の眼高と視野がせまいことである。水上で潜望鏡を上げても、駆逐艦のブリッジより眼高は低い。潜望鏡深度では視認距離がじゅうぶんに得られないし、直上に近いところは見られない。潜望鏡を上げすぎたり、あるいは長時間露頂《ろちょう》すれば、発見される公算が大きくなり、隠密性を失うことになる。

飛行機のほうはまた、戦艦や巡洋艦、空母に搭載された艦載機では、これを戦略偵察に用いるほど性能は向上していなかったし、また、それをおこなう余裕などなかった。陸上基地の推進によって、偵察距離の延伸をはかるには、基地対基地あるいは母艦群対基地の大空中戦を予期しなければならなかった。

遠隔の敵要地に接近して、その飛行偵察をおこなうには、潜水艦の隠密性をいかし、大遠距離にある敵要地の近く、それも対潜警戒の網の目をくぐって潜入して、さらに飛行機の機動力と目の高さ・視界の広さをくわえるほかはない。そして、偵察し得た状況は、スパイ情報や敵信傍受による敵情判断の裏づけにする。こういう必要性は、国によって程度の差こそあれ、いろいろ検討された。

昭和の初期、独・英・米・仏で、潜水艦搭載機（わが国の部内では「潜偵」と略称した）が誕生した。

だが、潜偵《せんてい》が育ってゆき、実戦に参加したのは日本だけである。どうしてそうなったのだろうか。その理由として考えられるのは、

①将来の軍備として、その国の想定する戦域において、飛行機搭載潜水艦の必要性がどの程度あるのか。

②潜水艦そのものの性能や戦力を減じて、潜偵搭載艦をつくる必要性がどの程度あるのか。

③潜偵にかわって、大遠距離の局地偵察をおこなう他の方法が考えられるか。その実現の可能性は？

という点が検討されたのであろう。

無責任な推定であるが、日本以外では「狭い所で、劣性能機を組み立てて発艦させる、などという器用なマネができるか」と考えたのかもしれない。

大きな問題としては、国防方針・軍備計画との兼ね合い、建艦・建機能力とタイミングの問題など。小さい点では、急速射出（揚収）や潜航中の格納の技術的問題、機対艦通信の問題など、これを育てあげた日本にも、さまざまな問題点があったのである。

役割：米艦隊の所在監視と追躡触接

各国が潜偵を開発した当時の役割は、その性能からみて、連絡機または自艦（潜水艦は単艦行動が多い）周辺近距離——潜水艦にとって視界外——の偵察であったろうと思われる。

わが海軍では、大正十二年に研究用としてドイツからハインケルU1を購入し、実験機として使用している。このことも、将来の必要性にそなえて基礎資料を準備しておく、という程度であったろうと思う。

昭和四年、英国のM2号潜水艦から、パーナル〝ペト〟水偵が射出されたという報に刺戟されて、横廠二号水偵・同改が試作された（昭和六年）。つづいて昭和八年に、九一式潜偵が伊五一潜（伊号第五十一潜水艦）に仮設されたカタパルトから射出され、実験に成功した。

このころ、母艦となる潜水艦は艦隊随伴用の海大一型から、独潜のU142型を模した巡潜一型が、つづいて就役していた。潜偵搭載の第一艦・伊五潜（巡潜一型改）が竣工したのは昭和七年である。

機と艦の設計建造タイミングを合わせるのは、はなはだむずかしい点が出てくる。しかも一機だけをギリギリに搭載しようというのだから、余計にそうである。

潜偵搭載については、航空関係から積極的にすすめたのか、潜水艦関係から働きかけたのかは明らかでない。しかし、広い太平洋を作戦海域として持つ海軍としては、前述の諸条件を検討のうえ、潜水艦の一部に潜偵を搭載、これを大遠距離の局地偵察に用いることになった。伊七潜、伊八潜および伊九潜型がそれである。

　このころの潜水艦の装備方針は、「邀《よう》撃《げき》作戦構想の盲点である米艦隊の動静偵知」と「米西岸の海上交通破壊」を企図するものであった。その任務は「米艦隊主力の所在地監視」「米艦隊出撃すれば追躡触接」があたえられていた。この方針と、あたえられた任務達成のため、潜偵搭載艦の搭乗員は一体となって訓練にはげんだ。

　なお、潜偵の搭載艦としては伊五一潜、伊五潜などの巡潜一型改、伊七潜、伊八潜、甲型の伊九潜型・伊一三潜型、乙型の伊一五潜型・伊四〇潜型・伊五四潜型などがあり、ほかに晴嵐《せいらん》（潜偵とはいえないが）を搭載した伊四〇〇潜（伊号第四百潜水艦）型がある。

零小型水偵と伊38潜。艦体中央がカタパルト軌条、Y字状構造物は揚収デリック

戦績：アフリカ偵察から米本土爆撃行まで

昭和十六年十二月八日、ハワイ攻撃によって、太平洋戦争の戦端はひらかれた。㊄計画では潜偵四十機、搭載艦四十艦と計画されていたが、十二月六日にハワイ周辺の一〇〇〜一五〇浬の配備についたのは、一、二、三潜水戦隊の全力三十隻であった。

そのうち潜偵搭載艦は、伊七潜、伊八潜（九六式小型水偵）、伊九潜、伊一〇潜、伊一九潜、伊二五潜（零式小型水偵）の六隻であった。

ちなみに、内海西部からフィジーまでは約四二〇〇浬、マーシャル諸島までは約二四〇〇浬、ハワイまでは約三八〇〇浬、米西岸までは約五四〇〇浬である。

昭和十六年末から十七年九月までの潜偵の実績は、つぎのとおりである。

・16年11月30日　伊一〇潜機はフィジー島スバ港の飛行偵察を実施し、「港内敵を見ず」と報告後、消息を絶つ。

・12月17日　伊七潜機は真珠湾の黎明偵察をおこなう。この報告は詳細で、十二月八日の攻撃の戦果判定上、有利な資料となった。

・17年1月5日　伊一九潜機は真珠湾の偵察に成功。射出機故障のため水上発進。一七四〇〜二〇〇〇、月齢一七・六。

・2月3日頃　伊八潜機はサンフランシスコ偵察を企図したが、荒天つづきのため実施できず。

・2月7日　伊二五潜は豪州東岸・フィジー方面偵察（飛行偵察?）。
・2月24日　伊九潜機は真珠湾を偵察。被照射のため在泊艦の確認できず。収容時に飛行機破損。
・4月3日　伊七潜はセイロン島の南西約七〇～八〇浬で、飛行偵察を企図したが、昼夜とも警戒厳重で発艦の機会なし。
・5月6日　伊三〇潜機は夜間にアデン港を偵察。七日にはジブチ軍港を偵察、つづいてアフリカ東岸の要地偵察を実施。
・9月9および29日　伊二五潜機はオレゴン州の森林地帯を焼夷弾爆撃（各三〇キロ×二）。

これ以後、伊一七潜・伊一九潜・伊二五潜・伊三六潜機の偵察実施記録が残っているが、戦局の趨勢と制海制空権の喪失にともない、飛行偵察はできなくなった。飛行関係の設備は物資輸送（遣独艦や運砲筒・陸偵輸送）に使用されたり、回天特攻の発進用に改造されたりした。

伊二五潜機による爆撃の効果はべつとして、この作戦は九六式小型水偵当時から考えられ、要望されていた潜偵搭乗員の願望の一つであった。

また伊四〇〇潜と伊四〇一潜は、パナマ運河の閘《こう》門など敵重要基地を奇襲爆砕するため、晴嵐各三機を搭載するよう設計建造された世界最大の潜水空母とも言うべきものだった。昭和二十年七月末、ウルシーの在泊艦船攻撃に出撃したが、途中で終戦となり、無念の涙をのんだ。

潜偵は潜水艦の目、ひいては艦隊の目として生まれ育ち、劣速・旋回銃一梃で敵地へ飛び込んでいった。労多くして、報われること少なきことを承知のうえで、である。

なお、零式小型水偵（一一型）の要目性能等は、次のとおりである。

低翼単葉、二座、双浮舟、固定ペラ、主翼・浮舟は分解、尾翼は折畳み着脱式、一筒（固定式）に格納。全長八・五メートル、全幅一一メートル、全高三・八メートル、発動機＝日立「天風」一二型、公称出力三〇〇馬力、最大出力三四〇馬力、自重一一一九キロ、満載時一六〇〇キロ、最高時速一三三ノット、航続力八五ノットで四七六浬、上昇力三千メートルまで十分二秒、上昇限度五四〇〇メートル、兵装七・七ミリ×一、三〇キロ爆弾×二。

愛機〝ミニ潜偵〟あれが米本土の灯だ

伊二五潜搭載、零式小型水上偵察機操縦員の飛翔

当時「伊二五潜」掌飛行長・海軍飛行兵曹長　**藤田信雄**

零式小型水上偵察機――これは太平洋戦争中、日本海軍の潜水艦に搭載した飛行機の名称である。潜水艦に飛行機を搭載し、実用化したのは日本とフランスの二国だけであるが、なかでも実戦に使用したのは日本海軍だけであった。

四面を海にかこまれ、仮想敵国の軍事基地が遠く、当時の飛行機の行動圏外におかれている場合、これらの基地の偵察には隠密に接近できる潜水艦に飛行機を搭載して、空中から偵察するのがもっとも有効である。この目的のために日本海軍で研究開発された兵器であった。

藤田信雄飛曹長

最初に潜水艦に搭載した飛行機は九一式小型水上偵察機で、搭乗員は一名、兵器は無電機一台だけの見るからに玩具《おもちゃ》のようなほんとにかわいらしい小型機で、戦前二～三機くらい生

産されただけであったろう。演習や訓練をくりかえし、飛行機搭載潜水艦も伊号第十五潜水艦型など大型艦が誕生し、隻数もふえて太平洋戦争開戦時には十隻ていどとなったのである。

これらの潜水艦は、いずれも零式小型水上偵察機（一部の艦は九六式小型水偵）を搭載して開戦をむかえた。零式小型水偵は乗員二名、すなわち操縦者と偵察員であった。兵器は七・七ミリ旋回銃一梃と無電機一台、搭載エンジンは天風の三〇〇馬力一基、低翼単葉でフロートが二つ、どう見てもきゃしゃで、現在のセスナ機くらいの感じであった。

それにこの飛行機は組立式で潜水艦の艦橋の前甲板上の直径二メートルくらいの円筒のなかに格納してある。主翼、プロペラ、フロート、支柱などに分解しておさめる。尾翼だけが折り畳みで、胴体を運搬車にのせ格納筒内に繋止してあった。

当時、海軍航空隊の練習機で赤トンボといわれた九三式中間練習機が、同じ天風の三〇〇馬力エンジンを搭載していたが、だいたいの大きさは同じくらいであったろう。巡航速度一〇〇ノット（一八二キロ）、航続時間は四時間半で、操縦性のよい飛行機であった。

昭和十六年に進水完成した、当時としてはもっとも新しい伊号第二十五潜水艦（伊二五潜）に私が乗り組んだのが十月だった。訓練もそこそこに十一月二十一日に母港横須賀を出港、ハワイ沖に向かい、そのまま太平洋戦争に突入した。

潜水艦と飛行機の協同連係の作戦、じつに奇妙な組み合わせであった。潜水艦はスピードが遅くのろまだが、二ヵ月以上も洋上で行動ができるし、敵に出合えば潜航して接近し、不意討ちの魚雷攻撃をする。台風などものすごい天気のときでも海中に難をのがれることができ、夜間浮上して充電をおこなうこともできた。海軍でも潜水艦乗りを〝どん亀〟といったが、人を見ればすぐ水中にもぐる亀と似ているからであろう。

飛行機は二〇〇キロ～二五〇キロくらいのスピードで、空中より広範囲を見て短時間で遠距離を行動する。すなわち攻撃・偵察を迅速果敢におこなう反面、天候に支配される。時間に制約される。そして破損しやすいなどの欠点があった。

伊二五潜がその特性をいかし、幾多の困難を克服して、米本土爆撃を二回、敵港湾偵察九回を成功せしめたものは、艦長田上《たがみ》明次中佐の沈着にして大胆、豪放磊落《らいらく》な名指揮官であったことと、乗組員の一致団結のたまものであろう。

第八潜水戦隊の壮烈な最期

昭和十七年二月、日本海軍の作戦は太平洋全域、南西諸島、フィリピン、マレー半島、インド洋と拡大の一途をたどっていた。このとき連合国海軍の状態、この方面に出動可能な艦隊の所在を把握する必要にせまられ、伊二五潜にオーストラリア、ニュージーランド、フィジー諸島、サモアの偵察命令がだされた。

第一回の偵察は、オーストラリア東海岸の表玄関シドニー軍港であった。二月十三日、シドニー港外に達した伊二五潜は、昼間潜航して潜望鏡を出しては湾口付近を見張り、夜間は浮上して警戒状況などをしらべ、飛行に適当な日を待った。

二月はちょうど盛夏で、すみきった夜空に南十字星がかがやき、ウネリが艦をゆっくり大きく持ちあげて通りすぎる。灯火管制をやっているのか、街の灯は見えなかった。湾口の灯台がピカッピカッと回転していた。そしてときどき探照灯がながい光芒を空にのばしたかと思うと、さっと海面を照らし、ゆっくり海上を這《は》っていく。その瞬間、発見されたのかとひやりとして実に不気味であった。

いちおう敵は昼夜を問わず厳重な警戒をおこなっている。波やウネリが高いと飛行機の組み立ても困難だし、また帰投時に着水で破損したり転覆することになるので、しずかな飛行日和《びより》を待つのである。

二月十七日——その日は風もなく、ウネリもひくく、絶好の飛行日和となってきた。「飛行機発進用意」の命令で、黎明の星空の下で飛行機の組み立てがはじめられ、先任将校である筑土龍男大尉の指揮で、静粛《せいしゅく》迅速に試運転は完了した。

シドニー沖六〇浬《かいり》東の地点である。そして東の空がようやくしらじらと明けそめるころ、われわれは母艦のカタパルトから射出された。針路二三〇度、シドニーの南一〇浬地点にむけ上昇をつづけた。四十分後には高度三千メートル、速度一二〇ノットで、シドニー南一〇浬の地点に到達した。しずかに晴れわたった朝、太陽は水平線上に昇って、シドニー市街も湾内も、そして南北にかかる長いブリッジが、くっきりと見えた。

陸地上空を飛行し、シドニー市街の西北方に出て高度をさげながら、一四〇ノットで湾内に接近した。停泊艦船はオーストラリア海軍の主力艦、三本煙突のオーストラリア型甲巡一隻、駆逐艦二隻、潜水艦らしきもの五隻は岸壁に繋留され、商船四隻が停泊中であった。

一千メートルまで降下して海上に向かった。湾内の入口に二列、点々と柱がならんで見える。おそらくこれは日本海軍の特殊潜航艇にたいする防潜網であろうと思われた。その後、伊二一潜を旗艦とする第八潜水戦隊が、特殊潜航艇の特攻部隊を湾内に進入させ攻撃を敢行したのであるが、ハワイ同様、一隻も帰還せず、全員壮烈なる戦死をとげた。

海上に出てから高度を一〇〇メートルまで下げて、出発したシドニー東方六〇浬の母艦の位置に急いだ。雲ひとつない快晴で、オーストラリアの陸地はじつに鮮明に見わたせた。それにシドニーとニューカッスルとの中間を航行する商船も、これまたよく見える。いまにも敵機に追跡されそうで不安であった。

後席の奥田省二兵曹より「もう母艦が見える地点」だと通知してきたが、見えない。高度を三〇〇メートルに上げた。しかしそれでも見当たらない。帰艦の地点をよくしらべるよう命じ、四方を見まわし母艦の捜索をはじめた。潜水艦は敵機や敵艦船が接近するとただちに潜航するので、あるいは潜航しているのかもしれない。浅深度潜航の場合すぐその上空からならちょうど魚、大きい魚のように見えるが、なかなか発見がむずかしい。

不安がつのり、あるいはこれで帰艦は不可能なのか、これで戦死かと一瞬そうも考えた。予定地点を中心に捜索範囲をひろげていったが、しばらくすると水平線上に黒い点を発見、これに接近していった。すると点がだんだん太くなり、水平線より内側に見えてきた。ちょうど鉛筆のシンが折れたくらいのかたちである。これが伊号第二十五潜水艦だった。

この間の時間は、わずか十分くらいであったろうか。じつに長い感じだった。

わが愛機メルボルンをめざす

シドニー偵察の戦訓により、洋上発見、洋上揚収は艦位の誤差も起きやすいし、また飛行機より母艦の発見もむずかしい。だから陸地に近いところとか島などを利用して艦位をわかりやすくする。それでないと帰還不能の場合が起きるのである。とくに天候の急変の場合なども多いことだし、安全第一との結論が出た。

さいわいメルボルン偵察にはキング島が一〇〇浬の地点だから、その島の灯台より北西一〇浬を出発揚収の地点と決めた。だが、敵の妨害にあった場合は、母艦は灯台の北西二五浬および三五浬と移動する。したがって、第一、第二、第三と揚収地点をあらかじめ打ち合わせた。

二月二十六日黎明、カタパルト射出で発艦しフィリップ湾に向かった。平穏でしずかで申し分ない天候だったが、出発後、上昇中に雲のなかに入る。計器飛行で雲上に出て高度三千メートル、速度一〇〇ノット、しだいに夜が明けてくるが、眼下には一面、真っ白い雲がひろがって、まったく隙間《すきま》がなかった。雲も厚く、この分だとあるいは雲の下は雨かもしれない。ちょうど出発してから一時間が経過した。フィリップ湾口のギーロンの町上空の予定であった。

前方に擂鉢《すりばち》型に雲がひくくなったところがある。よし、あそこから下に出ようと降下し、高度五〇〇メートルで雲の下に出た。いちばんはじめに目に映ったのは、大きな河とその両

組立作業をおえ、カタパルト上で発艦順備なった乙型潜水艦の零式小型水偵

側の市街であった。じつは、これがメルボルンであった。

旋回しながら下を見ると、飛行場がある。大型機が三機、小型機四機が格納庫の前にならんでいた。兵舎らしい大きな長い建物三棟も見えた。急いで雲のなかに入る。

敵機の追跡が気になるので、雲を利用してメルボルン上空に接近する。市街河岸に大型ドックが見えたが、軍艦らしいものは一隻も見当たらなかった。小型の商船が数隻停泊しているだけであった。

フィリップ湾上空を南から北に横断し陸地上空を湾口、すなわち東方に針路をとる。美しい眺めであった。そこでとくに印象に残ったのは、一面グリーンの陸地に赤、ブルー、ベージュと人家が点在している風景と、真綿をひろげたように見える羊の群れであった。

厳重に見張りをつづけ湾口に接近したとき、六隻の船が単縦陣で入港していた。前の二隻が大きく、四隻は駆逐艦である。二隻は煙突二本の軽巡である。それはまぎれもないオーストラリア艦隊であった。もちろん揚収後、わが連合艦隊に無電で報告された。

キング島に接近して母艦の伊二五潜はすぐに発見できたが、ずいぶん島に接近している。急いで着水揚収したが、その間、灯台のまわりを白服の二、三人が往来していた。いまにも攻撃されるのではあるまいかという感じだった。

さて、第三回目の偵察はタスマニア島のホバート軍港だった。この島は鉄鋼石の産地で製錬所があった。ホバートの近くの岬と岬の間にある湾内に、潜航接近してまったく人の住んでいない地点より出発することに決めた。

夜に海面に浮上して朝を待った。そして艦は停止したままで飛行機を海上におろし、離水して出発した。港内には軍艦らしいものは停泊していなかった。三〜四千トンていどの貨物船が三隻在泊しているのみだった。ホバート偵察で忘れられないのは、製錬所の赤い炎と、山頂までつづいている広くて白いくねくねと曲がったハイウェイだった。

ニュージーランドは、北島と南島との二つよりなり、その両島の間のせまい海峡がクック海峡である。潮流がはやくて、山の多いところだ。ウエリントンは北島にあってクック海峡に面し、湾内は自然の良港であった。そしてニュージーランドの首都だ。

満月の静かな夜であった。ウエリントンとネルソンとの定期船の航路を五キロくらいはなれて水上より離水発艦した。夜間偵察だから高度は二千メートル、月光が湾内を照らしてよく見えた。双眼鏡で船舶を見わけるのだが、軍艦は一隻も在泊せず、中型商船と小型船などあわせ十数隻のみだった。

つぎの偵察は、ニュージーランドただひとつの軍港オークランドである。北島の東方洋上より射出発艦、陸地上空より接近していくのであるが、いまにも敵機の追撃をうけるのではあるまいかと見張りをつづけて飛行した。ニュージーランド上空を戦闘目的で飛行したのは、この零式小型偵察機の二回の偵察以外にはないと思う。偵察の結果、艦隊は在泊せず小型船の数隻のみだった。

謎につつまれた発光信号

第六回目の偵察がフィジー諸島のスバである。フィジー諸島は英国の委任統治領で総督がこのスバにいた。バナナでは世界一味がよいといわれ、主として、アメリカに輸出されていたのである。アメリカとオーストラリアを結ぶ中継地と、自然の良港とで発展した街である。

無人のサンゴ礁の見える洋上で、黎明に射出発艦してスバ上空に進入する。六〇〇メートルくらいかと思われる山が、街の後ろに湾にそって連なっている。出発がはやかったのと雲が多いのとで、いくぶん高度を下げて島の方に旋回中に、突如として探照灯による信号をうけた。

とっさの出来事だし、しまったと思ったが、どうすることもできない。後席の奥田兵曹が「飛行長どうします」といってきた。万事休すといった瞬間である。「見ろ」と私がいったことばが、奥田兵曹の地上に対する発光信号となった。トンツートンツーと二、三度、探照灯に向け信号したのであるが、地上からはトンツーと了解信号を出してそれ以後なにも信号はこなかった。

これは謎で、戦後のいまもなんのことだったかわからない。急いで偵察をおわり帰艦した。戦果としては、軽巡一隻、駆逐艦らしい二隻と小型商船五隻を確認することができた。

ついにやった米本土爆撃

昭和十七年八月十五日、こんどは米本土爆撃の任務を持って横須賀軍港を出撃した。ドーリットル中佐のひきいる敵B25爆撃機の日本空襲より四ヵ月後、ミッドウェー海戦より二ヵ月後のことであった。

爆撃地点は山林である。なんのために山林を爆撃するのか？ アメリカの西海岸オレゴン・カルフォルニアは、うっそうたる原始林が多い。いちど火災が起きれば、大森林は火の海と化し、えんえんとして何日も、またある場合には何週間も燃えつづける。そしてその猛威は村も町も人も家畜もなめつくす。住民は生命の危険に炎と熱風と煙にまかれて逃げまどう。このことは戦争以上の恐怖なのである。アメリカ本土に対する攻撃では、これがもっとも有効だとの結論からである。

昭和十七年九月九日、第一回の米本土爆撃を敢行した。場所はオレゴン州ブランコ岬より東北の森林である。陸地より三五浬の海上で、七六キロ焼夷弾二発を搭載し、十八ノットで航行する潜水艦のカタパルトより射出された。このときの心境は、米本土に達しないうちに撃墜されたくない。大火災が起きてくれればよいが、ただそれだけを祈るのみだった。警戒厳重な米本土だ。もとより生還など想像できなかった。祖国の悠久《ゆうきゅう》なる繁栄を信じ、よろこんで困難に殉ず、日本海軍軍人らしい最後を遂げたい。これが願いだった。

ブランコ岬上空に、高度三千メートルで東北方の山林上空に向かって飛行中、真っ赤な巨大なほおずきのような太陽がロッキー山脈よりのぼってきたし、山頂に点々とつらなる航空灯台がにぶい光をきらっきらっと輝かせていた。一瞬の光景であるが、私の脳裏に生涯ナマナマしく残って消えない。

三十分ほど米本土上空を飛行し、下は大森林地帯であることを確認して、第一弾を投下。爆発を見て第二弾投下、これも爆発、火災は起きた。急いで帰艦。ブランコ岬の上空は五〇〇メートル、海上は一五メートルの低空飛行をつづけた。

母艦に揚収されてから敵急降下爆撃機の攻撃をうけ、二弾ともわりあい艦に近かったものの、被害はなかった。それからは連日、敵機と敵哨戒艦艇の攻撃をうけたが、いずれも被害はなかった。そして九月二十九日、月あかりを利用して、深夜第二回目の焼夷弾攻撃を敢行した。これも成功したのである。米国が開国いらい外敵に攻撃されたのはこの二回の攻撃だけである。

私が偵察したエスピリッツサントは、昭和十八年だったが、多くのアメリカ艦隊が停泊していたので、飛行艇による夜間攻撃が敢行され、大きな戦果をあげている。

零式小型水上偵察機は、このほかハワイ攻撃後、日本艦隊がひきあげたのちのハワイ偵察あるいはダッチハーバー偵察、アフリカ東岸の仏領マダガスカル軍港偵察などと、太平洋戦争に活躍した。小さくてひ弱い乙女ともたとえたいこの飛行機、姿もやさしく操縦性もよかった。この飛行機こそ日本海軍の傑作のひとつといってよいであろう。

晴嵐と私「伊四〇一潜」飛行長の回想

潜水空母に搭載、パナマ運河爆破を企図した特殊攻撃機

当時 六三一空飛行隊長兼「伊四〇一潜」飛行長・海軍大尉　浅村　敦

浅村敦大尉

海軍生活のなかで、およそ陸上航空隊と潜水艦ほど、その居住性の両極端なものはないと思う。水上機の航空隊は比較的こぢんまりした方ではあるが、それでもゆったりとした敷地、完備した宿舎、十分な格納庫、整備工場、病室といちおうはすべてがととのっている。

一方、出撃中の潜水艦は、ただでさえ狭いうえに通路から食卓の下まで、ぎっしりと食料品が積み込まれ、つねに頭を下げて歩かねばならないほどである。もちろん風呂もなく、真水は一日コップ一杯で洗面をすませるほどの節約ぶりだ。

潜水艦の飛行機搭乗員にとって、この便、不便は問題ではなかった。最大の関心事は、生活環境が激変したうえに、長期におよぶ海中航海のあと、果たしてうまく発進できるかどう

かということであった。というのは、潜水艦は隠密裏に目的地に近づき、飛行機の発艦は白昼堂々と行なわれるのではなく、夜間に大急ぎで組み立て、カタパルトで射ち出されるからである。

夜間飛行は昼間の何倍かむずかしい。しかも航海中は飛行もなく、闇夜の中へ突如としてカタパルトで射ち出されていくのだ。

怖いのではなく、全員の期待に応えなければならないという責任感が、絶えず不安となって出てくるのである。晴嵐《せいらん》の搭乗員は、これに打ち勝って作戦行動ができるよう訓練しなければならなかった。

私が初めて晴嵐にお目にかかったのは、昭和十九年も暮れに近い、十一月の下旬のことであった。重巡青葉《あおば》の飛行長として比島沖海戦に参加し、横須賀航空隊に帰還した直後、水上機班で、めずらしく水冷のエンジンをつけ、低翼単葉の見るからに性能のよさそうな飛行機が、バッバッバッバッとリズミカルな爆音をたて、水上滑走をしているのが目にとまった。

当時はまだ試作実験中で、カーキ色の塗装がほどこされ、M6と呼称されていた。当時この横須賀航空隊では福永正義少佐を中心として、晴嵐による訓練部隊を編成すべく準備がすすめられており、ほどなくして私もこの部隊に入ることになった。

一方、M6の実験は、水上機の名パイロットである船田正少佐（のちの航空自衛隊空将）をキャップとして、いろいろのテストがつづけられていた。さらに潜水艦の方は伊四〇〇潜（伊号第四百潜水艦）、伊四〇一潜および伊一三潜（伊号第十三潜水艦）、伊一四潜と逐次建造がすすんだので、われわれの部隊は潜水艦隊である第六艦隊麾下《きか》の独立した航空隊となるべく、横須賀航空隊から完全に分離されて、第六三一海軍航空隊として霞ヶ浦に面した鹿島航空隊で設置されたのである。

すなわち水上部隊と航空隊は平素は分離しておいて、総合訓練と作戦行動のときに合同し、その間、留守部隊ではつぎの作戦にそなえて搭乗員を養成し、いつでも補充できる態勢をとっておくわけである。

私は専門が二座水上偵察機の操縦であって、九五式水偵、零式観測機、零式水上戦闘機などを操縦してきたが、晴嵐は従来の飛行機にくらべて最新鋭といってよく、その装備は当時の航空機としてはトップレベルではなかったかと思う。

ちょうど二式艦上爆撃機と称する彗星にフロートを付けたようなものであるが、魚雷一発または八〇番（八〇〇キロ）爆弾一発を抱いて、雷撃もやれば急降下爆撃もやれるのである。

また航空計器にしても、水上艦艇でさえ全部は持っていなかったジャイロコンパスまで装備されていた。これはコマを高速回転させると一定の方向を指す特性を利用したコンパスで、マグネットコンパスのような磁性による誤差を生ずることがないので、晴嵐のように長時間、潜水艦に格納しておく飛行機には最適のコンパスであったと思うが、ものすごく高価なものであったと想像する。

このように晴嵐は、従来の、どちらかといえば練習機に毛の生えたような小型偵察機とはまったく異なり、空母搭載の攻撃機や爆撃機にも匹敵する飛行機であったのである。

ポン六と呼ばれたカタパルト発進

晴嵐は伊四〇一潜と伊四〇〇潜にはそれぞれ三機、伊一三潜と伊一四潜には二機ずつ搭載可能であり、上甲板にある格納庫に収容するのであるが、これだけの飛行機をどのように分解するかを説明してみよう。

まず翼の付け根にあるフロート二本をはずし、ついで翼と胴体の繋ぎ目にジュラルミンのベルトがあるが、それを取りはずしてから、主翼を油圧で九〇度前方にネジってから、そのまま胴体に蟬のように折りたたむ。尾翼は約半分ほど上に折れるようになっているので、折り曲げられた主翼とぶつかることはない。この状態で、伊四〇一潜では奥から順々に三機格納され、格納庫の扉を密閉して潜航可能にする。

先にも述べたように、飛行機は急遽浮上して一秒をあらそって飛び立たねばならないので、潜航中から格納庫では、エンジンオイルを温めて、浮上する前に煖機しておく。このために水冷エンジンが採用されているのである。

出撃前の総合訓練は、空襲を避けて能登半島の七尾湾で行なわれたが、もっぱら急速浮上、発艦の訓練また訓練であった。本艦が浮上、水面へ司令塔上部が出るやいなやハッチが開かれ、真っ先に格納庫のドアを開く。つづいて二機の晴嵐が上甲板に出されて、翼が展張されフロートがつく。

すでに搭乗員は乗っていて、エンジンを始動、良しとみるや射出指揮官の赤旗でエンジン

米アラメダ基地に展示の晴嵐。複座水上爆撃機で800キロ爆弾か魚雷を搭載できた

を全開、射出される。続いて一機また一機と射ち出されるわけであるが、闇夜、ウネリのある洋上での作業を念頭において、訓練は猛烈をきわめたのである。

カタパルト発進のことを、われわれ水上機乗りはポン六と呼んでいた。これは空母の着艦や夜間飛行と同じで、一種の危険作業とされて、ポンと一回射ち出されるごとに六円の危険航空加俸がついたからである（ただし五回までで、それ以上は何回やってもつかない）。

通常の水上艦船のカタパルトは推力に火薬をつかっていたが、晴嵐は圧搾空気をつかっており、カタパルトのレールが長くて射出の衝撃はわりあい少なく、発進の具合は非常によかった。それでも訓練中、七尾湾で射ち出されたとたん、操縦席の前から真っ黒なオイルが吹き出し、目の前の遮風板が一面にオイルでおおわれ、前方がなにも見えないまま、不時着水したことがあった。

あとで判明したことであるが、オイルタンクの閉鎖が不十分で、エンジン全開のため高温になったオイルが、そこからあふれ出したためであった。このように発進はいくら急いでも、わずかのミスで大事にいたるのであって、訓練につぐ訓練が必要であったわけである。

ウルシー攻撃を目前にして終戦

いよいよウルシー在泊の敵空母を特攻攻撃せよ、との命令で大湊を後にしてからは、われわれ搭乗員の仕事は、食べて寝る以外、とくに南部伸清艦長の配慮で、司令塔下の少し広いところで体操をやり、夜はあまり厳重な警戒を要しないときに艦橋で見張員といっしょに立って、夜間の視力を維持するようにすることであった。そのほか、艦内にはウルシー環礁の模型があって、搭乗員が全員そのまわりで、ありとあらゆる状況を想定して作戦行動を研究することであった。

鳥は水平線の見えるかぎり飛ぶことができるが、水平線のない暗室では飛べないという。飛行機は水平線がなくとも、計器飛行は可能である。しかし、これとてある程度の高度をとってからのことであって、いわんや水平線の見えない闇夜のカタパルト発艦は不可能ではないが、非常にむずかしい。晴嵐は奇襲攻撃を本務とするので、とうぜん夜間の行動となる。

ついに実用には至らなかったが、われわれのために暗視ホルモンまで用意してもらって、出撃の直前に注射することになっていた。薬学のことはよくわからないが、何でも牛の脳下垂体から、ごく少量しかとれなくて、これを注射すると網膜の周辺細胞が刺激されて、暗夜でも、よく物が見えるとのことである。

かくして昭和二十年八月十九日まで、晴嵐特別攻撃隊は第一潜水隊によって敵の懐ろふかく進攻していたのであるが、終戦の詔勅が下り、ふたたび北上して内地に向かったのである。途中、兵器弾薬を投棄せよとの大本営命令で、搭載中の魚雷はもとより、晴嵐三機とも、ついに敵地上空にその勇姿を見せることなく、乗員の手で投棄したのである。ひたすら訓練に訓練をかさねた乗員にとっては、まことに残念至極であった。三機の晴嵐はカタパルトから、われわれパイロット不在のままむなしく射出され、南海の果てに消え去ったのである。射出し終わり、最高指揮官であり第一潜水隊生みの親ともいうべき有泉龍之助司令（後に自決さる）の発声で、沈みゆく晴嵐に万歳が送られたのである。

晴嵐特別攻撃隊――その発想は遠く開戦当時にさかのぼり、沖縄陥落までは、パナマ運河を攻撃して、米軍戦略物資の太平洋への輸送に大打撃をあたえることを念願としていたのであった。

しかるに戦局は本土決戦に迫りつつあり、パナマより目前のウルシー在泊中の敵機動部隊に攻撃目標が変更され、終戦当時はまさにウルシーを指呼の間にのぞむ地点にあって、その攻撃隊発進の直前にありながら、終戦とともにその不運な戦歴を閉じたのである。

水上機隊はかく奮戦した

戦史的に見た日本海軍水上機隊の歩み

元十二航戦首席参謀・九三四空司令・海軍大佐　木村健二

木村健二大佐

日本の海軍航空は水上機からはじまったのであるが、その最初の飛行は大正元年（一九一二年）十一月であった。明治四十五年が改元されて大正元年となり、この年の十一月十二日に、新帝陛下のもとに初めての観艦式が行なわれたが、そのときに水上機が空から参加することになった。

そして十一月二日に河野三吉大尉がアメリカ製のカーチス式水上機（七五馬力）を、十一月六日に金子養三大尉がフランス製のファルマン式水上機（七〇馬力）を操縦して、それぞれ試験飛行をした。これが日本で水上機が飛んだ最初（徳川好敏陸軍大尉が明治四十三年十二月十九日に日本で最初に飛んでから約二年後）であった。

観艦式の当日は、金子大尉のファルマン機は追浜《おっぱま》海軍飛行場から飛びだして観艦式の艦列の上空を一周したのち、御召艦のそばにみごとに着水と離水をして追浜に帰った。河野大尉のカーチス機は横浜港内の海岸から出発して、艦列の片側を飛んでもとの出発点に帰着し、ここにわが海軍航空の輝かしいスタートを切ったのであった。このときのファルマン機もカーチス機も、翼布と骨組ばかりのチャチな飛行機で、よく〝行燈《あんどん》飛行機〟と称されている。

青島戦役の役割

その後、飛行訓練をかさねているうち、大正三年七月に第一次大戦が勃発し、日本はイギリスと同盟を結んでいたため、連合国の一員としてドイツ軍との青島戦に参加した。このときは、若宮丸を水上機母艦に改装して、ファルマン式七〇馬力および一〇〇馬力各一機を搭載し、他に二機を分解して格納し、八月二十三日に横須賀を出港して征途についた。

九月一日に膠州《こうしゅう》湾外に錨を入れ、いよいよ作戦行動することになったが、その日はあいにく風が強く波が荒いので、青島の西方二五浬《かいり》くらいの霊山島の付近で待機し、五日に天候がよくなったので、一〇〇馬力の二号機と七〇馬力の七号機とが出陣にきまり、二号機は和田秀穂大尉操縦、武部鷹雄中尉爆撃、金子養三少佐が偵察であった。

二号機は膠州湾内と青島市の内外を偵察し、軍事施設を爆撃した。これが日本における最初の飛行機による偵察、爆撃であった。そのときは九〇〇メートルくらいに下がっていて、敵の機銃弾が二発命中したものの無事に帰艦したのであった。また七号機はおもに湾内を偵察した。

これらの偵察で、湾内には当時、所在不明のエムデンがいないことが確かになり、結局そこにはオーストリアの巡洋艦一隻とドイツの駆逐艦S九〇号のほかに、小さい砲艦が若干いるということが明瞭になり、わが軍に偉大な貢献をしたのであった(陸軍機が参戦したのはそれから約三週間後であった)。

ところで、このときのあんどん飛行機には機銃は装備されておらず、搭乗員が各自携行したピストルだけであって、敵機はこのピストルで射ち落とそうという算段であった。当時ドイツ軍には七〇馬力の単座単葉機が一機あり、これをわが二号機がピストルで撃墜しようと下方から接敵したことがあったが、敵は優速を利して逃げてしまった。

爆弾は八センチと一二センチの砲弾をとりあえず改造したものを使用し、爆撃照準器としては一本のワイヤーと数本の縦横線を描いたセルロイド板だけであって、操縦者が下を向いて操縦しながら照準し、いまがよかろうと思ったときに〝よし〟と合図すると、後ろの同乗者が爆弾を落とすというやり方であって、腰だめで落とすのを若干助ける程度のものであった。

おまけに参戦するまで、爆弾訓練は一回もしていなかったのだから、爆弾がうまく当たるはずはなかった。作戦二ヵ月の間に落とした爆弾は約二百発であったが、その中で地上目標に対し約八発が命中しただけで、S九〇駆逐艦にも多数の爆弾を投下したが、遂に一発も命中しなかったそうである。

無線通信は当時まだ実験中であって、送信距離は艦船または陸上に対して最大三七浬、受信距離は陸上または艦船から発信するものに対し、ようやく三浬くらいで無線というのもおかしいくらいのものであった。それに使用法が面倒で、自信もないので実用にならず、けっきょく実用したのは手旗信号と報告球投下だけであった。

母艦の若宮丸が九月一日に戦場につき十一月七日に青島が陥落するまでの二ヵ月間、飛行機は作戦したのであるが、その間の飛行回数は約五十回、一回の平均飛行時間は一時間三十分で、連日飛んだのであった。

ところが戦前に追浜で訓練したときは、一回の飛行時間は平均十五分くらいであった。それでも故障や不時着がそうとう多かったのであるが、それにくらべれば戦闘中は数倍も酷使したのに、作戦中になんらの事故もなく終始したということは、奇蹟ともいうべきものであった。

これは日本の飛行機が初めて参戦するという感激と責任観念から、関係者一同が必死の努力をはらったたまものだったのであろう。なお、この項は和田秀穂中将の著書および談話を資料としている。

上海事変の勃発

第一次大戦中、欧州においては飛行機の活躍もめざましく、その進歩もはなはだしかったので、大正十年から十一年秋にかけての約一年間、イギリスのセンピル大佐以下の約三十名の指導員を招聘《しょうへい》して、各種飛行機の操縦術や諸機上作業の講習を受けた。そのとき水上機関係は追浜で、陸上機関係は完成まぢかにあった霞ヶ浦飛行場で講習を受けた。

その後わが海軍水上機の研究はますます盛んになり、艦隊の艦に搭載する飛行機の数も年々ふえていった。飛行機自体についても、はじめのころは舶来の飛行機ばかりであったが、しだいに国産にすすみ、大正六年には横廠式水上偵察機（二座、二〇〇馬力）が出現し、大正十四年には一四式水上偵察機（三座、四〇〇馬力）ができた。

昭和六年（一九三一年）には日本最初の空中燃料補給の実験を水上機でやって成功した。第一回は一四式水偵から一五式飛行艇へ空中給油し、第二回は一四式水偵から一四式水偵へ空中給油した。

昭和七年の一月に、上海方面の情勢が緊迫したので、前年十二月から渤海湾《ぼっかいわん》にあって、その搭載機をもって山海関、営口方面の空中警戒をしていた水上機母艦「能登呂《のとろ》」は、いそいで上海に進出するよう命令を受け、一月二十四日に揚子江に入り投錨した。その場所は上海ちかくのウースン砲台の下流、約二〇浬であった。

そのころは、日本の飛行機は上海付近で飛ぶことを禁じられていたので、能登呂の搭乗員は自動車を乗りまわして上海付近の地形偵察をした。そして万一の場合にそなえて諸準備をととのえていた。すると、一月二十九日の午前零時三十分、上海方面の海軍最高指揮官（二水戦司令官）から能登呂艦長へ緊急電報がとどいた。「能登呂はすみやかに飛行機を発進し、激戦中のわが陸戦隊に協力作戦せよ」と。

つづいて受けた電報によると、わが陸戦隊の約七百名は二十倍以上の敵大軍と激戦苦闘中なのである。爆撃目標は敵陣地、湖洲会館と商務院書館。

一四式水偵の上海爆撃

能登呂は飛行機（一四式水上偵察機）二機を急派することになり、一番機は操縦（機長）木村大尉（筆者）、偵察今川大尉、電信、爆撃伊武三空曹、二番機は小笠原大尉が操縦（機長）ときめられた。

二時十五分、まず一番機が星一つない暗闇の中で、揚子江の濁流をけって離水し、つづいて二番機も離水した。約三十分後に上海上空に達したが、この付近は細い雨が降っていた。上海の上空はもちろん生まれて初めて飛んだのであるが、敵は下手ながら一通り灯火管制をやっていた。地上偵察のためしばらく市の上空を旋回飛行した。

地上に発砲の閃光がおびただしく見えるのは、地上戦闘の激しさを思わせ、また飛行機を射撃している敵の高角砲、機銃弾の砲火らしい。飛行機の付近に機銃の曳光弾が、暗闇の中をスーッスーッとスジを引いて見えるが、みんな後方にそれている。

爆撃目標の湖洲会館と商務院書館との位置を確かめるため、吊光投弾（飛行機から投下する小型落下傘が開くとともに明るい光を放つ）を四発投下した。なお念のため陸戦隊本部へ無線電信で炬火《たいまつ》をしばらくたくよう依頼し、その灯との関係位置で爆撃目標の位置を確かめた。

爆撃目標の位置は確認した。いよいよ爆撃決行である。湖洲会館を目標に爆撃針路に入った。爆撃手は爆撃照準器で照準し、左右に針路修正をいってくる。やがて爆撃手からの〝爆弾投下〟の報告を待っていたところ、「爆弾投下の自信がつかなかった。やり直して下さい」ときた。

大きく旋回してふたたび爆撃針路に入り、今度は大丈夫だろうとその報告を待っていたところ、今度も落とせなかったという。駄目だなと思ったが無理もない。上海上空は生まれてはじめて飛び、暗夜で細雨、そして下手ながら灯火管制中で目標はかすかにしか見えない。

それに上海は複雑な国際都市で、日本や欧米列国の租界や共同租界が入り乱れて存在する。しかも当時は、爆撃は軍事目標にかたく限定せられ、万一軍事目標以外に爆弾が落ちたら大問題になる。とくに列国の租界内に落ちようものならそれこそ大変である。

また飛行機が爆撃したとなれば、必ずや本格的戦闘に突入する。陸上における射ち合いの程度ならば、情勢しだいではそのまま仲直りということもあり得るが、この爆弾一発で、いよいよ本格的戦闘に入るのだと思えば、あくまで慎重ならざるを得ない。さすが優秀な爆撃手伊武三空曹もなかなか自信がつかないのであろう。

複葉双浮舟三座で30キロ爆弾２発を搭載、上海爆撃を敢行した一四式水上偵察機

やむなく、三回目の爆撃針路に入ったが、これまたやり直し、四回目の爆撃針路に入った。慎重なる爆撃操作、そして今度は「爆弾を落とした」と大きな声で伝声管で知らせてきた。ただちに、急旋回して弾着を見とどけた。万歳！　みごとに湖洲会館に命中した。爆発の閃光でハッキリ見えた。高度千メートルの水平爆撃、三〇キロ爆弾の二弾一斉投下である。ついで他の目標、商務院書館の爆撃操作にうつった。一回目はやり直し、二回目に二弾一斉投下した。これまたみごとに命中し、まもなく火災を起こした。

ついで二番機の爆撃である。これまた三回くらいやり直したあと、湖洲会館へ四弾一斉投下、これもみごと命中した。そのころ夜はほのぼのと明けはじめた。二機は編隊で帰途につき、揚子江上の母艦に収容せられた。

この日から一週間のあいだは、敵の大軍を相手に、わが方は少数の陸戦隊と能登呂の六機の水上機だけでそれこそ死にものぐるいで奮戦し、能登呂の飛行機は連日連夜出動して、敵の陣地や砲台、電信所などの爆撃、輸送列車の爆撃銃撃などに奮闘したのであった。

そのうちに一週間ほどして、海軍の艦船部隊や陸軍部隊がぞくぞくと来着し、海軍および陸軍の航空部隊もあいついで飛来し、その後は陸上戦闘も航空戦も華々しく展開された。これで能登呂の飛行機もホッとしながらも最後まで奮戦をつづけ、三月三日にわが軍勝利のうちに停戦となった。

停戦になってから上海でわが陸戦隊員と話をしたとき、彼ら曰く、

「事変が勃発してから一週間のあいだは、大敵を向こうにまわしてとても苦戦したが、その

とき能登呂の水上機が決死的に奮闘してくれたので非常に助かった。とくに最初の二十九日の夜中に、わが陸戦隊が激戦苦闘していたとき、飛行機二機が上空をブンブン飛んでくれ、明るい弾をたくさん投下し敵陣地をみごとに爆撃してくれたのでとても嬉しかった。あのときの明るい弾ははじめ爆弾かと思った（註：吊光投弾）。おそらく敵兵の中にはあれを爆弾と思って逃げまどった者どもが沢山いたことだろう」と笑っていた。

しかし第一次大戦の青島戦の場合と、この上海事変の場合とを比較すると、わが海軍水上機もずいぶん進歩したものである。青島戦のときのファルマン式あんどん飛行機は、大型のものが発動機は一〇〇馬力、自重一千キロ、最大速力九九キロで、爆弾はほとんど腰だめで投下し、機銃はなくピストルだけで、無線電信はほとんど用をなさなかったが、上海事変のときの一四式水偵は国産機で、発動機は四五〇馬力、自重一九三〇キロ、最大速力一九五キロ、正規の爆撃照準器を使用し、機銃を装備、無線電信はむろん立派に実用化していたのである。

支那事変劈頭の一週間

昭和十二年八月十四日、上海に碇泊していたわが第三艦隊旗艦の出雲《いずも》を爆撃すべく、突如として敵の爆撃機多数が来襲した。このとき出雲および川内《せんだい》に搭載している九五式二座水偵各一機は、宮田大尉指揮のもとにただちに出発してこれに反撃を加え、空中戦闘の結果、敵爆撃機二機を撃墜し、その他を遁走せしめるという偉勲をたてた。

支那事変劈頭《へきとう》におけるこの水上機の活躍は全軍の士気を高揚したのであったが、その前日の八月十三日には第二十三航空隊（九五式二座水偵八機、九四式三座水偵八機）の編成が発令せられ、その母艦は大鯨《たいげい》であった。

この二十三空は隊員の編成と機材の準備は佐世保で急速に実施したが、母艦大鯨はまだ艤装中でその完成にはいくら急いでもあと数日かかる。母艦が完成しておれば飛行機は母艦に搭載して上海方面に急行するのであるが、その母艦が動けないのでどうにもならない。それかといって基地設営のために艦船を特派するということも、この際できない相談である。

私はこの二十三空の飛行長であったが、母艦の完成まで数日を待っているに忍びず、研究の結果、飛行機隊と幹部だけで上海沖の泗礁山島に進出して、ただちに作戦に従事することになった。同島には先着の二十二空（二座水偵八機）が基地を設置しているので、燃料、爆弾、機銃弾、食糧などはこの隊から借りて、搭乗員だけで何もかもやって作戦しようということで、一見無謀な計画であった。

そこで佐世保航空隊の飛行艇一機を借りうけ、これに司令（岡田次作大佐）、飛行長、軍医長、主計長などの幹部が同乗し、飛行機隊十六機の編隊とともに八月二十日に佐世保を出発、その日の午後に泗礁山島《ししょうざん》に到着し、飛行機隊は海岸の砂浜に着岸した。

同島の二十二空としてみれば、自隊のことだけで手一杯なところへ、自分の二倍の飛行機隊が手ブラで居候にきたのだから厄介なことである。なけなしの天幕などをできるだけ貸してもらって、設営したり、翌朝からの作戦にそなえて燃料の搭載や飛行機の整備をした。そして翌早朝から爆弾や機銃弾を搭載し、飛行機隊は作戦のため出動した。作戦は、昼間夜間を通じて連続に実施し、二座水偵は上空警戒、敵陣地や艦船舟艇の急降下爆撃など、三座水偵は敵情偵察、敵陣地や艦船舟艇の爆撃などに奮戦した。敵造船所を爆撃して戦果をあげたこともあった。また基地上空を警戒していた二座機が来襲した敵爆撃機を撃墜したこともあった。

この作戦においては、搭乗員は飛行機に乗って戦闘するほかに、飛行機の整備や燃料、爆弾、機銃弾の搭載、飛行機の出し入れ、おまけに食事の準備まですべてを搭乗員自身でするのだから大変で、四日くらいたった頃にはさすがの搭乗員も疲れてきた。私たちも搭乗員とともに働き、それに昼夜連続の飛行機出動なので疲れた。飛行機も疲れた。発動機の爆音はだんだんに悪くなる。

折りしも、一週間たった八月二十七日午前、海上沖はるかに母艦大鯨がその勇姿をあらわした。隊員一同は喜んだ。

大鯨が投錨するとすぐに整備員が整備要具一式をたずさえて基地にきて、すぐに飛行機の整備にかかった。正直なもので、発動機の爆音はトタンによくなった。整備員の有難さをこのときくらい感じたことはない。そして一同安心して航空作戦を続行することができたのである。

そのうちに母艦香久丸および能登呂の整備が完成したので、二十三空はその兵力を二分してこの両艦に分属し、二十三空は解隊になった。その後この両艦は中支に南支に活躍した。

水上機の果敢な南京空襲

戦況が進展して南京空襲作戦が実施され、この作戦において、陸（艦）上機とともに水偵隊も活躍した。九月十九日、第一次南京空襲は和田鉄二郎少佐の総指揮のもとに、九六式艦爆十七機、九六式艦戦十二機のほか神威《かもい》、二十二空、八戦隊、一水戦の九五式二座水偵計二十機が、艦爆隊を直接援護する任務をもって参加した。

午前九時五十分ころ、句容付近で敵のカーチスホーク型戦闘機十二機、ボーイング型戦闘機約六機と遭遇し、水偵隊がこれと壮烈な空中戦闘を演じ、その四機を撃墜した。わが方は一機を失った。

南京上空では二十数機の敵戦闘機が待ちかまえていたが、わが艦戦隊および水偵隊は十時ころ大規模な空中戦を演じ、その結果、撃墜せるもの——水偵隊によるもの七機、艦戦隊によるもの約二十一機（うち確実十四機）であって、わが方被害なしという戦果をあげ、艦爆隊は大校場飛行場と兵工廠とを爆撃して戦果をあげた。この大戦果によって同方面における航空戦の大勢を一挙に決したのであった。

南京空襲は十一次まで決行されたが、敵戦闘機は一次空襲のさいの痛手にこりてほとんど戦意なく、逃げるのでこれという空中戦闘は起こらなかった。なお、八次空襲のさい、艦爆一機が江陰の上流約一〇浬の河の中に不時着したが、急行した三座水偵によりその搭乗員は救われて無事に帰った。

水上機隊は中支に南支に活躍したが、昭和十三年の南寧作戦において、巡洋艦妙高および鳥海の搭載機が陸軍に協力して活躍した。適切果敢な戦闘は高く評価されている。

昭和七年の上海事変から支那事変勃発までの五ヵ年間に、わが水上機はますます進歩し、そのうちで特にめだつのは二座水偵の空中戦闘であった。海軍では昭和八年から艦隊の戦艦および大型巡洋艦に二座水偵を搭載し、空中戦闘および急降下爆撃をも訓練するようになり、性能の劣る二座水偵をもって敵の陸上戦闘機を多数撃墜したということは、わが水上機の猛訓練のほどを思わせるものがある。

今次大戦開戦時の水上機編成

支那事変から大東亜戦争勃発までの期間は陸（艦）上機も水上機もその訓練はいやがうえにも猛烈であった。水上機の訓練目標は多岐多様であったが、これを戦艦搭載と巡洋艦搭載機とに大別してみておこう。

戦艦搭載機は索敵、偵察、対潜警戒などのほか主砲射撃にたいする弾着観測および測的（敵艦の針路、速力を刻々に測定して通報）が重要な任務になっていた。この弾着観測と測的とは敵機の妨害を排除しながら断行する必要があるので、二座水偵をもちいて空中戦闘の猛訓練が行なわれたのである。

巡洋艦搭載機は索敵、偵察、対潜警戒などのほか夜間触接が重要な任務になっていた。この夜間触接というのは、夜間に敵艦隊の上空を飛びつづけながら、刻々に敵の針路速力を味方に知らせ、味方の水雷戦隊、巡洋艦戦隊の魚雷攻撃に協力するものであった。

一般に水上機は索敵や偵察、夜間触接などの任務が重要であった関係もあって、計器飛行、夜間飛行に練達していた。戦艦、巡洋艦および潜水艦の一部には射出機（カタパルト）が装備されていて、搭載機はこの射出機で射出発艦したのであるが、ここで一通り射出機について述べておこう。

昭和三年（一九二八年）四月に呉海軍工廠で空気式の呉式一号射出機を完成し、これを軍艦朝日《あさひ》に装備して、第一回の射出実験を進大尉が操縦して実施し成功した。同年十月には火薬式の呉式二号射出機が完成し、この火薬式のものを逐次、戦艦や巡洋艦に装備した。潜水艦用の一号二型射出機は、昭和八年に完成され、はじめ伊五潜（伊号第五潜水艦）に、ついで一号二型を伊六潜に、昭和十一年には一号三型改一を伊七潜に装備した。搭載水上機は、ボーンと爆音一声、威勢よく射ち出されるようになったのである。

水上機母艦は従来は輸送船を改装したものであったが、昭和十四年には瑞穂《みずほ》および千歳が完成就役した。両艦ともはじめから水上機母艦として設計して造られたもので、いずれも射出機四基を装備していた。

かくて大東亜戦争になり、開戦時における外戦部隊の水上機総数は二三六機で、その内訳はつぎの通りであった。

二座機＝総計一二〇機（大部分は九五式水偵、一部が零式観測機）――内訳：戦艦、巡洋艦に二〜三機、計五十二機。水上機母艦二隻、特設水上機母艦七隻に計五十四機。基

地航空部隊に計十四機
三座機＝一〇八機（過半数は零式水偵、他は九四式水偵）——内訳：巡洋艦に一〜二機、計三十六機。水上機母艦二隻、特設水上機母艦七隻に計三十六機。基地航空部隊に計三十六機
潜水艦搭載機＝総計六機（九六式小型水偵）——内訳：巡潜型潜水艦に各一機
夜間偵察機＝総計二機（九八式夜間偵察機）——内訳：水雷戦隊旗艦の巡洋艦に各一機
なお、大戦の中期以降には単座の二式水上戦闘機が参戦した。

水上機奮戦す

大東亜戦争中、水上機はつぎのような活動をした。
一、ほとんどの海戦に水上機は索敵、偵察の重要任務に従事し、艦隊の耳目となって作戦指導に貢献した。
二、作戦全域にわたって、ほとんどの陸上戦闘には水上機が偵察、爆撃、銃撃などにより陸戦部隊に協力、活躍した。
三、敵潜水艦にたいする哨戒、攻撃においても水上機は各地で活躍した。
四、二座水偵、水上戦闘機の空中戦闘も各地においてめざましいものがあった。
つぎにこれらの例を若干あげておこう。

昭和十六年十二月八日、真珠湾攻撃の当日、母艦飛行機隊の発進に先だつこと三十分の午

前一時、支援隊の利根と筑摩、両艦の零式水偵各一機が発進し、まず筑摩機から敵情第一電が入った。

「敵艦隊はラハイナにあらず〇三〇五」ついで「敵艦隊は真珠湾にあり〇三〇八」さらにつづいて「敵艦隊上空雲高一七〇〇メートル、雲量七、〇三〇八」と無電し、この貴重なる情況報告により、南雲忠一長官以下の攻撃部隊は〝奇襲成功〟の確心を得たのである。

開戦劈頭、第十二航空戦隊はマレー攻略軍の輸送船団の空中ならびに水上の護衛に任じた。ついで陸上戦闘に協力作戦したが、昭和十六年十二月中旬の英領ボルネオ攻略作戦にさいし、わが陸上戦闘機は仏印基地からの距離が遠いため使用できないので、十二航戦の旗艦神川丸《かみかわまる》の水上機が上陸軍の空中ならびに水上の護衛をうけもつことになった。

ボルネオ北岸のミリの海岸ちかくに到着するや、その翌朝、さっそくに敵の双発爆撃機三機が来襲し、これに対して九五式二座水偵一機が邀撃してその一機を撃墜した。その後五日間、毎日、敵双発爆撃機四～六機が来襲し、三日目からは戦闘機一～二機を護衛につけてきた。

来襲のつどわが水偵一～二機が飛びかかり、その獅子奮迅の奮戦により、この六日間に敵爆撃機五機および飛行艇一機を撃墜した。護衛の敵戦闘機は、わが水偵の勇猛さに威圧されてむしろ逃げ腰であった。この空中戦で味方機の損失は一機もなく、また、敵の爆弾は一発も味方の艦船に当たらなかった。私は当時、十二航戦の首席参謀で、神川丸の艦橋で連日の空中戦闘を頭上に見ていたが、わが水偵搭乗員の技と精神力とにいたく感激したのであった。

マーシャル諸島方面ヤルート島イミジエ基地に
シルエットとなって浮かぶ802空の二式水戦

かくて上陸軍がミリ飛行場を占領して整備したのち、味方戦闘機が仏印から進出してきた。第十一航空戦隊は比島、蘭印の各地ならびに西部ニューギニアの攻略戦に参加し、陸上戦闘に協力奮闘するとともに空中ならびに水上の護衛に任じた。その間に同戦隊の零式観測機は空中戦闘により敵機十一機を撃墜した（わが方損失一機）。またその三座水偵（過半は九四式水偵）は敵潜水艦六隻を撃沈（うち四隻不確実）、商船五隻撃沈、二隻大破し、車輛五十台余を撃破した。

開戦以来、ハワイ周辺の警戒はとくに厳重であったが、それにもかかわらずわが潜水艦はハワイ周辺の洋上で浮上し、搭載機を格納庫から出して翼を取りつけ、試運転、カタパルト射出という操作を迅速に実施して、昭和十六年十二月十七日、昭和十七年一月五日および二月二十四日の三回にわたって、港内在泊艦艇の情況および十二月八日の被害艦の復旧作業の情況などを偵察報告することに成功し、作戦上、貴重な資料を提供した。

ミッドウェー海戦（昭和十七年六月五日）のさい、索敵機の利根と筑摩の零式水偵各一機の出発が故障のため三十分おくれ、かつ敵空母発見の報告が機を逸したため、無念なる母艦部隊の潰滅を招来した大きな原因の一つになった。これに照らしても索敵という任務がいかに重大であるかを痛感するのである。

昭和十八年一月、当時アンボン島に本隊をおいて作戦していた第九三四航空隊（私が司令であった）はアル諸島中のドボに前進基地を設置して作戦していた。この前進基地を出発して濠北海上を哨戒していた零式水偵（山崎一飛曹操縦）は、豪州北方約一〇〇浬を東進中の約六〇〇トンの敵艦を発見、爆撃し、みごとにこれを撃沈した。

そしてその乗員が海上に脱出したのを見ると、零水偵は勇敢にもそこへ洋上着水を決行し、救助を求める敵兵どもの中から艦長を呼びよせ、これを機上に救い上げて偵察席に乗せ、過乗員にて洋上離水に成功し、艦長を捕虜としてドボ基地に連れ帰った。そして、この捕虜の陳述によって、貴重な情報を得ることができた。

ガダルカナル島争奪戦前後の激戦において、ショートランド島に設けた水上機基地およびラバウル港内の水上機基地は、いずれも恵まれない条件のもとに、水上艦艇との協同作戦、空中ならびに海上の護衛などに文字どおりの献身的な活動をつづけた。

陸上機隊は水上艦艇との協同動作に慣れておらず、艦艇の期待するほどの協力が得られないので不満の声が洩れることが多かったが、零式水偵をはじめとする水上機隊は、かゆいところに手のとどくように艦艇の望む協力をあたえた。

零式観測機ならびに二式水戦はしばしば敵機と壮絶な空中戦を演じ、敵機は性能にまさりかつ優勢なるため苦戦することが多かったものの、鍛えあげた技量と精神力とにより敵機多数を撃墜した。

これは水上機ではなくて水上機操縦者のことであるが、沖縄戦当時、米軍は夜のうちに着々と戦線を整備してジリジリと進攻してきた。このときに当たって、わが陸上戦闘機操縦者は夜間の洋上出撃には自信がないので、夜間飛行に熟達した水上機の操縦者をすぐって零戦隊を編成し、沖縄の米軍飛行場に対し強行殴り込みをかけ、大なる戦果をおさめてほとんど事故なく帰投し、絶讃を博したことがある。

世界に誇り得る水上機隊

わが水上機は青島戦のあんどん飛行機から上海事変、支那事変をへて、大東亜戦争においては零式観測機、二式水戦、零式水偵と進んできたものである。これら各種水偵は世界に誇り得るものであって、アメリカもその真価を高く評価している。

元来、水上機の主要な訓練目標は、艦隊の決戦において戦艦の主砲射撃にたいする弾着観測と測的、水雷戦隊、巡洋艦戦隊の夜間魚雷攻撃にたいする協力などであって、その猛訓練をしたのであるが、事変、大戦を通じて彼我艦隊の決戦がなかったので、水上機本来の主要な活躍場面はほとんどなかったともいえる。

しかしながら、猛訓練により鍛えられた索敵、偵察、爆撃、夜間飛行、空中戦闘などの技能は遺憾なく発揮されたのであった。由来、水上機は陸上機のように大編隊の一大勢力をもって堂々たる戦闘を演ずるには適せず、その活躍ぶりはいわば地味であるが、各事変、戦争においてその特性を十分に発揮して善戦奮闘したのであった。

水上機は水面というロハの飛行場を使用して活動しうるということは、最大の利点である。だから、陸上飛行場が得られないとか、その他の理由で陸上機や艦上機が活動しえないような場合の水上機の活躍は、とくに貴重なものであった。

しかし、海岸に砂浜さえあればごく簡単な基地設備だけで随所に活動するのだから、そのための関係者の労苦はとくに多かったのである。それに、浮舟をつけているので、空中性能は何としても陸上機や艦上機に劣るので、そこに苦心もいる。しかし、この労苦や苦心のあるところを、猛訓練と精神力とによって乗り切っていったといえるのであろう。

わが愛機「九四式水偵」中国大陸の空にあり

鋼管フレーム構造の羽布張り複葉三座水偵操縦員の回想

当時「千代田」分隊士・海軍中尉　駒林　巌

零式三座水上偵察機は、太平洋戦争直前に実用機として第一線に出てきたので、それまでは九四式三座水上偵察機が活躍していました。したがって九四式水偵の体験談は、わが軍の制空権下で行なわれた日中戦争時代のことであり、またこの時代の体験のつみかさねで、太平洋戦争初期のベテラン搭乗員が出来あがっていきました。では、以下に九四式三座水上偵察機による航空戦の模様を思い出しながら、述べてみましょう。

——土浦海軍航空隊の練習機教程を終え、実用機（九四式水偵）の延長教育を千葉の館山海軍航空隊で修了し、昭和十三年十二月、水上機母艦の千代田乗組を命ぜられました。時に私は海軍中尉でした。艦長は加来止男大佐、飛行長は下田久夫少佐、九四式水偵の分隊長は山田龍人大尉、私は飛行士兼分隊士、そして九五式二座水上偵察機の分隊長は古川明大尉、その分隊士は私のクラスの江川廉平中尉、そして整備士は同じくクラスの阿野三郎機関中尉

大陸上空をゆく九四水偵。後上方及び後下方旋回銃装備、60キロ爆弾４発搭載

でした。

　私は飛行学生を命ぜられる前に駆逐艦響《ひびき》や潮などで呉淞《ウースン》上陸作戦、杭州湾上陸作戦などに参加しましたが、飛行機での初陣は海南島攻撃作戦でした。

　私たちのころはまだ逼迫した情勢ではなかったので、飛行学生になる前に艦隊勤務を体験するようになっていました。海軍航空隊は艦隊との共同作戦が本務とされていましたから。

　海南島奇襲上陸の前日、対岸の中国本土の雷州半島へ上陸すると見せかける陽動作戦を兼ね、敵部隊の動静を探るべく一個小隊をひきい沿岸偵察を命ぜられました。天候は雷州半島の名のごとく暗雲が低迷していました。初めは高度二千メートルくらいで飛んでいましたが、さっぱり地上の様子がわからないのでだんだん高度を下げ、いつの間にか四〇〇メートルまで降下していました。

　当時の私の飛行時数は六五〇時間くらい（終戦時は四千時間くらいと記憶していますが、終戦後は飛行手帳を持っていては危ないと思い焼却しました）でしたが、飛行時数の少ない士官が操縦のときは偵察員は古年兵で組み合わせるので、先任分隊下士の大場一飛曹が私のペアの偵察員、そして電信員はよく気のきく橋口一飛でした。

その大場一飛曹が何やら大声で怒鳴るのと、列機が全速で左右上空に避退するのとほとんど同時でした。私もびっくりして全速で上空に反転避退し、小隊をまとめて帰りました。爆弾は搭載してなかったように思います。

水上機は母艦の近くに着水してから順番にデリックで引き揚げるのですが、みな順調に引き揚げられ、私も素早く飛行機から降り、待ちうけている艦長の前に整列して情況報告をしました。

ところが後ろの方でなにやら騒がしいので、ひょいと振り返って見ますと、なんと、私の飛行機のフロートからザアザアと滝のように水が落ちているではありませんか。解散してから見に行きますと、直径十センチくらいの大穴と、ほかに主翼その他に無数の弾痕がありました。

さて、海南島攻略作戦は、第一日目はすばやく北方の主都海口《かいこう》を攻略し、敵方が迎撃態勢をととのえる前に南方の主都崖県《がいけん》を落とすべくその日のうちに基地を撤収し、千代田は夜通し全速で南方の三亜港へ回航しました。そして黎明から陸上部隊に協力し上空制圧をしましたが、海岸沿いの自動車道を敵味方入り乱れての追撃、退却戦になってしまいました。遅れた敵兵が味方の中をいっしょに走っていたそうです。

暗夜のカタパルト発艦

当時、日中戦争は長期化し、わが方の沿岸封鎖にもかかわらず重慶方面への戦略物資の流入が絶えませんでした。そこで仏印（ベトナム）方面からの陸路による輸送路が考えられ、これを援蔣ルートと称していましたので、連日探索爆撃につとめました。

昔から夜打ち朝駆けなどと申しますが、わが軍の制空権下で敵の輸送隊が昼間からのこのこ移動するわけもなく、したがって索敵は夜に発進して目ぼしき上空へ払暁に到着するような作戦が連日つづきました。

月のない暗夜のカタパルトによる発艦は、まことに真剣そのものでした。計器盤の水平儀は、飛行機があるていど速力が出てはじめてセットするので、発艦時はグラグラ揺れ動くばかりで、速力計もまた不安定でした。星空は空で、星のないところは海、その境が水平線であると己れにいいきかせて、心眼をひらいて水平線を眼底に描くがごとき心境で発艦します。

燃料は満タン、爆弾は六〇キロ四個搭載ですから、発艦するや飛行機は過重荷でスーッと沈みます。風に立って全速で走る艦の動揺によっては、フロートの腹で水面をたたくこともあり得るのです。飛行機の傾斜が大きければ、水面に片脚をとられて横転墜落と相成る次第です。

カタパルトの発艦は昼間でも操艦、発射指揮官、操縦員の意気がピッタリ合わないと、艦も風に立てて全速で走っていることですから、艦の上下、左右の動揺その他なかなか危険な

大陸封鎖作戦中の足柄艦上。対地上作戦協力のため出撃順備中の九四水偵

ものですが、闇夜の発艦は太平洋戦争を通じても体験者はそう大勢はいないと思っています（水平線が判別できれば話は別ですが）。

かくして編隊を組み高度を下げつつ陸地に入ると、しだいに空は白みポッポッとある途中の村々は朝霧の中に炊事の煙などが数条のぼったりしています。やがて一面の雲海の上を黙々と飛ぶようなこともあります。雲の上はサンサンと陽が輝き己が飛行機の影がくっきりと雲上を追ってきます。また、はるか前方には龍巻のような雲が天高く巻き上がっています。やがてそのそばを通り抜けるときは、乱気流で飛行機はガタガタと揺れ激流を泳ぎ渡る心地です。

このような時は目的地につくころ雲が切れているかどうか心配になります。それで雲上に出るのを避けて雲下をいくと、山脈と雲の間をぐりぬけるようにしなければならない羽目にあったりします。

さて、隠蔽物資の探索と一口にいっても、敵が必死に隠そうとしているものを飛行機で見つけようというのですから、なかなか難しいことです。常識的にあやしいと思われるようなものはまず駄目です。

かくていろいろ苦労するのですが、結局、防禦砲火の強いところは何かあるといったようなことで、格好よくいえば、皮を切らせて骨を切るといったような作戦もしばしば行なわれました。

のんびりムードでいろいろ述べていますが、汕頭内陸の梅縣攻撃のときなど地上砲火のために自爆機（金丸一飛曹、島三飛曹）を出すなど、しょせん飛行機乗りは明日はわからぬ浜千鳥といったようなところがありました。

もちろん心のどこかに俺は大丈夫だ、きっと切り抜けてみせるといった、うぬぼれはありました。それでノイローゼにもならずやっていけたと思っていますが、さて、こう書いてみてふと乗せられている偵察員たちはどうだったろうかと心配になりました。

南寧、龍州、鎮南関の爆撃

いよいよ南寧、龍州、鎮南関ですが、当時、江川廉平と私は交替で戦時日誌を書いていました。攻撃が終わって帰ってくると、その日のうちにその日の作戦、戦果等々を記録するのですが、連日、南寧龍州鎮南関と書いていましたので、いまでも言葉のゴロ合いでこの三地名がつづけて出てきます。

南寧、龍州、鎮南関はなかなか地上砲火が強く、ことに鎮南関は熾烈でした。鎮南関というのは戦後のベトナム戦争のころ、中国華僑の難民が中国に帰るべくここに集合して、新聞などにしばしば写真が出ていたところです。つまり山岳地帯国境の唯一の通路ということでしょう。日中戦争当時は飛行機の国境侵犯は厳に注意されていました。

鎮南関に注目したのは正解だったのですが、敵の地上砲火はとくに仏印地域から熾烈だったように思われます。国際的批判も厳しく、したがって相手がそうならこっちも越境爆撃してやれなどという気持ちは全くありませんでした。

われわれは誤爆を恐れて高度三千メートルで水平爆撃をしました。目標が山の谷間に隠れては照準ができず、さりとて上空侵犯は避けねばならず、爆撃針路には大変苦労しました。高度三千メートルでは機銃砲火は十分届きますし、機銃は曳痕弾を使いますから赤い色の弾幕はまことに鮮明です。照準をする偵察員は敵の弾幕など見ていません。照準器に眼を当ててただただ目標をねらい、風に流されるのを修正して、チョイ右、チョイ左といってきます。指揮官といえどもこれには従わざるを得ません。そうすると当然ながら、弾幕の方へどんどん向かうことになります。まことに尻のムズムズする思いです。ヨーイ、テーッで爆弾を落としますと、機体は急に軽くなって、いっぺんに浮き上がります。

すかさず全速で反転します。ぐんぐん弾幕から遠ざかってホッとします。そして海上に出ると、ウツラウツラと一秒足らずの居眠りをやらかすのです。編隊の間隔もおのずと拡がってきますが、ハッと気がつくと翼は二〇度ほど傾き、機種はやや突っ込み気味です。素早く直して列機を振り返りニヤッとします。

鎮南関の第一回攻撃は私が指揮官で行きましたが、偶然、隠蔽燃料に命中し帰路もずいぶん遠くまで黒煙が天に冲するのが見えました。翌日の攻撃隊もまだ燃えていたとの報告でした。高角砲の方はバッカンバッカンとずっと遠く後方の方だったり、横の方だったり、修正がなかなか迅速にいかないようで、あまり恐くありませんでした。もっとも、私の級友の高原などは中攻で重慶攻撃のさい、高角砲が直撃してふっ飛んでしまったということでしたが――。

戦後、何かの本で陸軍の大部隊が南寧のあたりを蜒々《えんえん》と南下する場面を読んだ記憶がありますが、雨期などさぞ大変だったろうと苦労がしのばれます。龍州というところは、水量豊な大河がうねうねぐるぐると流れていて大きな橋が街をはさんで架かっていて、河の両岸は高くはないが、布袋《ほてい》さんの頭のような山々が群がりつづいて、いかにも奥深い山岳地帯といった景観です。

とりとめもない話をしてきましたが、九四式三座水偵は速力も遅く、風防もなく、それだからこそ山や雲を眺め、地上の偵察も入念にでき、腕によって工夫努力もし、時に戦争でありながら詩人的心境にもなれたことと思います。今日の核とボタンの戦争時代とくらべると、香を焚き梅の枝を背にさして一騎打ちをした、どことなく絵になるような雰囲気があったように思います。

私は九四式水偵の偵察員だった

三者三様に忙しい、猛訓練に明け暮れた三座水偵搭乗員の仕事ぶり

当時　十九空搭乗員・海軍少尉　村山正男

昭和十六年五月二十三日、私は初めて九四式水上偵察機（九四水偵）に搭乗した。第十九航空隊――マーシャル諸島ヤルート環礁イミジエ島に設営された基地水上機隊である。ここには九五水偵と九四水偵が配置されていた。九四水偵の任務は、索敵哨戒を中心とした関連飛行、対潜直衛を中心とした関連飛行が主なものであった。操縦員、偵察員、電信員の三人の運命共同体である。

九四式水偵は写真で見るように誠に女性的な布張りの、いかにも飛行機らしい飛行機で、近代的な飛行機にくらべれば前世紀の遺物かと思われる人もあろうが、なかなかしぶとい飛行機であった。航続距離、安定性、着水時の脚の強さと、九四水偵こそ当時の川西航空機会社が生んだ名機のひとつにかぞえられよう。

九四水偵が活躍したのは支那事変であり、昭和十六年十二月八日の日米開戦の数ヵ月前に

単葉金属製の零式水偵が出現するに及んで、その活躍の場を零式水偵に譲り渡した観がある。それでも、あれこれ薄れた記憶を思い出しつつ、太平洋戦争時の基地水上機隊の九四水偵を語ってみよう。

さて、マーシャル諸島イミジエ基地は、南海の輝ける太陽、澄みきった空、澄みきった海、という観光の宣伝文句とは当時の現実は違っていた。輝ける太陽、澄みきった空と海、夜空に輝く大きな南十字星は間違いないが、ハエの集団、蚊の集団と衛生状態も最悪で、飲み水もサンゴ礁の地形では井戸を掘っても真水は湧出しない。必然的に雨水を貯水して飲むことになる。貯水槽にはボーフラの遊泳も見られる。野菜の種をまいてもほとんど生育しない。毎日輝く太陽は暑いばかりである。

夜空にかかる南十字星は大きく神秘的であるが、眺めるのに蚊に食われるのを覚悟しないと駄目である。基地に上陸して一週間くらいすると、誰でもマラリアによく似ている風土病のデング熱と称する、高熱と下痢をともなう熱病の洗礼をうける。病室の設備も悪く死ぬ苦しみであった。こんなところで何のために、こんな苦労をしなければならないのだろうかと思ったものであった。

デング熱で病室に厄介になっている者を除いて、航法通信、計器飛行と午前午後の飛行作業訓練がつづけられた。航法通信訓練は、水上機にあっては基本的な訓練のひとつである。何百浬《かいり》の索敵哨戒飛行も、この訓練のおかげで完遂される。

搭乗割は前日に発表されるので、明日は誰と一緒に飛ぶということはわかることになって

揚収中の九四水偵。後席の電信員が機体吊上用索にクレーンのフックをかける

いる。訓練飛行のときにも実戦のときにも、大型機と違って決まっていたペアというものはなかった。訓練飛行とは技術の向上以外の何物でもなく、操縦員、偵察員、電信員三者三様に連繫をとりながら、それぞれの持場で技術の向上につとめるわけである。

晴天の日もあれば曇天の日もあり、途中でスコールや龍巻にあうこともある。運命共同体の三者一体の連繫で無事基地に帰投することができる。操縦員は保針を中心としたものであったろうし、偵察員は偏流を中心として諸変化にたいする状況判断であったろうし（偏流は後述）、電信員は基地との連絡を中心としたものであったろう。

天測航法もときどき訓練した。天測航法は大型機にとっては、しばしば必要になったようであるが、小型機にとってはよほどの時でないと天測航法に頼ることはなかったが、機上測定訓練として行なわれた。艦艇の航海士が行なう天測と同様のものである。

磁差修正と偏流測定

九四水偵の重要任務としての索敵哨戒飛行は、何もない海の上を何百浬も飛んで基地に帰る。そこで羅針盤（コンパス）の磁差が非常に問題になる。飛行訓練の合間に各機の磁差修正を繰り返し行なった。磁差修正の方法は、飛行機の機首を各方向に向けて、標準器と照合しながら何度も繰り返し測定する。水上機は台車に乗せて陸地に引き揚げているので、台車ごと飛行機の機首を各方向に向けて誤差表をつくる。

広い海原を飛ぶのに、一度の磁差の誤差は死を意味するので、磁差修正は慎重に行なわれた。磁差修正で正しい針路にしても、それだけでは基地に帰り着くことはできない。空中では飛行機は風の全量をうける。全量とは、風速風向を全部うけるということである。

これを簡単に解説すると、十メートルの風が真横から吹いていれば、十メートル分、真横に飛行機は流されながら飛んでいるというわけである。流されるというのは、たとえば機首の針路（コンパス）は九〇度を指しているのに、羅針盤の九〇度の指針はそのままであるが、実際の飛行機は九五度の方向に飛んでいるということである。この風の影響を海軍航空隊では〝偏流〟と称していた。これは艦艇では潮流と称していた。艦艇は潮流の影響は全量をうけない。

この偏流を測定する道具を、偏流測定器と称した。偵察席の右側の機外に取り付けておき、身を乗り出して海面の白波や浮流物の流れを測定する。白波や浮流物は流れているわけでなく、ただよっているわけで、これが流れているように見えることは飛行機が流されているわけで、偏流測定器の線を白波や浮流物に平行になるように動作すると、何度くらい流されているかという度数が、測定器に表示される。原始的な、精密機器とはまちがってもいえない、ほほえましくさえ見える道具であった。

ここに偵察員の宝物でもある「ウチワダイコ」によくにた形をした〝航法計算盤〟なる、非常によく考えられた計算機が登場してくる。航法計算盤に偏流測定度を記入すると、その高度における風速風向が計算盤の操作によって出てくるようになっている。風速風向がわかると、飛行機の定針路が出てくる。

もうひとつ大切なことがある。速度計の針が一二〇ノットを指していても、実際の速力は風速風向によって、速くなったり遅くなったりする。航法計算盤に気速をもとにして風速風向をセットすると、実速が出てくるようになっている。なお、速度計の針が指している数字を気速という。

ともあれ実針路と実速をつかむと、「針路〇度宜候《よーそろ》!」操縦員の保針のよさで、飛行機はぶじに基地に帰投できることになる。

速度計も、計器そのものに誤差があることもあるので、速度試験飛行も訓練飛行の合間によく行なわれた。速度試験の方法を簡単にいえば、短距離の直接二点間を数回往復して、所要時間と二点間の距離から実際の速力を知ることができる。天候良好な日を選んで行なわれ、誤差があれば誤差表がつくられた。

航法弾と後席操縦装置

長距離を飛ぶ間には、風速風向も変化するので偏流測定は飛行の途中、何度も行なわれる。「偏流を測定する、宜候！」操縦員も何百浬も一度も機首を振らずに保針することは、不可能に近いことである。基準針路を中心にして、左右に多少のブレがある。疲れもあり、保針が乱れることもあるので偵察員は針路保持にたいして操縦員に注意を促すこともある。「偏流測定（爆撃針路）に入る、宜候《よーそろ》」がかかるとブレは許されない。海面の浮流物は広い海原でも結構あるものであるが、浮流物も白波もない場合がある。これらのない場合には、航法弾と称する小型爆弾に似た形の、中にアルミ粉の入っているものを海面に投下して、白波や浮流物の代替として偏流を測定した。航法弾が海面に落下すると、大きな白い花が咲いたように見える。

スコール、龍巻と変化の多い南洋の空では、とうぜん風も変化する。航法にも情報判断による〝勘〟が物をいう。連日の航法訓練が勘の養成につながってくる。飛行時間の多さは搭乗員によっては、信頼のもととなるものであった。風向風速など基地出発前の気象員による上空の測定データ、海面の白波の強弱も大いに参考になる。

九四水偵の他の飛行機にない特徴のひとつとして、実用機なのに後座にも操縦装置が設置されていることである。三座水偵の任務の重要性からかどうか後席の操縦装置の意味はつまびらかではないが、何百浬もの訓練飛行の帰途、基地が望見できる空域に入ると操縦員に休んでもらい、操縦交替をして偵察員も多少の操縦訓練らしきものをしたこともあった。操縦員がよろこんで身体を乗り出して、あちこち見ていたことを思い出す。

射撃爆撃に航法通信

対潜爆撃訓練は環礁内海に標的を浮かべ、航法弾に似た小型爆弾を使用して三〇度くらいの降下角度をもって爆撃する方法での訓練が行なわれた。九四水偵は六〇キロ爆弾四発を抱くことができる。

実戦の場合、爆弾が水面から海中に入りどのくらいの深度で爆発させるか、二〇メートルか三〇メートルか、陸上において爆発の深度をセットしておく。敵の潜水艦を発見したときは潜水艦の方も飛行機を発見していると思われるわけで、その辺の呼吸がむずかしいところであろう。

水平爆撃の訓練も環礁内海に設置された標的に対して行なわれた。水平爆撃用の照準器がおもしろい。飛行機の胴体の底部に取り付けてあり、窓を開けて（必然的に海面が見える）爆撃針路に入る。時計式によるものであったが、零式水偵のやはり時計式の照準器にくらべると、おもちゃのように感ぜられるものだった。爆撃の成果は標的が見えるのですぐ判定できる。

操縦員、偵察員ともに訓練を通して成長していくわけである。

電信員の機銃訓練も別の飛行機が吹き流しを引っ張って反航する、その吹き流しに対して機銃を発射する。機銃弾に色が塗ってあり、その色によって誰の弾丸かわかるようになっている。吹き流しが地上に投下されると、みなで何発当たっているか採点をして訓練に励んだ。写射といって、実弾を使わずに写真銃による射撃訓練も行なわれた。

射撃爆撃の訓練飛行は、同時に行なわれることが多かった。たまに吹き流しを引っ張って、艦砲射撃の標的になったこともあった。

計器飛行訓練も水偵にとっては大切なことである。計器飛行の場合、今から計器飛行に入るということになると、操縦員は外を一切見ないで、計器だけを頼りに操縦することになる。計器飛行訓練は、夜間飛行、雲中飛行の時に貴重なものになる（暗夜、飛行機が背面で飛んでいることもあると聞く。上昇しようとして機首を上げているのに、高度計の針が下がるため背面で飛んでいることがわかるという。主に単座機のようであるが嘘のような話である）。

航法通信訓練飛行であるが、先に航法についてのべたが、通信訓練も大切なものである。無線連絡の確保は水偵の任務からして極めて大切なことで、いついかなる時でも基地との連絡が取れなければならない。基地電波の捕捉、機上における暗号電文の作成訓練など、早く確実にの訓練だった。すべて短波通信によるものであったと思う。無線機は水晶発振子によるものである。

無線機の整備は、搭乗員にとって大切な仕事のひとつであった。搭乗員は基地の電信員とは特に仲良くしていた。今日は誰が当直かなど耳に入ってくる通信音のくせで、名前がわかるようであったと思う。

ク式帰投法といって、ク式という機器を使用しての無線帰投法の訓練も行なわれた。無線帰投法は基地が発見できないときに無線誘導に頼るもので、搭乗員にとっては恥になることであった。たしか長波によるものであったと思う。長波を使用する場合は、アンテナを飛行機から長く垂らしている。着水のときアンテナの巻き揚げを忘れて錘りの鉛の玉を切ってしまうこともある。暇なおり、鉛を溶かして雑談しながら鉛の玉をつくるのも搭乗員の仕事だった。

十年兵を養うは…

射撃訓練もしたが、九四水偵の火砲としては七・七ミリ機銃一梃であり、ほとんど役に立つことはなかったのではないかと思う。昭和十七年二月一日、マーシャルが米機動部隊の攻撃をうけたとき地上で七・七ミリ機銃を撃ちまくったが、目の前で敵機に火を吹かすことはできなかった。

落下傘の虫ぼし、折畳みも搭乗員の仕事だった。もしもの場合、落下傘が開かなかったとしても誰にも文句はいえない。

ともあれ電探も何もない時代、何百浬も何もない海の上を飛ぶ。海軍の飛行機乗りは度胸がよかったものだとしみじみ思う。

高度計も気圧の関係で誤差が生ずる。夜間着水のときなど、潮の匂いでこの辺で「オコセ」と判断することもある。機首を上げ、水平にして着水するのである。

訓練から生まれる経験と勘は、空を飛ぶ者にとっては必要欠くべからざるものかもしれない。昔から戦時といえども、ここ一番という時はそうあるものではない。十年兵を養うはこの一時にあり、ともいわれている。ハワイ攻撃がそうであり、マレー沖海戦がそうであったろう。

私にとって昭和十七年二月一日の、ハルゼー提督のひきいる空母エンタープライズを中心とした米機動部隊をマーシャルの洋上において発見、触接した時がそうであったと思う。

のどがかわき、心臓どきどきの食うか食われるかの場面であるが、青い海原に白い航跡、ほんとうに美しい絵であった。ただこの時の愛機は九四水偵ではなく、零式水偵だったので詳細は割愛するが、未帰還機もあり、九四水偵であったらどうであったろうかと思ったりする。触接飛行は太陽を背にして、雲を利用して行なうのが常道であるが、いつも雲があるとは限らない。水偵は戦闘機を鷹にたとえるな

任務から帰投、揚収のため電信員が上翼で吊上用ワイヤーを手に滑走する九四水偵

らば雀みたいなものであろう。雲があるかないかで人の運命も変わってくる。

艦の出入港時の対潜前路直衛飛行も、重要な任務である。九四水偵のように視界良好な飛行機は、潜水艦を視力で見つけるには最適の飛行機であったと思われる。敵の潜水艦は、出入港時の艦を待ち伏せしていて雷撃するのが一番効率のよい攻撃法のひとつである。ネコがネズミの出てくるのを根気よく待っているのに似ている。潜水艦にとって飛行機は一番苦手な相手である。

クェゼリン礁湖を出入港するとき前路哨戒を行ない、無事に守った艦名を列記してみる。第六戦隊・香取、第二図南丸、第十八戦隊・五州丸、かもゐ丸、ぶらじる丸、稲荷丸、八海山丸、新玉丸、浅玉丸、春日丸、豊州丸。

これら各艦艇も終戦時に何隻が健在だったろうか。艦の出港は夕暮時が多かった。危険水域を脱して艦と別れを告げるときの感激は忘れられない。甲板すれすれにバンクしながら飛び、また反転してバンク。乗組員の打ち振る手、空は茜色に染まっている。艦尾の軍艦旗がまぶたに残る。「皆さん途中気をつけて、お元気でサヨウナラ」薄暮夕焼け空に武運長久を祈った別れがしのばれる。

マーシャル諸島の日々

ピカール島、ウォッゼ島、ウートロック島、ルオット島……小さな環礁にそれぞれ名前がついている。どんな状況の環礁でどんな人間が何人くらい住んでいるか、訓練をかねての要務飛行をしたが、住んでいる人間はカナカ族で、おとなしい人種であった。

九四水偵はこんなとき便利である。着水して搭乗員の一人がフロートの上に降りて、水中を眺めつつ浅瀬（サンゴ礁のかたまり）と浅瀬の間の水路を見きわめ、岸辺に飛行機を誘導する。静かな透明な海の中を、フロートにそって泳ぐサメの姿も美しいものだ。名も知れぬ熱帯魚の群遊……ふと現実を忘れ夢を見ているのではないかと思うこともあった。

戦艦や巡洋艦に搭載される飛行機の搭乗員も少人数でまとまりがよかったと思うが、基地水上機隊は和気あいあいとした、まとまりのよい隊だった。

マーシャル諸島には四季がない。春夏秋冬が人間にとってどんなに必要なことか、実際に体験してみないとわからないことであろう。スコールのとき涼を感ずるくらいで、いつも暑い。緊張と訓練がなかったら、みんな気抜けした人間になってしまうと思われる。時折りポカンとしている人たちを見かける。南洋ボケは確かにある。日本は本当に美しい良い国だと思う。

カナカ族の子供たちは飛行機のそばまで来て珍しそうに眺め、喜んで手伝いもしてくれた。主計科の人たちは一郎から十郎までの名前をつけて、いろいろの雑事に活用していた。彼らは日本語も達者になり、大きくなったら日本に行きたいともいっていた。日本の歌を教えたり、現地語の歌を逆に教えてもらったり、苦しい中にもほのかな楽しみもあった。

九四式水偵から零式水偵へ、そして歳月が流れ現在の空には、米国製のものすごい対潜哨戒機が飛んでいる。うたた感無量なるものがある。戦争とは勝つか負けるか、生きるか死ぬかである。戦争はあってはならないが、時の流れの中では先のことは誰にもわからない。

九四式水偵の思い出を主に書きしるしたが、私が最後に乗っていた飛行機は天山艦上攻撃機で、沖縄周辺の米機動部隊にたいする夜間雷撃隊であった。九四水偵は沿岸警備か、練習航空隊かに配属されていたのではないかと思う。九四水偵の特攻もあったのではないかとも思う。

歳月の流れは記憶が断片的で、どうにもならない。同期の水偵の生き残り、同じ航空隊にいた人たちの話を総合すれば、もっとまとまるかもしれない。偵察員は水偵から天山、彩雲、銀河、彗星へと、終戦前には古参搭乗員は配転されていった。そして多くは再び還らなかった。私は二度と得られない経験を胸にしまいながら、先に征った戦友の分まで生きながらえていきたいと念願している。

設計主任が綴る零水偵誕生までの舞台裏

当時「零水偵」担当・愛知航空機技師　森　盛重

十二試三座水上偵察機が設計されたころは、愛知航空機では二種の機体について考えねばならないときであった。すなわち艦爆と水偵であるが、艦爆に関しては愛知の運命をかけても成功させねばならないので、零水偵の設計には自然と力がよわくなり、非常に手不足をかこつことになった。

また、このころ新しく航空機会社ができたりしたので、愛知の優秀な技術者のひきぬき工作があったりして、数人の優秀な人たちがついに愛知を退社していったりしたから、零水偵の設計主務者であった松尾喜四郎技師は非常に苦労されたものである。

森盛重技師

零水偵は当時の実用機であった九四水偵の最高速力一四〇ノットに対して、最高速力二〇〇〇ノット（三七〇キロ／時）と飛躍した高速力を要求されたものである。陸上機でさえ二〇〇ノットの速力を出すのは容易なときではなかった頃なので、水上機の二〇〇ノットは当時としては非常にむずかしいものであった。

愛知は多数の試作機を実験研究していたから、形状については風洞係の小沢泰代技師のほか数人の技師、フロートに関しては水槽係に重満技師、小池技師などがいて、最良の形状決定と性能を推算していた。本機は各種の要求に対して充分に研究した結果、低翼単葉双浮舟のものとなった。

当時、実用機はすべて全金属製になってきたので、本機もその例にしたがったが、とくに水平尾翼と縦ビレが木製ベニヤ板張りであった。木製はさきに十試観測機の試作によって、水上機としての耐用力を確認され、なお実用機となった場合は、補修が容易で戦時用に適するという軍の要望にも添う必要があって、つくられたものであった。

主翼は押出型材の翼桁をもちいたジュラルミン製で、胴体へ下方からハメコミシャーボルトで取り付ける簡単な方法であった。外翼は上反角をつけたもので、基準翼の取付ボルトの下部のものを引きぬき、上方へおりたたみ、胴体側面からステーを出してささえる方法であった。

胴体はジュラルミン製の骨格に外板を張った半張殻式構造で、前方には発動機架、下部に基準翼取付《とりつけ》および射出推力受金具ならびに反跳どめ金具があった。前後桁取付部分の間は爆弾倉で、その爆弾倉には六〇キロ爆弾二個を格納し、弾倉外に二五〇キロ爆弾を一個搭載するようになっていた。

操縦面は三舵ともジュラルミン骨に羽布ばりであり、フラップは全ジュラルミン製。浮舟は全金属製、脚柱は鋼管製であった。操縦装置は主副の二重装置、自動操縦装置をもうけてあった。

構造部分の設計図は、昭和十三年のはじめから工場へ出されたが、工場の製造能力が不足で、期日は遅れるばかりであった。設計係も手不足であったので、艤装まわりの設計は九月末ごろまでかかった。航本の山田部員、実験部伊東祐満少佐などから、愛知はどうしたか、となんども督促されることがあった。構造法も工作法もわりあい容易に設計された機体であったが、当時、愛知は多くの試作機を製作していたので、順序としてやむを得ない状態であった。

一方の川西の十二試三座水偵は試験飛行も終わり、海軍へ領収されたが、愛知は試作がまだ完成せず、ついに納期に間に合うことができなかったので失格となった。

失敗しても失望せず最後まで

三座水偵は七試いらいの失敗であって、われわれはどうしても残念であり、がっかりもしたが、これだけは如何《いかん》ともしようがなかった。「またのチャンスということもある。このさいは涙をのんでも、このつぎには名誉をとりもどそう」と、たがいに誓い合い、試作機は完成させて研究資料にしようと会社の方針も決定したので、遅れはしたが勇気を鼓舞して試作

九四水偵の後継機として開発された零式水偵。基地エプロン上で発動機試運転中

を進めた。

この努力のかいがあって、昭和十四年一月一号機ができ、四月はじめに試飛行となった。このときになって、なるほど競争には敗れたが、関係技術者のたがいの胸中には「われ遂に成せり」の満足が涼風のようにしみわたったのである。

つづいて昭和十四年六月二十二日に第二号機が完成し、この二機の試作機をもって試飛行をおこなっていた。当時は方向舵の小舵の効き、方向安定、ヨーイング・スペイラルスタビリティ等の性質をしらべるため、たびたび試飛行には私も同乗し、肝を冷やしたことがあったものである。

愛知の飛行試験は会社の自発的なものであったから、成績は公式にとる必要はなかったが、ハミルトン恒速回転三翼プロペラは好調で、最高速力は予定のように二〇〇ノットを越すほどであった。

川西十二試三座水偵はさきに海軍に領収され実験されていたが、都合により実験が中止となって、愛知十二試三座水偵がそれにかわって思いがけなく浮かびあがり、海軍の関心がこちらに向くという結果になった。

まったくの資料用として完成だけはさせておいた会社の措置は正しかったし、またそのとき落胆の境にありながらも、自分たちの飛行機という愛着でつくりあげていた技術陣にとって、これは関係者以外、想像もできぬ手ばなしで喜べる朗報であった。

かくして昭和十四年七月、飛行実験部の伊東少佐、岸松少佐、松田少佐であったと記憶するが、この三人の方々が愛知の四号地飛行場へこられて、本機の試飛行を実際におこなわれた。

息づまるような愛知の関係者のまえに、結果としてあたえられた報告は、「これは実に性能のすぐれた飛行機であるから、さっそく海軍として領収し実験してみたい」というものであった。

この一言は、当時の愛知の者としてはもちろん、それらの所属をはなれた技術者の一人としても、全身の血潮をわかせるような、湧きあがる感動となって耳をうったのであった。

その後、領収もぶじ終わり、二機とも飛行実験部へ空輸された。実験部へは、愛知から高橋清見技師が連絡のため出張して、毎日、実験が順調に進んでいることを報告してくる。実験は高橋技師の報告にもよるように順調に進み、成績は「性能優秀、操縦安定良好、要望に達する」というものであった。性能実験がこのようにして終わった昭和十四年十一月には、本機の大量生産計画が発表され、実験はひきつづき横空の実用試験にまで急速に進んだ。夜間飛行、射撃、爆撃実験などがつづき、改善資料もそれにともなって多くなったが、飛行実験部では機体各部の強度試験、射出強度試験などがおこなわれ、ほとんど問題なく通過したのであった。かくて昭和十五年二月ごろには、軍艦比叡で射出試験がおこなわれ、これも別に大きな問題はなく、すべての実験が完了した。

思えば本機の試作は設計の当初から手不足や製造能力問題等にあって、苦しい道を歩んできたが、試作が完了し飛行実験に移ってからはきわめて好調な状態となり、製作者のわれわれでさえ意外とするような優秀な成績を発揮、前数回の完敗という不名誉も挽回し、面目を一新したのであった。

これは、ひとえに失敗しても失望せず、最後まで精進努力をしたたまものであって、いろいろな意味において記憶にいつまでも残ることである。

実用機としてスタート

昭和十四年十一月、十二試三座水偵の大量生産計画がたてられたが、愛知は当時、九九艦爆と九七艦攻の急速整備をおこなうことになっていたので、とうてい愛知だけで三座水偵を生産する能力がなかった。そのころは、時あたかも支那事変の最中であり、日本と諸外国との外交関係も日ごとに複雑化し、アジアの空はまさに風雲急をつげる様相をおびていた。

だから、当局はこういう風雲の日を思って本機の重要性を考え、広海軍工廠、九州飛行機、川西航空機、愛知航空機の四廠社で製造することを計画したらしい。ことに愛知は、急速に本機の多量生産用図面の完成と互換性付与のため治具測範の整備を命じられたので、設計技術関係者はいっそう多忙をきわめたものであった。

一方、海軍ではひきつづいて実験をおこない、整備取り扱い、兵装、艤装等の改善要望事項をおいおい追加要求してきたのであった。この要望を細部にわたって手をのばすと、実に膨大な仕事の量となるのだった。たとえば旋回銃架、爆弾投下器、無線装備、風防、座席、自動操縦、艦上吊揚装置等の改善であった。

愛知の設計は非常に手不足であったので、各廠社から応援者が出されたりしたが、なかなか思うようではなかった。

それでも改計画および図面の整備をまにあわせて、昭和十五年四月までに航空本部の承認、空技廠の審査をうけて各廠社へ配布することができたのであった。

昭和十四年末から昭和十五年にわたっては各廠社の連絡と、打ち合わせ会議が空技廠、広工廠、あるいは愛知などでしばしば開催され、本機の整備を促進された。

こうして本機の大量生産準備はできたが、設計元の愛知は製造能力不備のため、その大部分は他の廠社へ生産移行されることになったのである。これは一営利会社としては、まったく惜しいとも残念なともいえることではあった。しかし設計技術者としては、艦隊へのサービスがこれでより大きく、より多量にできるということで、かえって努力の甲斐をよろこんだものであった。

また愛知では量産第一号機を昭和十五年九月三十日に完成し、四号地飛行場で空技廠の大金大尉、間瀬大尉、増田機関少佐、加藤啓技師らによって領収飛行がおこなわれ、実用機としてのスタートをきったのである。

広海軍工廠では昭和十五年十月末に第一号機を完成し、つづいて他社の生産機が完成されるようになった。愛知は各廠社へ連絡指導のため、出張員を派遣するなど非常に繁忙をきわめたのであった。

万端ヌカリのないものを

昭和十五年十二月、すべての実験が終わり量産機が実施部隊へ配属されたころ、愛知十二試三座水偵（E13A1）は零式水上偵察機として海軍の兵器に採用された。七試水偵いらい、待望の三座水偵が実用機となったのである。

待望の三座水偵が実用機として採用されたことは、設計者はもちろん製作関係者も大きな喜びと誇りを感じたのである。

またサービス機を艦隊へ供給して、充分に機能を発揮してもらうためには、なお一層の精進をし万端ヌカリのないものにしなければならないし、責任の重大性を感じ、胸をおどらせながらも緊張させられたのであった。

生産機はただちに実施部隊へ配属されたので、各部隊から整備演習のため人が派遣されて

零式水偵。全金属製の低翼単葉双浮舟で浮舟の支柱は張線で補強、外翼は折畳式

くることが多かった。ことに生産に入ってからは石井長次郎技師、世戸原暁技師、伊奈俊一技師らが、本機を担当されて最後の仕上げをしたものであった。

生産機が実施部隊へ配属されてから、第一に起こった問題は「浮舟の水もれ」であった。実用されるとまず、基地航空隊で操縦訓練されるから、海上離着水の回数が多くなり、着水後に基地へ帰るとスリップへ乗り上げ停止する。したがって、浮舟の底部は損傷しやすいから水がもれるのであった。

水もれは広工廠へ出張していた者がすぐ修理したが、第二の問題は、脚の張線が切断されてしまったことであった。脚は空気抵抗を減少するため、一部分張線をもちいていたが、これが故障したのであった。

広工廠において張線に作用する応力をテレメーターで測定し、その資料によって直径を太くしたこともあったが、これは根本的な解決方法とならず、九州飛行機で製造された機体は張線を廃止、側方支柱に変更されるようになった。

ともあれ、さいわい零式水上偵察機は、その後、大きな改修や大きな事故もなく、実にすなおな飛行機であった。

サイパン水上機隊「零水偵」奇跡の脱出行

当時　五根拠地隊司令部付飛行隊・海軍飛行兵曹長　矢島万平

今日も、ぎらぎらとした灼熱の太陽が、ここサイパン島に照りつけていた。昭和十九年六月、米軍の中部太平洋方面にたいする反攻が、俄然、激しさをくわえてきたので、われわれのサイパン水上機隊にもあわただしい緊張の色がみなぎっていた。

サイパン水上機隊は、その制式の名称を第五根拠地隊司令部付飛行隊と呼ばれ、零式水上偵察機（零水偵）をもっていた。指揮官兼分隊長は四等水兵から特進した部下思いの竹下大尉であり、その下に田中整備兵曹長、吉富飛行兵曹長、それに私をふくめて准士官以上四名、下士官兵あわせて百名たらずの小さな部隊であった。だが、操縦、偵察員とも夜間飛行のできるものばかりで、当時としてはまあ充実した配員であった

矢島万平飛曹長

といえる。

私（旧姓曲尾）は当時、水上基地の飛行士兼掌飛行長だったので、船団の行動をしらべたり搭乗割をつくったり戦闘報告を書いたり、なかなか忙しい毎日を送っていた。

六月十一日のことだった。この二、三日前からサイパン島付近の海域は梅雨期に入ったのか、天候のわるい日がつづいていた。午前十一時四十分、突如として〝空襲警報〟が鳴りひびいた。私は急いで電信室へいき、その朝早く船団護衛で出動した水偵あてに「一一四〇、空襲警報発令サル、敵機ニ注意シ、超低空ニテ、スミヤカニ基地ニカエレ」との発信を命じた。外に出ると防暑服の将兵が忙しくかけまわっている。

十二時十五分、島の東方タッポーチョ頂の上空に、太陽を背にした敵の小型機十二機が現われた。味方の各陣地からは、たちまち対空砲火が鳴りひびきだした。だが出動した水偵はまだ帰ってこない。私は祈るような気持ちで空を見上げていた。

上空では早くも待ちかまえていた零戦隊と敵のグラマンF6F戦闘機隊との間で、彼我いりみだれての格闘戦がはじまっている。時折りジュラルミン製の翼がきらりきらりと光り、黒煙をふきあげて墜落していく機が何機か見えるが、どれが敵か味方かわからない。

私は、じりじりと気ばかりあせっていた。するとその時、軍艦島（サイパン島水上基地の西方のリーフ内の小島）のかなたに待ちこ《せ》がれていた水偵の姿が現われた。はやくも着水姿勢に入ろうとしている。早くはやくと急きたてたいような気持ちだが、なかなか思うようにならない。やがて零水偵は着水しおわるやいなや、飛沫をけたてながら定位置ちかくに止まった。

急いで搭乗員をおろし、早く防空壕へいけと叫びながら、着水した水偵を尾部から滑走台上の運搬車につなぐと同時に、電信室前の防空壕へ頭から飛び込んだ。すると、それとほとんど同時に敵機の落とした小型爆弾が近くでドドドッと炸裂した。壕内はびりびりとふるえ、砂が首すじから顔にふりかかってきた。

私は船団護衛から危ないところを帰りついた白石一飛曹に、「貴様も、もう五分おそければ御陀仏だったなあ」というと、彼はうわのそらのような調子で、「それにしても、あの船団は目的地にぶじ着いたかしら」と心配していた。

竹下大尉、心で泣く

約三十分ほどたった。敵機が去ったので、われわれは壕から外へ出た。さっきの水偵はどうやら無事だったらしい。敵は味方の地上砲火の猛反撃にひるんでか、第一波は大目標の格納庫や兵舎などをねらったらしい。

急いで水偵を運搬車にあげ、掩体壕に引き込んでカムフラージュをほどこした。が、調べてみると、隠してあった水偵二機の風防ガラスがくだかれていた。格納庫は扉をきちんと締めてなかったために、爆風が入り込んで屋根の中央がふきとばされていた。飛行機は燃料タンクからガソリンを抜いてあったので、燃えてしまったものはなかった。だが、敵機に荒されたことは何としても癪《しゃく》のタネだった。しかし、どうすることもできない。われわれは激し

飛翔する零水偵。航続力3326キロ、最高速376キロ、浮舟支柱８本になっている

い敵愾心にもえたっていた。

敵機は味方の地上砲火で二機おとされ、そのうちの一機がリーフ内の浅瀬に逆立ちして、尾部が水面上につき立っている。敵機は、この第一波から約一時間おきに第六波まで空襲をしかけてきたが、それも午後三時五十分ごろになってやんだ。

さっそく総員集合が命じられ、被害状況の調査がはじまった。しかし幸いなことに、戦死者はもちろん、一人の軽傷者もない。こまかい調査の結果、水偵ではこのますぐに飛べるものは二機しかないことがわかった。

偵察機の不足のために、敵機動部隊の動きがまるでつかめない。しかし、今日の空襲ぶりからみて、明日は大挙して来襲することがはっきりわかっている。やがて夕暮れがきた。息づまるような昼の戦闘から解放されて、われわれは南国の神秘的な夕暮れの風景に見とれていた。

竹下大尉は暗くなってから司令部から帰ってきた。そして緊張した顔つきで私を私室に呼ぶと、

「諸般の情勢からみて、敵は明日の早朝から攻撃してくるだろう。このままでは破壊をまぬかれた水偵二機も、たちまちやられてしまうだろう」

大尉は沈痛な面持ちで、考え考えかたる。

「水偵は内地からの補給も少なく、かけがえのない機だから、むざむざと敵にやられたくない」

「空襲がおわれば、また輸送船の護衛にはたらいてもらわねばならない。そこで、明日の夜明け前に父島までさがってほしいのだ。一時、父島空にいる間に空襲がおわれば、またすぐ帰ってきてもらう」

大尉は気のせいか、少し寂《さび》しそうな顔をして、

「そこで、吉富飛曹長を指揮官とする搭乗割をつくってもらいたいのだ」

もちろん命令であるが、竹下大尉は、そういう話しかけるような言い方をする。

私は自分の室に帰って、さっそく搭乗割の作成にとりかかった。なにしろ、事は急を要するのだ。しかし、サイパン――父島間は約七八〇浬《かいり》もあり、この数日来、天候がわるいので、よほどのベテランでないと飛びきることがむずかしい。

また命令とはいえ、敵から避退することは、たとえそれが一時にもしろ、攻撃精神だけを

いままで植えつけられてきた私には、少々わりきれないものが感じられてならなかった。搭乗員たちも私と同じ気持ちだったらしく、だれもあまり気乗りがしなさそうだった。

だが、とにかく搭乗割をきめて提出した。

眠られぬ夜から朝へ

夜も、もうだいぶ更けたころであった。なかなか眠りつかれずにいると、のっそりと吉富飛曹長が入ってきた。

「私は明日、父島行きを命ぜられたが、サイパン――小笠原付近の地形をよく知らないので、あまり自信がない」と心ぼそそうに言い、「敵のいるところもわからず、そのうえ悪天候では、どうなることかわからないので、掌飛行長のきみが一緒に行ってくれないか」

吉富飛曹長と私は、昭和十八年の四月から十月まで、軍艦五十鈴の飛行科でいっしょに戦ってきたペアであったから、お互いにどんな秘密も、わがままも言いあえる仲だったのだが、彼は昭和十九年の五月に准士官に進級してトラック島にいたが、つい最近になってサイパン島に移ってきたばかりだったのだ。

それにひきかえ私は、このあたりの地形なら島の一角でも見れば、位置の判断ができるほど古い搭乗員だったのだ。私はしばらく考えた。それから吉富飛曹長の希望を伝えるべく、ふたりで竹下大尉のもとを訪ねた。大尉は私たちの申し出をすぐに承知してくれた。

「私もはじめは、そうしてもらおうと思っていたんですバイ。だが、連日の夜間飛行と机上の仕事の多さを見ては、きみにちょっと気の毒で遠慮しよったですバイ」

大尉は思わずお国なまりの佐世保弁でそう言って、笑い声をたてた。私も吉富飛曹長もつりこまれて笑ったが、夜の静けさの中に三人の笑い声が何か虚しく聞こえてならなかった。

私と吉富飛曹長は大尉の室を出ると、あわてて航空図に予定の航路を記入しはじめた。そして参加する搭乗員を呼んで、急いで飛行予定を打ち合わせた。

夜は、しんしんと更けていった。明朝二時半に起こしてくれるように従兵にたのんで、私はともかく床に入った。ところが、疲れているくせに神経がいらだっているのか、なかなか寝付かれない。外には、時々スコールが通りすぎていた。その雨だれの音がポタポタと妙に私の神経にさわった。

遠くでトラックのエンジン音がしていた。陸軍部隊が明日の空襲にそなえて、物資をはこんでいるのだろう。私はぼんやりとその音に聞きいっていた。いろいろなことが次つぎと頭の中に浮かんだり消えたりしていた。そのうちに私はうとうとしたらしい。

とつぜん従兵の声で起こされた。いそいで顔を洗い、外に出てみると、暗闇の中で整備兵がうごいている。試運転の爆音があたりの空気をびりびりと震わせていた。そして、そのたびに排気管から青白い炎がほとばしり出る。

やがて搭乗員が整列をおわった。滑走台の付近はエンジンの轟音と人々の話し声で、急ににぎやかになった。私は指揮官に留守をよくお願いし、残っている搭乗員や整備員にむかっては「行ってくるよ。後をよろしくな」と簡単に言いすてて、偵察用具をかかえて機上の人となった。

やがて機は、隊員一同に見送られて滑走台をはなれ、離水地点に向かって水上滑走を開始した。それは六月十二日の午前三時二分だった。われわれ父島行きの六人の搭乗員は、これが戦友たちとの別れとなりサイパン島の見おさめになろうとは、神ならぬ身の、そのとき知るよしもなかったのだ。

金星エンジン快調なり

乗機の零式三座水偵は、離水地点にむかって驀進《ばくしん》していた。偵察席から後方をふりかえると、見送りの隊員一同がまだ黒々と見える。前席の吉富飛曹長から知らせてきた。

「離水します」──

私は、ただちに離水すると復唱して、電信員の宮本一飛にもそのことを知らせた。スロットルレバーを全開したらしく、エンジンがうなり高回転になった。機は暁の海面に白波をけたてて走っているが、燃料を満載しているのでなかなか水面をはなれない。

吉富飛曹長が前席から、怒鳴るように叫んだ。「掌飛行長、なかなか重いです」

「まだ寝ぼけているから慎重にたのみます」私は吉富飛曹長に気合をかけてやった。

機は、いつもより七、八秒も長く滑走してから、やっと離水した。高度二〇〇メートルで左旋回にうつる。風防をあけて左下方をのぞくと、暗い海面にリーフにくだける海水の飛沫がかすかに白く見える。

われわれは二番機に編隊を組むべく、軍艦島の上空で旋回して待機していた。宮本一飛から、基地との無線連絡は良好だと報告してきた。私は「よし」とこたえて、ふたたび海面を見おろした。暗い海面に白くぼんやりと航跡がつづき、二番機が離水地点に向かっているのが見える。また滑走台には、九〇一空の九七大艇が水ぎわで発進しようとしている。

下界に気をとられていると、風防にぱっと花火が明るくうつった。出発前に打ち合わせてあったとおり、敵の空襲がはじまった知らせだ。

「掌飛行長、空襲警報発令ですタイ」と伝声管で私につげた。

「二番機と編隊を組む余裕はありませんバイ」

九州弁まるだしである。私は「了解」と応答し、「敵さん、ばかにはやく来たね」と言ってから、

「やむをえない、単機パガン島をへて父島に向かう。針路六度」

「針路六度、ヨーソロ」吉富飛曹長の声がかかった。

私は電信席へ必要以外の発信を禁じ、基地からの呼び出しに、とくに注意するように命じた。かくて愛機零水偵は、サイパンを後に父島へ向けて予定のコースにのった。時に三時十七分であった。

前方にそうとう大きなスコールがあったので、機はこれを適当にさけて高度五〇メートルで飛びつづけた。だが大荒れの海面は波しぶきが高く、遮風板や風防は雨でずぶぬれだった。

後席を見ると、宮本一飛が頭をぐるぐるまわしながら、忙しく警戒している。しかし、暗

くてよく見えないらしい。

心配していたエンジンは調子のいい音をたてている。やれやれ、これで出発だけはどうやら無事にすんだが、これからまだ手つかずの航程が約七五〇浬もある。しかもこの長い航程を、この悪天候と戦うのかと思えば、いささかうんざりするが、それよりも二番機のことが気にかかってならない。

〝ぶじに離水したろうか?〟

私は、降りしきる雨の中で二番機の機影をさがしたが、それらしいものさえ認めることができない。約三十分ほどたって、アナタハン島が左半浬の地点にぼんやりと黒く見えてきた。この島は、サイパン島から北へ約六、七〇浬の地点にある海抜七六〇メートルの全島絶壁に近い孤島である。

機はさらに北に飛んだ。右にグーグヮン島、アラマガン島が見えてきたが、どれも無人の小島である。こうして低空で飛ぶこと一時間半にして、やっと東の空が明るくなってきた。こんどは前方にパガン島が見えてきた。ここには、わずかばかりの守備隊がいる。

ふと上空を見ると、味方のダグラス輸送機が高度三千メートルのあたりを北進している。私は、おやっと思った。こんな高空を敵のレーダーにも発見されずに飛んでいるところをみれば、敵の機動部隊は北上していないのではないか。

私は吉富飛曹長に合図して、高度を二五〇〇メートルに上げさせた。海上はあいかわらず荒れ、白いすじが幾すじも海上に走っている。

パガン島を右真下に見ながら通過すると、機は針路を三四七度にかえた。夜はまったく明けたが、前方はふかく黒い雨雲にとざされている。エンジンに吹きつける雨はエンジンの高温で白くもうもうと蒸発し、エンジンカバーのまわりがまるで空中火災でも起こしているように見える。約二時間にもおよぶ雨中飛行にも、この水偵の金星エンジンはブルンブルンと快調である。

ああ、わが戦友はゆけり

北上するにつれて、天候はしだいに良くなってきた。そして南硫黄島の上空までくると、時どき青空が見えはじめた。

急に空腹をおぼえだしたので、のりまきと稲荷寿司をとりだして、後席の宮本一飛にも食事をするように伝えた。伝声管の私の声を聞いて宮本一飛は頭を上げ、にっこりと笑いかえした。その顔がまだ少年らしくかわいい。

機は味方識別の合図を地上の友軍に送っている。高度をふたたび八〇〇メートルに下げ、硫黄島上空を通過し、やがてサイパンを出てから六時間四十分もたって、めざす父島海軍航空隊の上空についたのである。時に六月十二日の午前九時五十四分であった。

父島空の司令に報告をすませると、飛行服のまま格納庫の裏の絶壁にのぼっていった。二番機とそれにつづく飛行艇がどうなったのか心配で、とてもじっとしていられなかったのだ。われわれは空の一点をじっと見つめていた。しかし、二番機はなかなか姿をあらわさない。

おそろしく長く感じられる時間がどんどんと経っていった。そして約三十分もしたろうか。突然、宮本一飛が空の一角を指さして叫んだ。

「飛行機らしいものが見えます」

三人はバネじかけの人形のように絶壁の上に立ちあがって、その飛行機らしいものをじっと見ていた。だんだん大きくなってきた。飛行機であることに間違いはない。だが、それが果たして二番機かどうかはまだ分からない。一分、二分、三分と、生命のちぢむような時間がすぎた。

と、三人はほとんど同時に絶壁の上でおどりあがった。「二番機だ」と三人は叫んだ。そして転がりおちるように絶壁を駆けおりていった。

二番機もついた。そして、そのあとにつづいた九七大艇もぶじに父島についた。ところが、われわれがそうして喜びをわかちあっている時、サイパン島には刻々と危機がせまっていたのだ。

六月十五日、敵のサイパン島への強行上陸が敢行された。われわれ六人は、もうサイパンへ戻ることができない。二機の零水偵をぶじに父島まではこんできたが、その二機もそれからまもなく敵機の攻撃で破壊された。

われわれは何のためにサイパンから飛び立ってきたのか、分からなくなりかけていた。戦友たちはサイパンで戦っている。しかも味方は友軍にたいする補給ができず、サイパン守備隊は絶望であるという。

われわれは自分たちが奇しくも生き残りえたことを、喜ぶ気持ちもわかなかった。なぜあの時、サイパンにいなかったか？　それが運命のいたずらと知りながらも、われわれは心苦しい気持ちだった。あのやさしい竹下大尉はどうなったか？　搭乗員たちは？　整備員たちは？　敵の地上部隊に踏みにじられているであろう戦友たちのことを思うと、われわれの胸は張りさけそうに痛んだ。

七月七日、サイパン島の玉砕が報じられた。われわれは、あまりの悲惨さについに言葉も出なかった。〝ああ、わが戦友はゆけり……〟六人は、それぞれの胸の中でこの悲しい事実を見つめながら、遠いサイパン島の空をいつまでも仰ぎ見ていた。

わが「零観」南太平洋に針路をとれ

複葉ながら抜群の運動性能を与えられた複座機の真価

元 水上機母艦「千歳」飛行隊長・海軍少佐　沢島栄次郎

零式観測機（十試水上観測機・F1M2／零観）は、その名のとおり観測機として試作され制式採用されたが、実際には九〇式二号水偵二型から九五式水偵へ、そして九五式水偵にかわるものとして計画され実用化された、いわば二座水偵のわが国における最終型といえるものである。

昭和六年にヴォートコルセアを原型とする九〇式二号二型（単浮舟）ができて、急降下爆撃と空戦が可能となり、水上機搭乗員にとって待望の空戦降爆訓練がはじまった。水偵の主任務は偵察・触接にあることは、十分にたたきこまれ知っていても、敵機や敵艦と遭遇し主任務をはたしたあと、ただ避退だけで応戦攻撃の手段がないのでは、見敵必戦の若いパイロットの血がおさまらなかったにちがいない。

そして昭和十年、九〇式から九五水偵にかわりその性能が一段と向上し、搭乗員の射爆技量も長年の訓練によってみがきがかかり、おそらく対機戦闘の自信と意気は、世界の水上機搭乗員のなかでも最高のものであったと思う。事実、その成果は支那事変であらわれている。

それは昭和十二年八月のことであった。上海において出雲《いずも》、川内《せんだい》の九五水偵各一機が、来襲した敵の掩護戦闘機二機を撃墜しており、九月には連合航空隊の南京空襲に延べ二十三機の九五水偵が、当時、手薄だった戦闘機にかわり爆撃隊の直掩として参加し、敵戦闘機十七機を撃墜するという偉功を立てている。当時、霞ヶ浦水上隊（後の土浦空）や館山空で水上初等練習機や九五水偵で教育訓練をうけていた飛行学生、練習生は、中支戦線での先輩の活躍をうらやんでいたものであった。

そして昭和十三年三月の漢口空襲には、空戦後にわが戦闘機隊を追尾攻撃してくる敵戦闘機との空戦を主任務とした四航戦（能登呂・衣笠丸）の九五水偵全機が参加している。漢口上空が天候不良のため空戦にいたらず引き返したが、この時に若い水偵搭乗員が体験したことは、後の太平洋戦争での零観隊の行動や用法にいくつもの教訓となって残った。

また昭和十三年十月には南支方面で、陸上機が進出してくるまでの間、水偵隊が敵飛行場の攻撃に活躍していたが、岩城大尉の指揮する南雄攻撃隊（九四水偵は爆撃・九五水偵は直掩兼爆撃）が、その帰途、追尾攻撃してきた敵戦闘機と交戦した。しかし、すでに被弾百数十発となり、思いどおり操縦できない九五水偵で反撃し、これを追いはらったことは有名である。性能的に当然優位にある敵戦闘機が、雇われパイロットとはいえ戦意を喪失、遁走するほどの闘志と技量をしめしてくれたことは、水偵の空戦訓練の支えになった。

そしてこれらの実戦によって得られたものは、横空における水偵搭乗員にたいする特修教育や、講習を通じて伝えられてきた。

このような流れをくむ零観であるが、零観はけっして特殊任務機ではなかった。当時の大艦巨砲主義（艦隊の洋上決戦は不沈戦艦の巨砲によって決せられるという主義）ということから用兵上の要求となって計画され、大遠距離砲戦で主砲砲撃の効果を最大に発揮するためには、観測機による測的《そくてき》（自艦と目標艦との距離測定）と弾着観測（目標艦と弾着との関係位置速報）が必要であるから、戦艦搭載機は観測機とすることになったのである。

したがって、観測機は主任務達成に必要な諸性能、装備を持つとともに、少数の敵防害機であれば排除できる空戦能力もあたえられていた。この用兵上の要求により、機体、発動機の設計・製造技術の発達と並行して、全金属・複葉・単浮舟の零観が生まれたのである。

しかし、弾着観測そのものを必要とする主力戦艦の戦闘場面は、太平洋戦争中ついにあらわれなかった。高所からの弾着観測の試みと訓練の歴史は古い。搭載機に弾着観測の任務が課せられたのも、かなり以前からのことである。

搭載艦の水上機搭乗員たちは、搭載機の各種性能や用法に意見を持っていても、それを表面に出さず、課せられた任務遂行に必要な腕をみがき、訓練に訓練をかさねてそれを次の代の搭乗員につたえていった。しかし、「昭和二年、長門・陸奥いらいの訓練の成果を、実戦に確認することができなかった」といわれ、「十数年のながきにわたって腕をみがいた観測機の太平洋戦歴はゼロ」といわれている。

事実そうであった。開戦後六ヵ月にして戦艦搭載機の任務は、弾観測的から降爆へとかわっている。戦艦搭載の零観はそうであったかもしれないが、九五水偵にかわった零観は、弾観《だんかん》以外の任務用法で活躍した。

二座水偵搭乗員たちが支那事変中を通じてえた実戦体験と、昭和七〜八年いらいの艦隊訓練や特修科教育の成果は、開戦からその水戦的任務を二式水戦にひきつぐまで、とくに南方水域において実を結んだといえよう。

急速編成された水上機戦隊

昭和十六年四月、連合艦隊直属部隊として第十一航空戦隊が編成された。水上機母艦は千歳《ちとせ》と瑞穂《みずほ》であり、搭載機の主力は零観であった。

例年、艦隊編成がおこなわれるのは年末であるが、国際情勢の変化によって昭和十六年四月と九月に、戦備充実と戦時編制の転換準備のために編成替えがおこなわれていた。このころ日本海軍が全能力をあげて予期される事態に対処できる体制をととのえることは、当然のことであった。

千歳と瑞穂は②計画によって建造され、それぞれ昭和十二年と十三年に完成した多目的艦であるが、水上機母艦として戦隊を編成されたのはこの年度が初めてといってよい。

古くは大正二年の若宮からはじまって能登呂、神威《かもい》、特設水上機母艦の衣笠丸、香久丸、神川丸と、水上機搭乗員は水母（水上機母艦）としての機能不十分なこれらの母艦で作戦し、

001

波静かなラバウル湾内を基地としてソロモン方面に展開した958空の零式観測機

苦労してきた。千歳、瑞穂の水母としての機能にはまだ不満な点があったが、かつての水母とくらべれば格段の相違があったし、これを大事な場面で活用できることの喜びは大きかった。

水上機と水上機隊の用法は、日本海軍航空隊はじまって以来、いろいろと変わってきたし、機種、任務によってちがっているが、基本的には次のことがいえる。

①単機行動能力はかなり持っていても、編隊行動、協同動作には不慣れである。
②洋上発艦や揚収作業が必ずともない、飛行機隊としての行動能力の制約になる。
③多数機の同時連続使用には基地を必要とする。
④基地における機体・発動機・兵器の整備能力に限界がある。
⑤母艦・基地の自衛能力と情報取得能力に問題が多い、などである。

そしてこれらが水上機隊の行動能力、とくに空戦能力にひびいてくる。母艦は正式水母となり、搭載機は零観になったが、まだまだこれらの問題を処理しながら水上機隊の能力を最大限に発揮させ、任務の完遂をはからなければならなかった。このためわれわれは上下一体、全員協力でなしとげたのであった。

水上機関係者は、基地生活と基地設営にはなれている。陸上基地の急速造成に多大の困難がともなうのにくらべて、南方地域では臨時水上基地が得やすかった。

零観は水上機としては初めての金属製である。われわれは、それを操縦して戦場に出られることを素直に喜んだ。昭和十六年当時の実用機で全金属でないのは、潜偵（潜水艦搭載偵察機）をのぞいて九五水偵と九四水偵だけであった。金属製機にたいするコンプレックスが解消した喜びであったかもしれない。

それはさておき、零観は九五水偵にくらべればその性能はグンと向上した。しかし、対艦載機比較では航続距離、時間などにはおよばなかった。

また、水上機からフロートは取りのぞけない。特攻的な用法に徹するならば別であるが、連続使用を考えるならばフロートは必ずいるものである。浮舟が空中における諸性能に影響している点はつぎのようになる。

①全金属・複葉・単浮舟であるために自重の増加をきたし、運動の軽快性が劣る。

②浮舟の重量と空気抵抗の増加、浮力中心と重心との関係位置の変化は、格闘中の機の姿勢保持、いいかえれば特殊飛行（スタント）の操縦操作を複雑にしている。

③馬力の増加は当時の空戦高度における速度と実用上昇限度を引き上げた。しかし、戦闘機とくらべると劣っているし、上昇能力の劣ることは、たいていの場合、劣態勢からの空戦になることをしめしている。

④零観の航続力がはなはだ少ないのはやむを得ない。本格的な実測をやれなかったが、われわれはこれらの性能と訓練時における実績を加味して、行動二時間、空戦と攻撃に約十五分と考えて飛んでいた。

⑤零観になって固定銃は二基になった。ただの一銃で二銃以上装備した敵戦闘機を墜とし

てきた先輩のことを思えば、二銃は心強かった。若手搭乗員にもよく一銃時代のことを忘れるなと話したものである。ただ、二銃を一点調整にさせておいたと思うが、練度と精度を考えれば平行調整でよかったかと思う。

母艦にもあった問題点

このように零観の性能の長所、短所をすっかり呑みこんだわれわれ零観隊は、昭和十六年夏以降、内海西部の基地で臨戦訓練に入っていた。

当時の搭乗員の約四分の一は実戦経験者であり、約半数は飛行時間一千時間以上のいわゆる〝使いごろのツワモノ〟であった。

そして、全員が零観の操縦を手のうちに入れていた。あとは射撃の実戦的訓練をかさねるだけであった。降爆訓練はまず順当に実施できたが、問題は空戦訓練であった。零観にとって、性能が自分以下という相手はまず見当たらないし、同時発見の場合でも優利な態勢をとれることはまずないと予想された。

劣勢からの空戦訓練は、運動としてはかなりやれたが、実包射撃は危険が多くてほとんどできなかった。しかし、これらの訓練が、後にショートランドにおける零観対グラマンの空戦に役立ったものと信じている。

一方、水上機母艦にもいろいろの問題があった。

それは千歳や瑞穂は、それぞれ射出機を四基しか備えていなかった。このため敵機発見と同時に零観を緊急発進させても四機であり、敵機の攻撃をうけるまでに全機を発艦させることはむずかしい。しかも、母艦として単独行動をとらざるを得なかったし、零観の航続距離と洋上の揚収能力を考えれば、かなり陸地に接近せざるを得なかった。

さいわい第一期作戦期間中に空襲をうけなかったが、もしも奇襲でもされていたら、せっかくの零観も腕をふるう余地なくやられていただろう。水上機母艦とはいうものの、正式空母とは同一視できない弱点を持っていたのである。

しかし、搭乗員をふくめて乗員一同、水上機母艦による水上機隊を代表しての参戦であるとの自負を持ち、張り切っていた。長い期間、発着艦による事故は一度もなかった。

はなやかな空中戦闘は、機と機が遭遇した時点からはじまる。そして、その戦果は宣伝される。しかし航空戦は宣戦布告の時からはじまっていて、空戦はそのなかの一コマである。

零観隊を主力とする十一航戦の、臨戦準備がほぼ完了した昭和十六年十一月六日、戦時編成が発令された。「南方部隊菲島部隊南菲支援部隊水上機部隊」という長い呼称である。

この隊の目的は、台湾南部および仏印方面からおこなう航空撃滅戦の手のとどかない地点に上陸する陸軍部隊、陸戦隊の掩護が任務であり、航空攻撃をのがれた敵機の抵抗攻撃があるかもしれないという情勢判断であった。

十二月八日、攻略部隊とともにわれわれはパラオを出撃した。ちょうどハワイ、マレー方面のわが航空部隊の大戦果のニュースを聞きながらレガスピーをめざした。零観は対空第一待機の状態で、射出機上にあった。

戦果を残せなかった初陣

零観の初陣は十二月十二日である。その未明、両艦から各六機の編隊が敵機をもとめて飛び立った。搭乗員はまずベテランでかためられた。未知の空地でどんな事態が起こるかわからないし、若手に実戦体験を得させるのは、まだ次の機会がいくらでもあると考えたからである。

敵機を警戒しながら高度五千、南国の太陽を背にしてレガスピー上空に進出したが、敵機の姿は見えず、しかたなく対地攻撃を終えて予定基地に着水接岸した。しかし、図上調査と空中からの視認ではつかえそうな海岸の状況だったものの、実際は使用できないことがわかったため、ただちに母艦に帰投した。

そののち、朝夕に重点をおいた対空警戒、対地攻撃がつづけられた。しかしついに空戦の機会はなく、十四日夕刻、零観二機が来襲のB17一機に一撃をくわえただけに終わった。零観隊はレガスピーからダバオ、ホロの攻略戦と引きつづき敵機をもとめていたが、敵の陸上基地で残存機を撃破しただけにとどまり、空戦の機会は得られなかった。むしろ偵察行動中の九四水偵が敵飛行艇と至近距離で交戦、空戦一番乗りとなったのは皮肉だった。

昭和十七年一月十一日は、海軍落下傘部隊のメナド降下の日である。この日はまた急にいそがしくなった。零観三機が敵の双発飛行艇四機編隊と交戦、一機を撃墜、三機を撃破しているが、零観二機も被弾、不時着（搭乗員救出）した。

出撃前、60キロ爆弾を搭載する整備員たちと作業を見まもる零式観測機の搭乗員

急報により増派された零観三機は、飛行艇三機と交戦し、そのうちの一機を撃墜したが、わが方の被弾はわずか四発であった。同日夕刻、零観三機は大型機三機と交戦し、二千発近くを撃ち込んだが、撃墜するにいたらなかったものの、被弾もゼロであった。

また、べつの零観三機は、中型機二機を発見したが、これと劣態勢からの反航戦をおこなわざるをえなかった。しかし、相手がP38と気づいた時はその曳痕弾が照準器に飛び込んできていた。この空戦は一航過で終わったが、後に水上艦艇から一機撃墜の報告があった。

これらの空戦状況から、わが零観で確実に捕捉できる敵は、優位な態勢から発見した双発飛行艇ぐらいということになった。その後、マカッサル、ケンダリー、アンボン、スラバヤ、蘭領ニューギニアの攻略戦に参加し、連日、対空、対潜警戒、陸戦協力といそがしかった。アンボン上空では定期的に偵察にくるカタリナ型飛行艇三機を〝狙い撃ち〟的に撃墜している。

命運を決したミッドウェー

スラバヤ攻略戦のメドがついた三月上旬、僚艦の瑞穂は一足先に内地に帰還した。また、昭和十七年五月一日、水上機母艦千歳とその零観隊はぶじに任務を終わり、佐世保に帰還した。

自信に近いものを得て帰ったわれわれを待っていたものは、ミッドウェー作戦における前進部隊の攻略部隊航空隊の任務であった。すなわち、ミッドウェーおよび洋上の連合軍航空部隊は、機動部隊がたたくミッドウェー島の陸上基地にわが艦上機隊が進出するまでの間、サンド島に水上基地を確保して、零観隊は敵機撃攘にあたれということである。しかし、不幸にして一足先に内地に帰還した瑞穂は五月一日に御前崎南方海上で敵潜により撃沈されていたので、僚艦は神川丸にかわった。

五月二十八日、サイパンを出撃して南方航路からミッドウェーに向かった。六月四日、B17一機が飛来したかと思うとついで四機を大遠距離に発見した。急いでわれわれは射出発艦によってこれを追躡したが、追いつけなかった。日本軍の戦勝ムードがつづいていたため、攻略船団にはまだ目もくれなかったのだろう。

ついにわが機動部隊の命運を決した六月五日未明、いわゆるミッドウェー海戦がはじまったとき、偵察に来襲したPBY飛行艇一機を撃墜しただけで、その後は敵機を見なかった。七日早朝には、サンド島に零観隊の全力進出が予定されていたので、この時はサンド島の南九〇浬くらいのところまで接近していた。

しかし、もしここで米側に航空攻撃の余力があるか、あるいはわれわれがサンド島に足をかけていたら、零観隊空戦の最後となったかもしれない。わが機動部隊の大損害の電報を刻々と傍受しながら船団を護衛して針路を東から南へ、そして西へと取ったのであった。

その後、ガダルカナル島方面の情勢は急迫を告げはじめた。そのため、九月四日、わが千歳零観隊は、ショートランド基地に全力進出したのであった。

千歳飛行機隊の戦闘詳報を見ているうちに、開戦当初からミッドウェー作戦終了まで、零観で南方水域において生死を共にした搭乗員の名が、敵艦戦、陸戦撃墜の記録とともに赤字で記入されているのが目につく。一対一ならばなんとかしている。一対二以上となると、相手から離脱もできなかった零観であったことがよくわかる。

水上機にはじまった海軍機の最後の水上機は、零観と水戦であった。そして昭和十八年、航空機生産計画にたいする軍令部案の中から、ついに観測機の名は消えている。

私はテスト屋「零式観測機」試飛行記

当時「零観」担当飛行士・三菱テストパイロット　新谷春水

私は運よく昭和十一年に第三期海軍航空予備学生となり、その結果として三菱重工業のテストパイロットとなった。手がけた飛行機は九六艦戦、九六艦攻、九六陸攻、零観（零式観測機）、零戦、一式陸攻などであった。その意味ではめぐまれたヒコーキ野郎であった。

私は東京工業大学在学中に海軍予備航空団の教育を受け、卒業時には二等飛行士として飛行時間は約二百時間となっていた。卒業と同時に入隊、霞ヶ浦海軍航空隊で一年間の操縦訓練を受け、飛行時間は約六百時間となった。終了後、三菱重工に入社、ただちに海軍航空技術廠にあずけられ、テスト屋としての訓練を受けた。

一年間の訓練によってテストパイロットのヒヨコになったが、飛行時間は約八百時間であったと記憶する。ちなみに終戦時の飛行時間は四千数百時間であった。パイロットの飛行時間は長いほど優秀かといえば、それは間違いである。輸送機のパイロットなどは一度飛べば十時間、二十時間の飛行時間となるが、あまり意味はない。テスト屋の飛行は一回あたり四十分から一時間であるから、飛行時間はさっぱり伸びないが、パイロットの技量の判断は飛行回数をもってはかるべきである。

それはさておき、当時テストパイロットといえば、すべて陸海軍の下士官出身者であった。その操縦技術は抜群なのだが、技術的解析において不十分なところがあり、技術屋のテスト屋が待望されていたところであった。したがって、テスト飛行に技術性をとり入れるのが私の念願であったが、結局、海軍および会社の無理解から、大したこともできずに終わってしまった。

テスト飛行には二つの意味がある。第一は量産機の検査飛行である。操縦性などはすでに解決済みの量産機を、原則として一機一機飛ばせてエンジンの調子、性能などすべてを検査して、部隊に引き渡す仕事である。この性能計測法は次項で述べよう。

第二は試作機のテストである。極端な言い方をするならば、試作第一号機の処女飛行は、飛ぶか飛ばないかわからない飛行機を飛ばす仕事である。テストパイロットの醍醐《だいごみ》味はここにある。命が危ないといえば危ないのだが、テスト屋はそんなことは気にかけない。新しい飛行機をはじめて飛ばせる興奮にワクワクしているのである。

しかし、私がテスト屋になった昭和十二〜十三年ごろは、風洞実験もすでにかなりの進歩をしており、性能の概略、舵の利《き》きにいたるまで大体の推定がついていた。したがって、飛ぶかどうかわからない——などという不安はまったくなかったのである。離着陸速度もだいたい計算されていたから、ライト兄弟およびその後のヤミクモ時代ほどの恐怖感はなかった。

量産機の検査飛行

輸送会社や新聞社その他すべてのパイロットは、安全を確認されている飛行機を飛ばすのであるから気が楽である。しかしわれわれテスト屋は、量産機といえども工場から出たばかりの飛行機を飛ばせて、安全を保証してユーザーに引き渡すのが仕事である。何千機も量産した飛行機でも、一機ごとに多少の相違がある。それぞれ個性のようなものがあるから、それらをいちいち手直しするのがテスト屋である。それにあわせて性能計測をおこなう。つぎに、性能の計測法を述べよう。

離陸

最短の滑走距離および時間で離陸させる。エンジンを全開し、機体が一刻も早く水平姿勢になるよう昇降舵を突っ込む。水平をたもちつつ離陸速度に達すると、急激に上げ舵をとる。最短距離で離陸するので、いわゆるゴボー抜きのように離陸する。実戦部隊のパイロットたちにはこのような離陸は禁止されている。われわれはギリギリ一杯のやや危険な離陸をおこなうわけで、離陸時間および、要すれば距離も地上の計測員が計測する。

上昇試験

試作機の段階において、各高度における最良上昇速度が計測されている。すなわち、地上付近、一千メートル、二千メートル……というように、各高度の最良上昇速度に合わせつつ全力上昇をつづける。

この際、テスト屋はちょっとした芸当をやる。離陸直後、左膝に巻きつけてあるストップウォッチを押し、操縦桿を左手にもちかえる。左手で操縦しながら所定上昇速度をたもつ。右手は鉛筆をもち、右膝に取りつけた記録板に各種データを記録してゆく。一千メートルのデータをとるのは、九〇〇メートルからはじめてエンジン諸元を記録し、一千メートルを通過する瞬間の秒時を記録し、一五〇〇メートルを過ぎるまでにすべての記録を完了するというわけである。

最良上昇速度は高度が上がるにつれて小さくなるので、計器速度を合わせてゆかねばならない。左手で操縦しながら、速度を合わせつつ記録をとり、視界の見張りを厳重にしなければならない。

局地戦闘機雷電は八千メートルまでの上昇試験をやったが、他の機種はすべて五千メートルであった。

最高速度試験

当時のエンジンはすでに一段または二段過給器を備えていた。二段の場合は二つの高度で試験をおこなう。第二段の全開高度は四五〇〇メートル付近、第一段は三千メートル付近が多かった。

最高速度試験は予想全開高度の二〇〇メートルくらい上方から、わずかに突っ込みながらエンジン全開にする。高度を一定にたもちつつ全力水平飛行をつづける。ブースト圧がちょうど規定値（二〇〇ミリ水銀柱が多かった）になり、安定したところですべてのデータを記録する。つぎに一段全開高度にて同様の水平全速飛行をおこなう。

これは海軍のやり方であって、その全開速度には突っ込みによる速度増加分は全く入っていない。正真正銘の全速値である。

曲技飛行試験

大型機や艦上攻撃機などは前項までのテストで終了するが、戦闘機や観測機は、このあと曲技飛行テストをおこなう。その種目は、急激な垂直旋回、八字飛行、宙返り、上昇反転、スローロール、クイックロール、垂直ダイブおよび引き起こしなどである。

機内清掃背面飛行

機体が工場内で生産されている間、大勢の人が土足で中に入っていろいろの仕事をする。当然、機内の床下にはたくさんの砂塵がたまる。工場から出荷するときには真空掃除機などで掃除するが、完全に清掃はできない。

そこで、曲技飛行をやる機種については、機内の掃除もテストパイロットの仕事となる。そのやり方は、まず風防を全開する。スローロールの操作で背面飛行に入る。逆さまの状態を約三十秒くらいつづける。猛烈な砂塵が息もできないほど吹き出す。目は飛行眼鏡をかけているからいいが、その間は息ができない。やっと砂塵がおさまったころ水平飛行にもどす。テストパイロットはゴミ屋もかねている。

以上、各項のテストに要する時間は四十分から五十分である。

試作機のテスト

試作機においてはまず最初に、飛行に適する状態にまで機体を改造しなければならない。前述のように風洞試作によってかなりのことはわかっていたので、それほど危険もなく、恐れることもなかった。順序を追って書いてみよう。

ジャンプ飛行

そうはいっても初飛行はたしかに危険も多いので、十分に地上滑走をやった後、ジャンプ飛行をおこなう。離陸して二、三メートルの高度で水平飛行を少しやって、すぐに着陸する。このテストをやるためには、少なくとも四千メートルくらいの滑走路が必要である。当時の海軍の飛行場は、わずか一千メートルの滑走路が通常であった。したがって、われわれが零戦や一式陸攻のテストをおこなったのは、陸軍の各務原飛行場の四千メートル滑走路であった。

舵の利き試験

実戦は風洞実験の推定値とはやはり異なる点が多い。したがって初飛行で舵が重すぎたり軽すぎたり、利きが不足であったり、いろいろ問題がある。

大型機は大型機なりに、空戦をおこなう戦闘機や観測機はそれなりに改造仕上げをおこなうのだが、これには多分に人間の心理的要求が入ってくる。この要求にマッチするようにもっていくのはかなりの熟練を要することである。

ラバウル上空の零観。複葉二座単浮舟で固定銃２、旋回銃１梃。運動性も優れた

　ここで思い出すのは昇降舵の利きの問題である。九六式艦上戦闘機は軽戦闘機の花形であったが、空戦性能における昇降舵の重さと利きが、きわめて柔軟でありネバリがあって、心理的に満足のいくよい昇降舵であった。ところが地上で昇降舵系統の剛性試験をすると、まるで剛性がない。それは操縦索（ワイヤーロープ）が大きい伸びを示し、危険ではないかというので一時は大問題となった。ところがこの伸びが、空中で急激な操作をおこなったとき、舵の利きを適度にゆるめ、操縦桿の操作量と操作力、舵の利きのバランスを、理想的な状況にたもつ効果を果たしていたのであった。

　昇降舵の舵の利きがよすぎると、宙返りや垂直旋回などのとき予想以上に急激な荷重がかかり、パイロットの目がくらんでしまう。6～7Gで目がくらむから、かなりの力を出して操縦桿を六〇～七〇パーセント引っ張ったとき7Gくらいに達するよう、上記の剛性低下、昇降舵の角度減少などによって調整するわけである。この方法はその後、零観や零戦、烈風などにも応用されて、海軍伝統の巴戦《ともえせん》（空中戦闘）に大きく寄与したのであった。

昇降舵ばかりでなく、補助翼（エルロン）や方向舵も当然こまかい考慮のもとに、タブバランスの利きなど仕上げを必要とした。

部分上昇試験

試作機の上昇試験に先立ち、まず最良上昇速度の測定が必要である。これを部分上昇試験という。

いまかりに一千メートルの高度で、推定最良上昇速度を一〇〇ノット（約一八五キロ）にすると、その前後すなわち八〇、九〇、一〇〇、一一〇、一二〇ノットの五種類くらいを定める。そしてこの各速度で、九〇〇〜一一〇〇メートルまでを何回にもわたって上昇試験をおこない、上昇時間を測定する。

もちろん安定した状況での上昇速度であるから、いったん七〇〇メートルくらいまで降下したのち上昇に入り、八〇〇メートルくらいで安定させ、九〇〇〜一一〇〇メートルの秒時を測定するのである。このデータを図上にプロットすると、一一〇〇メートルにおける最良上昇速度がきまる。

各速度において測定するが、高度が上がるほど最良上昇計器速度は小さくなる。各高度の値が決定してから連続全力上昇試験に入る。

五千メートル以上に上昇するときは酸素マスクを着用する。当時の日本の軍用機ではキャビンの与圧装置をもったものはなかったと記憶する。

最高速度試験は量産機の場合と同じである。

曲技飛行

量産機と同じことに加えて、一つ変わった点がある。それはマイナスGにおけるエンスト問題である。当時はまだ燃料噴射方式のエンジンは少なく、ほとんどがストロンバーグ気化器であった。したがって、空中戦闘の最中にマイナスGがかかるとき、エンストを起こしては困るわけである。

私がこの問題に取り組んだのは雷電であった。四十五度くらいの上昇姿勢から急激に前方に突っ込み、ダイブ姿勢までつづけると、たいていエンストを起こした。もちろん普通姿勢にもどせばすぐに点火して回復はできるのだが、エンストをしないようにしなければならない。何十回とこのテストをおこなって、ようやく解決した思い出がある。

零式観測機のテスト

零観の試作一～四号機は私が着任する以前にだいたい完了していた。その間に問題となったことを列挙してみよう。

(1)方向安定不足――方向舵および垂直安定板増積
(2)水上安定不足（水上転覆）――主およびサイドフロート増積
(3)空戦時の自転性過大（オートローテーション）――主翼ネジリ下げ、上反角増大、方向舵および垂直安定板大幅増積

(4)性能向上対策——光一型発動機を瑞星一三型に換装し性能大幅向上
試作から量産決定まで三ヵ年を要したが、川西および愛知の競作機にあらゆる点で打ち勝って制式採用となったのであった。

量産に入るにあたって設計者の佐野栄太郎技師は、試作機がギコチない形をスマートな形に修正し、前記大改造を実施し、操縦索の剛性低下なども加えて、見ちがえるような量産機となった。この時点から私はテストを引き受けたのであるが、やはりテストの主眼点はオートローテーションが抑えられたかどうかにあった。そのための実験をある期間継続しておこなったのである。

オートローテーションとは何か。昇降舵を急激に操作すると、機体の迎角が過大となり失速を起こす。そのとき当然、左右のどちらかへすべりを伴うが、すべり側は失速を起こさず、反対側が失速を起こし機体は急激な自転を起こす。これが自転作用であり、クイックロール、錐揉みなどすべてこの原理である。

水平飛行中に演ずるクイックロールは曲技飛行の見せ場であるが、一瞬失速しているわけである。しかし空戦中にこれが起こったのでは戦争にならない。荷重が6G以上かからず、自転を起こすことなく敵機を追尾してゆける性能——これが空戦性能として望ましいのである。

零観は試作四機の間に、この改修はだいたい終わったのであった。

零観が制式採用のなったときは単葉機時代が花ざかりで、複葉機はすでに珍らしい存在となりつつあった。しかし観測機とは艦隊同士の決戦に際して、艦砲射撃に先立ってカタパルトで射出され、つねに艦隊の上空にあって弾着を観測する任務をもつ飛行機であるから、その目的上、

(1)上昇力が優秀であること……速度は第一義的要素ではない。

(2)巴戦（空中戦）に強いこと。

(3)形が小さいこと。折畳みができること。

が要求された。

したがって零観が複葉機であったことは、むしろ当然であったというべきであろう。

オートローテーション対策テストと事故

主として宙返りおよび左右の急激な垂直旋回によって、オートローテーションのテストをおこなった。

結局、前記のような種々の対策を講じて、零観は空中戦闘にも強い弾着観測機として完成した。敵戦闘機を相手としても十分な性能をもち、急降下爆撃も可能なユニークな水上機として、約一千機も生産されたのである。量産の最初のうちは私が一人でやっていたが、量産が進むにつれ、若いパイロットが替わってやってくれるようになった。

ある日、風の強い日であった。引き渡しがせまっているため、多少の無理を押してテストをやることにした。スリップから出ていく時はなんとか無事で、テストを終わり着水して帰

る途中、左側から強風にあおられた。

風に立つ暇もない間に右翼が水につかり、どうにも起こしようがない。救援ランチが駆けつけ、左翼にロープをつけて引っ張ったが、どうしても起きない。だんだん右へ傾斜がひどくなり、ついに胴体まで水が入ってしまった。

水上機とくにシングルフロート機は、風の強い日はお手あげであった。

下駄ばき水上機隊ガダルカナル上空の死闘

二式水戦と零観と零水偵ソロモン血戦記

当時　R方面航空部隊参謀・海軍少佐　多田篤次

昭和十七年も半ばを過ぎたころ、南東方面の最先端ガダルカナル島には、米軍反撃の暗雲がたちこめていた。延びきった戦線では不吉の暗雲を一挙にはらい除ける術もなく、それは徐々に拡大され、やがては全天に襲いかかることは必定である。

もどかしいのは、飛行場の建設がはかどらないことだった。ラバウルからあまりにも遠いガ島の戦場では、どんな優秀な戦闘機隊や攻撃機隊があっても、十分な活躍ができなかった。幾度か計画された攻撃も、しょせん小規模で単発的なものとなって、有形無形の被害こそ多かれ、予期した戦果をあげることはできなかった。

多田篤次少佐

ブーゲンビル島ブイン、ニュージョージア島ムンダ等、幾多の前進基地が予定されたけれども、延びきって思うにまかせぬ補給線と、巨大なジャングルにはばまれた難工事は、せいぜい爆薬を使うていどで、あとはツルハシとモッコという原始的な設営方式では、いかに腕《うで》っ節《ぷし》の強い設営隊員が献身的な努力をつづけてくれても、なお遅々として進まず、いたずらに焦燥の念をかきたてるにすぎなかった。これに反して米軍は、ブルドーザーやキャリオールやらが応急滑走路網を馳駆して着々と航空基地を新設し、ひろげていった。

土木工事に関する潜在国力の落差が大東亜戦争の運命を左右した、といっても過言ではない。こんなとき、陸上航空兵力にとってはまことに切歯《せっし》扼腕《やくわん》のとき、とるものもとりあえず急場しのぎの応急的に転用されたのが、城島高次少将のひきいる第十一航空戦隊の水上機隊であった。

九月はじめ、城島少将は十一航戦に所属する水上機母艦の搭載機を、ことごとくソロモン諸島ショートランドのポポラング島におろして、ここにR方面航空部隊としての将旗をかかげ、さらにガ島に近く前進水上基地として、サンタイサベル島にレカタ基地を設置した。

勢ぞろいした水上機隊は、神川丸、国川丸、千歳、山陽丸、讃岐丸の各特設水上機母艦の搭載機である。その後、九五八空など適宜《てきぎ》の編制替えもあり、作戦のつど、巡洋艦戦隊の搭載機などがここを基地として活躍したこともあったが、ショートランドこそは真にわが国水上機隊の勢ぞろいの場所であり、ガ島作戦がつづくかぎり徹頭徹尾、戦い抜いたところであった。

それは全期間を通じては多少の変化はあったけれども、零式観測機（零観）と零式水上偵察機を主幹として、二式水上戦闘機（水戦）と九四式水上偵察機とをくわえ、新旧とりまぜて当時の実用機を網羅《もうら》し、隊員も渡辺参謀、九五八空司令上田《うえだ》猛虎中佐を筆頭に、生えぬきの水上機乗りの猛者連がほとんど顔をそろえて、平素からともに鍛え、ともに磨いた、すぐれた搭乗員をひきつれて、ときには勇猛果敢に突進し、ときには堅忍不抜に持久して、よく水上機隊の真面目を発揮したのであった。

ショートランドの水上基地は、ほんとうに美しかった。ラバウルとガ島の中間、ブーゲンビル島の南にショートランド島やポポラング島を中心に大小の島が散在していて、その間にできた幾多の水道が、みずから良好な水上滑走路を提供していた。それはちょうどガ島作戦のつど、艦隊や輸送戦隊の集結地となったショートランド泊地の出撃水路にも間近く、基地の望楼から見ると紺碧の海に水路をやくするリーフがつねに白亜の一線を画していた。島には椰子《やし》の木が実り、大輪の山梔《やまくちなし》や仏桑華の花がみごとであった。

およそ陸上機に比して、しょせんは劣性能な水上機である。そのハンディキャップを克服して、日々増勢されていく米軍航空兵力に対抗していくのには、絶えざる工夫と努力が必要であった。Ｐ38戦闘機に対する空戦法についても、ガ島南方海面の遠距離索敵に関しても、ガ島の飛行場や在泊艦船の攻撃にあたっても、はては魚雷艇狩りや月夜の夜間空戦に対しても、絶えずあらゆる研究と工夫がかさねられていた。

まこと、ショートランド基地における水上機隊の勢ぞろいは、同時にあらゆる新しい着想や機智の勢ぞろいでもあった。そして機に応じ、グッドアイデアとウイットのひらめきを感じ得たのも、やはりあの美しいショートランドの環境があずかって力あるものとせねばならない。

零観隊の飛行場攻撃

さて、わが陸上航空兵力がいかに精兵ぞろいであっても、ラバウルからの遠距離作戦では、ガ島飛行場の跳梁《ちょうりょう》をおさえるには、あまりにもどかしいものがあった。見るに見かねたショートランド航空部隊では、数次にわたってガ島飛行場の制圧を敢行した。

性能の低い観測機では白昼堂々の攻撃はおぼつかない。これには薄暮、敵機のおおむね降下したときをねらい、地上にこれを捕捉して一気に撃滅するのがもっとも望ましい。こういった壮烈きわまる攻撃行の一齣《ひとこま》がある。

それは九月十四日の日没も間近いころ、千歳分隊長の堀端武司大尉は水上機隊二十一機を指揮して米軍のガ島飛行場に肉薄していた。第一中隊水上戦闘機二機。第二中隊観測機十機。第三中隊観測機九機。各機両翼に爆弾を抱いている。指揮官の堀端大尉はみずから第二中隊零観隊の一番機を操縦して、まっしぐらにガ島飛行場をめざしながらも、機上静かに戦機をうかがっていた。

飛行高度四千メートル。戦場の雲量六ないし八。雲高五〇〇ないし二千メートルと見た。行く手の断雲のかなたにガ島がかすかに横たわる。左翼下に円錐形のモノ島が夕陽の赤く映えた海面に黒いシルエットを浮かべているのが見える。

ショートランド(上)とポポラング島間400mの海面を滑走出撃する零式観測機

南洋の薄暮は短い。早過ぎれば米軍上空警戒機の餌食《えじき》となる。遅きに失すれば地上の目標が見えにくい。一瞬、彼は神に祈った。心のしんと静まるのを覚える。彼は静かに振りかえって列機を見まわす。直率の二中隊はよく雁行してついてくる。つづいて三中隊がやや高く一団となって飛んでいる。頭上をあおげば、一中隊水戦二機がみずから零観隊の物見役を自負するがごとく、目を光らせて邁進《まいしん》している。

日が没した。やがてガ島の白い海岸線が眼下に近接してきた。米軍上空哨戒機はいないようだ。前下方の雲間から、ちらと飛行場が見えた。とっさに、彼は雲塊を利用して飛行場の西方に迂《う》廻《かい》した。雲間から瞥見《べっけん》する飛行場はぐんぐん間合いをちぢめ、左下方に接近する。見つけた。いるいる。滑走路に面して米軍機数機がならんでいるのが目にうつる。

——今だ、突撃。雲の間隙をついてヘルダイブ。機首に地上の敵機を捕捉しつづけた。シュッシュッと白い雲が機をかすめて後方に飛び去る。一瞬、背筋に殺気を覚えた。と、同時に右翼端に烈しい弾道を感じた。しまった。敵機だ。なにくそっ、とほとんど反射的に爆弾を投下するや、さっと体をひるがえす。大きく黒い影が行きすぎた。

——グラマン！　舵をもどしてその影を追った。ぶっ放す。一斉射、二斉射、グラマンは火だるまになって墜ちていく。ほっとして体を立てなおし、高度をとった。飛行場を探す。後下方に見つける。飛行場の三ヵ所から火の手が上がるのを見た。そこには、すでに夕闇が迫ろうとして、模糊《もこ》としてさだかではなかった。戦いは終わったのだ。

その夜、着水照明灯に照らされて、ぞくぞく基地に着水した僚機の報告はグラマン五機撃墜（うち一機不確実）。飛行場三ヵ所炎上の綜合戦果をあげていた。しかし我もまた、自爆を確認したもの零観二機、未帰還零観一機の被害をうけていたのである。

零観隊はかくのごとく、よく戦った。友軍飛行場の完成と陸上機活躍のときを心待ちにしながら、その間ガ島米航空兵力の跋扈《ばっこ》をおさえつづけた。それ自身の劣性能をカバーするには、ただ一瞬の戦機を捉えることのみしかなかった。それには綿密な計画と、適確な行動力と明敏な判断力とを必要とした。しかもこれらはつねに不屈不撓のファイトにのみ支えられていたのである。

この間そうとうの戦果をあげ、よく目的を達したとはいえ、零観隊にとっては屍を乗り越えて進む悲愴な戦いの連続でもあった。

一番機をやっつけろ

水上機母艦の日進を基幹とする輸送戦隊は一路ショートランド泊地に向け、ひたすら帰路を急いでいた。夜陰に乗じて、できるだけガ島米軍機の攻撃圏を離脱しなければならない。ショートランドに近づけば友軍陸上戦闘機の上空直衛機がついてくれるので、敵機来襲の危険性も急減する。

日進を中央にして、輪形陣に警戒隊形をとった駆逐艦が、乗員の全神経を空にそばだてて警戒していた。今日はどうしたものか、たのみの水上機隊の影も見えない。

一度敢行された陸軍部隊のガ島飛行場攻撃は、もろくも一敗に帰して、なかば要塞化されつつある敵陣地に対しては重火器が必要となってきた。夜半、日進を中心に、これが輸送任務を完遂し、いまはただ夜の神の庇護のみを念願しながら、一刻も早く戦場離脱をはかっていた護衛水雷戦隊にとっては、任務達成の満足感があるだけに、この黎明時における被爆の恐怖がひどく心を痛めた。

それは昭和十七年十月四日の午前四時五十分、ソロモン群島南方海面の夜の幕が明け放たれようとしている一瞬のことである。そのとき、旗艦の見張りが叫んだ。

「左四十五度、敵大型機編隊」全員の目がまだ明けやらぬ西空に集中した。戦闘部署につく。マストに爆弾回避運動の信号旗が上がる。

「先の編隊はB17五機、高度三千、こちらに向かってきます」

全銃砲火は敵に射線を向けた。号令一下、火ぶたが切られようとした一瞬、北方上空からこの敵編隊に襲いかかろうとする水上機隊の一団があった。友軍上空直衛機隊、水戦二機と零観八機——。

「直衛機が攻撃します」

まず水戦二機がB17を襲う。ついで零観隊突入の刹那《せつな》、艦上の全員は思わずかたずを飲んだ。見よ、零観隊の一機が敵B17編隊の一番機に体当たりしたではないか。翼が飛んだ。さしもの空の要塞B17も、ひとたまりもなく真逆さまに海中に没した。激突の瞬間、放り出された二つの個体がさっと落下傘をひらいて、海上に舞いおりた。

指揮官機を一瞬に失ったB17の編隊は、算を乱して逃げ去った。遠くの海面に盲爆の水柱がとどろきわたった。駆逐艦の一艦が降下した二つの落下傘を追って真っしぐらに疾走していた。

救助艦が落下傘降下の搭乗員を救い上げるには大した困難はなかった。体当たりの衝撃で落下傘は裂けていたらしいが、二人とも奇蹟的に安全な降下ができた。それは操縦員甲木一等飛行兵、偵察員寛田一等飛行兵の少年兵二人であった。

「まず敵一番機をやっつけろ」これは零観隊の編隊攻撃のモットーであった。零観搭乗員は自己を否定しても、より多くの友軍に益することをもって大きな誇りとし、喜びとさえしていた。これはこむずかしい思索などしなくとも、水上機乗りの伝統に育《はぐ》くまれるとき、誰もが無意識のうちにつちかわれる尊い人生観であった。

甲木一飛はただ照準器に捕捉した敵一番機を、その機影が鏡面から消失するまで照準しつづけ、射撃しつづけたことだろう。そして敵影が突如として照準器内から消滅したときこそ、すなわち体当たりの瞬間そのものであったに違いない。

勝ちやすきに勝つ

数度にわたるガ島輸送作戦は、はじめは輸送船団をもって実施されたが、敵航空兵力の日増しの増強にともない被害は甚大となり、ついには駆逐艦のみの強行輸送に移行せざるを得なかった。そしてこの作戦のたびに、零観隊は昼間の対潜直衛はもとより、もっとも敵襲の多い黎明薄暮の上空直衛にも任ぜられていた。

ときに機数の手薄なときは、対潜直衛機が敵襲と知るや爆弾を投下して、ただちに上空直衛機に早がわりすることさえあった。来る日も来る日もうちつづく激烈な航空作戦では、歴戦の猛者もつぎつぎに戦死していった。水上機乗りはただ黙々と己れをすてて散華していったのである。

そのころ搭乗員の補充には、つねに若年搭乗員が転入してきた。転入当初の彼らには当然、訓練未熟の者が多かった。泊地の日施上空哨戒こそは、彼らにとって絶好の現地訓練の機会でもあった。零観のベテラン西畑喜一郎少佐は、彼ら若年搭乗員の訓練指導官であった。

当時、泊地に来襲した敵戦闘機は双胴のＰ38である。尋常にたちむかえば、零観がＰ38に

積乱雲を背景に、南東方面太平洋上空を索敵哨戒飛行する802空の二式水戦

太刀うちできないのは自明のことである。しかし、神の創造ではなく、人間が作り出すものであるかぎり、すべてに優れたものはあり得ない。いわゆる万能とは、言いかえれば、どっちつかずのものであると言っても、あえて過言ではあるまい。

多くの場合、あるかぎられた条件においてのみ——同一の立場においてのみ、優劣が論ぜられるのである。なるほど、P38は零観に比して空戦性能全体については格段にすぐれていて、とくに高高度における空戦能力はだんぜん前者に有利ではあったが、三千ないし四千メートルていどの中高度ではそれほどの差異は認めることはできなかった。とくに中高度における格闘戦は、むしろ零観に有利なことさえ発見できたのである。一見強そうに見える相手に対しても、これを倒す術はある。それはただ、勝ちやすきに勝つ一手あるのみだった。

西畑少佐はP38に対する空戦には、つねにこの弱点を衝くことを強調した。彼は新着任の若年兵を集めると、左手を零観に、右手をP38に擬して、手ぶりも軽くこう教えつづけた。

「P38を発見したら、一時逃げを打つ格好でまずキャッツを中高度にさそい込むのだ。こちとらをあまく見たキャッツは謀られるとは知らずに、きっと追ってくる。キャッツが追尾して後上方から射撃を開始すると感じたら、瞬間、急激に横すべりをやれ、きっと敵の弾道は翼端をかすめる程度でけっして命中しない。つぎの瞬間キャッツは前のめりにわれわれを追い越す。その機を逸せず、バンクをもどしてキャッツの後ろに入れ。判で押したようにかならずP38が照準器に、どんぴしゃっと入ってきてくれる。後はただ射撃するだけだ。あっと言うまに、へっちゃらで一丁上がりだ。そこで、ぐんと操縦桿を引いてひねるんだ。ここまでは定石だ。このとき、もし後ろに新たな敵が襲いかかっていても、その後はこちらに有利な格闘戦だ。度胸しだいでまたすぐ二丁上がりだ」

はなばなしき戦史の一頁

開戦五ヵ月後、米軍は空母ホーネットに陸上攻撃機を積み込んで、意表外の東京空襲を敢行した。その効果はもともと僅少ではあったが、その優れた奇略は敵ながらあっぱれだと賞讃せざるをえなかった。しかし、日本側の零水偵隊と潜水艦の協同作戦によるガ島南東海面遠距離索敵も、その奇略に富んだ好例の一つに数えてよいだろう。

ガ島の南には、レンネル島、サンクリストバル島などが飛石づたいに南東方に延びている。大局から見てガ島に対する敵の後方補給線は、この列島の東側に敷かれていることは明らかなことであった。

カ号作戦中、ガ島に対して艦隊や大輸送船団を投入する大規模な行動が計画されたとき、たとえば十月十三日、金剛、榛名を主力とするガ島飛行場の大砲撃が企画されたときなどは、どうしてもこの敵補給線を索敵して、敵の動静を知りつくしておく必要があった。

一般的にいって、こういった洋上遠距離索敵には飛行艇をもって最適としていたが、当時の飛行艇隊にはほかに遂行しなければならない多くの任務を課せられていた。ここにいたって、零水偵が起用されたのである。零水偵の航続力の不足は潜水艦よりの洋上補給に待ち、零水偵搭乗員の優秀な行動力をたのみとして、前代未聞の奇策が生まれたのであった。

ショートランドの南東方一四五度四二〇浬《かいり》。それはちょうどガ島の南方海面にあたっているが、ここに絶海の孤島インディスペンサブル礁がある。それは孤島と称するにはあまりにわびしい、南の碧海にえがかれた白堊《はくあ》の小さい地球のシミに過ぎない。それでもサンゴ礁にかこまれたこの円形の水域は大海の荒海を避けて、つねに池のような静けさをたもっている。だから浮舟を持った水上機には、絶好の離着水場と言わねばならぬ。

ショートランドを夜半に発進した零水偵は約四〇〇浬の夜間飛行ののち、早期にインディスペンサブル礁に着水する。ここであらかじめ示しあわせた潜水艦から燃料を補給する。そこからはじめて目的のガ島南東方の敵情を知るために、おおむね九〇度を中心に東方に向かって側程一〇浬《かいり》、進出距離三〇〇浬の扇形捜索をするのである。帰路はもちろん航程四〇〇浬、しかもガ島の西方海面にわたる敵制空圏内の昼間飛行である。

無人の忘れられた孤島とはいえ、米軍哨戒機の哨戒圏内にあったし、事実、敵機に制圧された潜水艦を、いつまで待っても発見できるはずがない。燃料補給ができずにむなしく目的を断念したことさえあった。

長途の夜間飛行。極度の精度を必要とする航法。寸刻の誤差をもゆるされない潜水艦との会合時刻。短時間の燃料補給。それからがもっとも重要な主任務である三〇〇浬の洋上索敵である。帰路とても会敵公算のもっとも大きいガ島海域を長時間飛翔せねばならない。その間、総航程一五〇〇浬、所要時間十数時間である。

従来、三座水上偵察機は艦隊決戦にそなえて、その前路の索敵偵察をおこない、あるいは夜間の索敵触接に任じてわが夜戦部隊を誘導するなど、きわめて高度の行動力と偵察力とを要求されてきた。この水偵隊搭乗員の練度はまさにわが航空部隊中、最高級のものであったろう。大東亜戦争を通じて予期した艦隊大決戦は生まれなかったが、伝統的に涵養《かんよう》されたこの抜群の技量は、はしなくもカ号作戦指導にあたって、よく重要な任務を完遂したのであった。

九月中旬より十月下旬まで、ガ島にたいする重要作戦のつど、数次にわたって敢行されたこの奇策は、峰松大尉、井上飛特少尉、山崎飛特少尉、垣之内飛曹長らベテラン中のベテランをもって指導され、またみずから率先窮行《そっせんきゅうこう》されたのである。

この間、しばしば敵艦隊を発見するなど、ガ島南東海面の敵情を明らかにした功績は、そのあまりにも地味な任務のために、ほかの戦闘機や攻撃機隊のように華々しく宣伝されはしなかったけれども、大東亜戦史の一頁をかざる一大壮挙として、いつまでも心ある人々の語り草となることであろう。

敵魚雷艇を完全封鎖

零水偵隊の夜間行動能力は、ガ島北方海面における魚雷偵狩りにおいて、遺憾《いかん》なくその真価を発揮した。総攻撃失敗後、ガ島飛行場奪回の夢も果てて、いまはただドラム缶輸送によりわずかに友軍の糧食補給をつづけているころ、昼間の熾烈《しれつ》な空襲にくわえて、夜間は敵魚雷艇の出没が輸送任務の大きな障害となりつつあった。

昭和十八年一月、ガ島輸送艦艇の要望にこたえて神川丸飛行長の山田龍人少佐指導のもとに、零水偵隊をもってする敵魚雷艇掃蕩作戦が実施されようとしていた。

こうした情勢下のある日——

今日もまたわが駆逐艦艇はガ島にたいする輸送任務をおびて、一路南下をつづけてゆく。その前方には三機の零水偵が前路の警戒にあたっていた。

艦艇がサボ島の西方海面にさしかかったときである。前路警戒の零水偵は、サボ島のかげから艦艇の航路をさえぎるように急迫してくる数条の螢光色を発見した。それはわが艦艇の航跡の輝きよりも細く鋭くえがかれていく。敵魚雷艇の航跡だ。

三機の零水偵はそれぞれ好餌をもとめて爆撃を急いだ。もし命中しなくとも、敵の概位置を艦艇に示すことができる。魚雷艇は頭上に機影を見ると急停止する。夜光虫の輝きを消すためである。

水偵は目標灯を投下する。そのカーバイトの光で、水上艦艇に敵の概位置を知らせるためである。水上艦艇が直接魚雷艇を発見すれば、これを照射砲撃するよりもむしろ、これをめがけて猛進する。この暴進は魚雷を回避するとともに、体当たりで撃沈するためである。爆撃を終わった水偵は旋回銃をぶっぱなす。

かくて黒一色の海面は入り乱れた螢光色の航跡と、爆撃の閃光と目標灯の輝きと、その上空から降りそそぐ曳痕弾の光条が錯綜《さくそう》して、一幕の修羅場を現出した。

零水偵隊の魚雷艇狩りは、輸送艦艇の行動に呼応してそうとうの成果をあげ、ほとんど完全に輸送船団の護衛任務を完遂した。昭和十八年二月一日、四日の両日を期して実施されたガ島引揚げのケ号作戦においても、敵魚雷艇の行動を完封し得たことはいうまでもない。

長期にわたって困難な戦況がつづくとき、新しい着想や機智に富んだ作戦が、ともすれば沈滞していく士気を鼓舞した。零水偵隊の夜間ガ島艦艇飛行場攻撃は、単調な日施哨戒に飽いた搭乗員にとって快適なリクリエーションであった。

零観隊の日施上空警戒と同様、零水偵隊にも基地自衛のための日施近距離哨戒が、基地の南方海面において課せられていた。とくにケ号作戦を終了してガ島に対する積極作戦がなくなってからは、髀肉《ひにく》の歎を感ずる搭乗員がかえって士気の沈滞《ちんたい》をあらわしてきた。こんなとき、単機ずつ連続終夜にわたって計画された夜間ガ島攻撃は、よく士気を鼓舞する一服の清涼剤となった。

西畑少佐の機智による月夜の夜間対空哨戒も、よく士気を鼓舞するものの一つであった。南洋の月明は、すばらしく美しい。昼にもまごう明るさは夜間といえども空戦可能であろうというのが、彼の最初の提案理由であった。

そして実際に研究した結果、敵攻撃機にたいして下方より月空にはえる敵機のシルエットを射撃するのは、それほど困難でないことが判明した。月夜ならば、敵の夜間空襲に際していたずらに手をこまねいていなくても、積極的に対敵できるという見通しが、士気を鼓舞するうえにあずかって力があった。

しかし士気の持続にあたってなんと言っても、あのショートランド島の美しい自然こそ、われわれに貢献してくれたものはあるまい。

今はむかし、遠いとおい南の国ショートランドのポポラング島には、今もなお椰子が実り、くちなしや仏桑花が咲きほこり、その樹の間をオウムやインコが色彩を添えていることだろうが、すべては古兵の夢の跡として、もはや零観隊や零水偵隊の奮戦の模様をつたえ残す縁もないことだろう。

九三八空司令　泣き笑いソロモン転戦譜

当時　九三八空飛行長・司令・海軍少佐　山田龍人

戦い終わってあれから二十余年になるが、当時はまさに死闘の毎日だった。とくにわれわれが過ごしたショートランド基地は、搭乗員の墓場とまで陰口《かげぐち》をたたかれていたほどであった。

しかし、あの島のことが今になってみれば、戦争のいやな思い出はほとんど残っておらず、むしろ、晴ればれとした美しい島の風景や、またユーモラスでさえあった現地生活の模様などが思い出されて非常に懐かしく、もし機会があったらもう一度、ぜひ行ってみたい気がしてならない。

山田龍人少佐

私がショートランドにいたころ（昭和十七年末から十八年末まで）は、後述のブイン時代（昭和十九年三月以降）にくらべて、窮乏生活もさほど深刻でなかったせいでもあろうか。

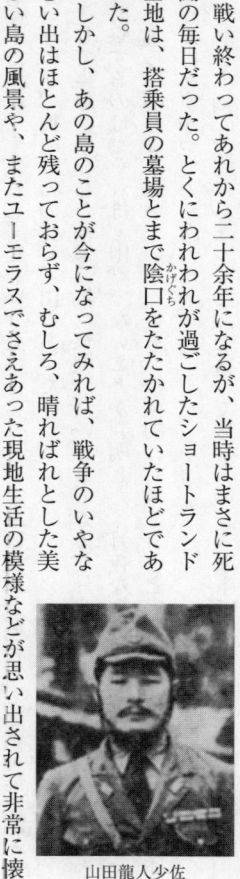

連日連夜の悪戦苦闘も、ただ勝つためにはと頑張れば、なんでもないことであった。激戦また苦戦、そしてついに可動機ゼロとなってしまい、基地は開店休業の状態となったこともあり、あるときは敵の艦砲射撃で完膚《かんぷ》なきまで叩かれたこともあった。また、毎日きまって行なわれる敵大型機の攻撃には、いささか対応もマンネリ気味になっていたが、たまに油断していると、思いがけない小型機隊の超低空奇襲攻撃に驚かされることもあった。

それでも敵の空襲の合い間とか、味方機発進のあとには、まるで戦いを忘れたようなしじまが訪れる。整備員は黙々として、砂浜にひきあげた愛機の整備や補給に余念がない。そして搭乗員のあるものは幕舎で横になって休養をとり、またあるものは発進までの時間をヘボ将棋などをうち、愉快に過ごしている。夕刻などに哨戒機を出したあとには、どこかの幕舎から静かなメロディーが流れてくることもあった。

ここショートランド基地は、ソロモン諸島の西北部、ブーゲンビル島の東南方ショートランド島に第一基地があり、対岸のポポラング島に第二基地があった。

島全体は、うっそうと茂ったジャングルになっていて、海岸の大部分はサンゴ礁で、マングローブという水陸両性の灌木が水ぎわまで生い茂っているが、両島の間の水道に面した海岸には砂浜と椰子《やし》林があり、そこには教会のあとや土人小舎が残っていて、それらは水上機隊の指揮所や、士官の宿舎などに利用されていた。また、第一基地に近い丘の上には、元コプラ会社駐在員の社宅があって、ここに第十一航空戦隊の司令部があった。基地前方の水道は絶好の水上飛行場になっており、この基地における水上機隊の最盛期には、水戦、観測機、水偵、そして大艇が勇ましい水しぶきをあげて、しきりに発着したものである。

椰子の木かげにつくった兵舎

隊員たちの居住は、第一基地では椰子林にテントを張ってパネルを敷きつめ、その上で起居していたが、生活の知恵とでもいうか、乏しい中で創意工夫をこらし、少しでも住みよい楽しい家づくりにつとめた。

椰子林といっても、近くによく茂った大木のかげなど利用できるところは、その下にテントを張り、なお屋根の上には椰子の葉などをのせて、できるだけ上空からの視認を避けるようにした。そしてテントのまわりには、クロトンや椰子の若木を植えた。

また、ドラム缶の風呂の味もなかなか忘れがたい。戦地で、しかも最前線にいて風呂に入れることは、つくづく有難いと思った。しかし、掘立小屋式でスノコ張りの便所はあまりいただけなかった。

防空壕はドラム缶に土砂をつめたものを立てならべ、その上に椰子の木を横にして数段つみかさね、さらにその上に、土嚢や土砂をかぶせたものであった。というのは地下水が浅いので、地下壕を掘るわけにはいかなかったのである。ほんの申し訳程度のもので、直撃弾を食らったらひとたまりもない代物《しろもの》であったのに、あれだけ砲爆撃をくらいながら人員の損傷がきわめて軽微だったのは不思議である。

第二基地ではテントのほかに組立式の建物もあり、防空壕なども少しは上等であった。

私は昭和十七年末に、水上機母艦神川丸の飛行長を命ぜられ、内地からショートランド基地に赴任し、前任の江藤恒丸少佐と交代して第一基地の指揮官となった。

当時、第一基地には神川丸と国川丸の飛行機隊がいたが、昭和十八年四月十五日、これら両飛行隊をもって、あらたに第九三八航空隊が編成され、対岸の第二基地に移転した。それと同時に第十一航空戦隊は解隊され、それまで第二基地にいた水上機隊（第九五八航空隊となる）はラバウルに引き揚げていった。

その時から昭和十八年の半ばごろまでは、母艦の神川丸、国川丸などが、内地から飛行機をはじめ糧食、弾薬、酒保物品まで運んでくれたし、ラバウル根拠地からの補給もつづけられていたが、その後、米軍の反攻につれて、後方からの補給はますますとどこおりがちとなり、物資の欠乏はいよいよ深刻となっていった。

ブイン基地での大あばれ

一方、俄然、反攻に転じたアメリカ軍は、昭和十八年十一月一日にはブーゲンビル島のタロキナ岬に上陸し、あっという間にここに有力な航空基地をきずいたのである。

そのため、われわれ九三八空は敵の後方に取り残されたかたちとなってしまった。そこで十一月下旬、ブーゲンビル島の東岸を北上していったんブカ基地に移動したが、ここでも敵のはげしい砲爆撃にさらされた。しかも飛行機を隠すところがないので、ひとたまりもなく打ちのめされ、同年末にはついにラバウルまで後退することになった。

58-081

ラバウル湾内を基地とする958空の零式水偵。
足場のない水上機は整備が大変で、７人がかり。
機首下方は黎明薄暮出撃時の消炎排気管。
後席の旋回銃の装着状況がよくわかる

ここでは、司令だった寺井邦三大佐が病気のため内地に帰還されたので、明くる昭和十九年の二月に、私が後任司令を命ぜられた。そして、同三月、ブーゲンビル島にいた陸軍（第十七軍）のタロキナ総攻撃作戦に協力するため、わが九三八空はふたたびソロモン方面（ブイン）に進出することになった。

ところが、すでに制空権も制海権も敵の手にあった当時としては部隊の海上輸送はきわめて困難な状況であったので、移動人員を最小限度にしぼり、夜間に水上機で進出することにした。飛行機全機、主要幹部を数名、搭乗員は全員、そして基幹整備員若干名をひきいてブインに乗り込み、現地残留の旧二〇一空、二〇四空、五八二空（いずれも艦上機航空隊で、半年前に引きあげていた）の残党をあつめて、第二の九三八空を編成し、水上機の最後の一機までを駆使して戦った。

ブインはブーゲンビル島の東南岸にあり、同地区には第一根拠地隊の司令部およびその指揮下の各部隊が駐屯していた。そして、少し奥に入ったところに第八艦隊司令部があった。しかし、ブインの北方約五十キロのところには敵の有力なタロキナ航空基地があったので、水上機は昼間は海岸のジャングルの中、あるいはブイン川に引き込んでおいて、夜になるとやおら這い出しては存分にあばれまわったものであった。

きびしい食生活との戦い

さて、わが陸軍である精強の第六師団の面目をかけて行なわれたタロキナ総攻撃は、残念ながら完敗に終わり、すべてをこの一戦にかけて全力を出しつくしたわが方の食糧事情は、この後いよいよ悪化していった。

蛇やトカゲをはじめネズミやヤドカリの糞まで、片っぱしから食いつくしたのもこの頃である。椰子の実などはとっくの昔に取りつくされていた。浜ヒルガオの葉を食べてしびれがきたり、頭がおかしくなった者もあった。

前からしだいに減量されていた白米の配給量も、この頃ではほんの一摑みあるかないかで、芋粥《いもがゆ》をかきまわしては探したものである。仕方なく芋の葉や、芭蕉の根を海水で炊いたものをすすって、腹をごまかしたこともあった。そのうえマラリアや熱帯性下腿潰瘍、慢性下痢などにより、体力は衰弱する一方で、部隊によっては毎日数名の死亡者を出していたところもあった。

しかし、さいわいにもわれわれの隊は、先任部隊（すでに引き揚げていた前記航空部隊）の遺産があったのと、地曳網の活用などによって、栄養失調患者はきわめて少なかった。それでもマラリアや熱帯性下腿潰瘍などで休養を要するものが、いつも総員の三〇パーセントを下らなかった。

これまで航空戦の実施のために戦ってきたが、こんどは食生活との戦いだった。そのためにはじめた農耕作業は他の隊よりも立ちおくれていたが、タロキナ作戦の終了後、本格的に食糧の自給生産に力を入れることにした。

ところが、戦《いくさ》にも強かった水上機隊員たちは、農耕作業でも物すごい地力を発揮してジャングルを伐採し、開墾作業も芋さしもぐんぐんはかどった。処女地だけに芋のできも非常によく、昭和二十年のはじめころには、いちおう自給自足できるまでになった。

あるときは、命がけの芋泥棒を実砲射撃で追っぱらったこともあった。そんなとき、半年前の餓飢道時代を考えると、まるで嘘のような気がした。そして余裕ができると、あまった芋で焼酎や飴《あめ》をつくることもできた。

芋の生産がいちおう軌道にのったところで、こんどは陸稲の栽培をはじめた。陸軍から種《た》子籾《ねもみ》をもらってきて、はじめは種子をとるだけにしてだんだんと作付面積をふやし、将来は病人用および作戦用の米を貯蔵する計画を立てた。

私設〝漁取り隊〟は大繁盛

その次に行なったのは、食生活に必要な蛋白資源の確保である。手近なところにあるものは魚である。しかし、蛆《うじ》とハッパを使って沿岸の魚を濫獲することは厳禁され、司令部公認の特別漁撈隊（二隊あった）のみが一日数発のハッパをゆるされ、とれた魚は配給用として司令部に供出することにきめられていたが、漁獲量も少なく、しかもヤミに流れて実績はあがらなかったようである。

われわれの隊では、はじめ古蚊帳をつなぎあわせた網で小魚をとっていた。しかしそのうち網糸の材料が見つかったので、本格的な地曳網（約百メートル）の作製を計画した。

そのころブイン地区に設営隊が三隊あり、その隊長はいずれも私の碁敵で、ごく親しくしていたので、これに網つくりの計画を話し、漁夫出身者で網つくりの達者なもの約十名の派遣をたのみこんだ。もちろん、当時は総員の半数以上が病人である。設営隊から健全な人員の派出は望めなかったので、農耕作業などのできない、いわゆる軽業患者を出してもらって、病気の治療をこちらで引きうけることにした。

　給食事情も治療設備も航空隊の方がずっとよかったので、指名された元漁夫たちは喜んでやってきた。海岸の椰子の葉かげで、向こう鉢巻もかいがいしく網つくりにけんめいの、もと海の男らの顔色は、みるみる生色をとりもどしたかのようであった。彼らのなかにはもと網元をしていた者もいて、なにかと采配をふるっていた。

　網糸の材料は揚旗線をほどいた絹糸を使った。揚旗線というのは、軍艦のマストに信号旗を揚げ降ろしする索で、網糸を紐《ひも》編みにしたものである。これがブインの軍需部支部に多量に死蔵されてあるのをわが隊の主計兵曹が見つけ、物々交換でうまく入手したのである。

　この揚旗線をいったんほどいて絹糸をとり、ふたたびより合わせて所望の糸をつくる。糸より機には飛行機のエンジン起動用のエナーシャー（はずみ）三個をつかった。そして網元氏の計画どおり、網の中央部および袋網はこの絹糸をもちい、その外側は現地人が使用するウベルという木の皮の繊維でよった糸を、さらに外方のおどし網には飛行機用の偽装網を利用した。

　こうして約三ヵ月がかりで、みごとな地引網をつくりあげた。そしてこの網を、早朝と夕刻に空襲の合間をみて基地前方の海岸に入れたところ、雑魚が少量でがっかりするときがあるかと思えば、時には網が途中で動かなくなるほどの大漁もあった。こんなときにはとても自隊だけでは処理できないので、近隣の部隊に連絡して存分に配給してやった。

魚の種類は、二〜三キロもある大型の平鯵が主で、つぎがボラ、そのほかは雑魚であった。海軍の各部隊からだけでなく、あるときは遠く十七軍や、六師団司令部から会食用の魚の注文が来たことまであった。そしてこの魚の見返り品として、芋や野菜など大量の贈り物がわれわれの隊にぞくぞくと来たのである。

またその頃になると、現地産の葉煙草も十分にできるようになった。鮮魚あり、焼酎あり、飴も煙草もあり、本土決戦の気分に追いこまれている内地では、とてもこんな贅沢はできないぞ、と苦しい負け惜しみを言いながらの、ブイン基地での生活だった。

滑走路を無限の海にもとめた水上機

元 三菱航空機技師　堀越二郎
元 四五二空飛行長　高橋　勝
元 九三四空司令　木村健二

二式水戦についての感想　堀越二郎

二式水上戦闘機は、中島が海軍の命により零戦一一型に浮舟をつけて水上戦闘機に改造したものである。

なぜ海軍は零戦の親会社でない中島に、その水戦化改造を命じたかといえば、当時、三菱の設計陣が過重な負担に苦しんでいたということもあろうが、なんといっても浮舟型水上機にかけては中島の方が、設計製作ともに技量が三菱よりも大分上だったからである。

堀越二郎技師

愛知、川西もただ水上機ということにかけては中島にひけをとらなかったかも知れないが、中島が零戦を転換生産していたという理由で、文句なく中島が選ばれたものと思う。

中島は得意の単浮舟型を採用し、浮舟装着により当然劣化する方向安定と方向舵の効力をおぎなうために、垂直安定板と方向舵の面積を増し、主浮舟の取り付けられる胴体、ならびに翼端浮舟の取り付けられる主翼の応分の補強、浮舟そのもの、および水戦化にともなう海軍の艤装、取扱上の改造のすべてを、われわれではとてもできないような短期間にやってのけた。しかも一度でピタリと成功したことには、さすがは中島と感服するよりほかなかった。三菱としても、この同僚会社にたいし信頼と尊敬の念を新たにした。

太平洋戦争の緒戦において、日本の占領地域が太平洋上に急激にひろがったとき、北はアリューシャンから南はソロモンにわたって、陸上基地ができるまで、あるいは陸上基地の得られない島々にまっ先に進出し、第一線の守りを固めたのは本機であった。

九五〇馬力の水上機として、二三五ノット、三〇〇～四〇〇浬の行動半径プラス空戦あるいは八時間にもわたる耐空時間というすばらしい性能と、零戦固有の軽快円滑な操縦性をもって、少数ながらも敵の陸上機、艦上機を相手としたあっぱれな奮闘に、アメリカ軍は日本の水上戦闘機（観測機を含む）中の白眉という讃辞を呈している。

それ以上に、二式水戦は水上戦闘機として世界で新境地を開いたのではないかと思う。

本機の生産数が三〇〇機あまりにとどまった理由は、日本軍の膨張が早く止まって、水戦を使わなければならない場面がなくなったことと、陸上基地が立派にある場合には性能において水上機は陸上機に対抗できないという技術上の制約にあった。

占守島基地「二式水戦」の勇姿に想う

高橋勝

　私が北洋の波すさぶ北千島の占守島《しゅむしゅとう》に赴任したのは、昭和十八年七月十日である。当時の戦局は、アメリカの軍の反攻がようやく活発になりはじめたときで、二ヵ月前の五月にはアッツ島守備部隊の壮烈きわまる玉砕があった。

　しかし、ここ占守島は、そうした戦局の推移を知らぬかのように、意外にのんびりしていた。この島は北緯五〇度五〇分、東経一五六度三〇分にあるから、日本の最北端にあたり、カムチャッカ半島のロパッカ岬へは占守海峡をへだててわずかに六浬《かいり》。泳いでもわたれる近い距離だ。それゆえアッツ島玉砕の悲報に、占守島守備隊員はとうぜん緊張をみなぎらせていてもよいわけだが、それが案外淡々としているので、私はいささか面喰ったかっこうだった。

　それというのも、太平洋戦争の主戦場はいぜん南太平洋で、アメリカは面子にかけて自国領アッツ島を奪還したのだし、とうてい北千島に進攻できないと考えられたことにあった。

　ともあれ、この守備部隊の平和な顔に、北海の果てにたどりついた私の心は、なごやかにされたのであった。そこで私は、この島につくとすぐ挨拶かたがた船から運んだ酒をみやげに、陸軍部隊の兵舎を訪れたくらいだった。

高橋勝少佐

こんなわけで、隊員そのものの生活も平和なものだった。食糧事情もよかったし、慰安のための品々も豊富だった。隊員たちは基地になっている別飛沼《べっとびぬま》に釣りをたのしみ、マスなどの魚を釣ってきては夜の食膳をかざっていた。

隊員の宿舎はテントを張ったものである。丘陵の斜面をならして、そこにテントを張り、ちょとしたキャンプ生活を楽しんでいるかのようだった。敵の空襲に際し、損害を少なくするため、テント間の距離をはなして設営されたから、夜の巡検のときには一時間半もかかった。もちろん、敵機の来攻にそなえて飛行機の整備は万全を期した。

占守島に配属された兵力は、海軍二百人、飛行機として二式水上戦闘機十二、二座水偵六機であった。この航空部隊は四五二航空隊と呼ばれ、第十二航空艦隊の指揮下にあったのである。

アッツ島で玉砕し、キスカまた撤退作戦を実施しようと計画していた当時では、いわば、ここが北辺の鎮護をあずかる最前線基地であり、重要な拠点であったわけである。といっても、守備隊員のだれの顔も明るく、防空壕などつくる気も起こっていなかった。

「南方では、防空壕を掘っているんだとさ。そして、空襲のときはその中に退避するそうだ」こんな悠長な会話がかわされる占守島の風景であった。

島の地形は、いくらかの起伏はあったが、だいたい平坦で、いたるところに沼沢がある。この幾つかの沼沢の一つである別飛沼が、われわれの水上機基地だった。この沼の弓なりの岸にそって、後尾をならべて待機する二式水戦の勇ましい英姿は、まことに頼もしかった。

ところで、この島は防空設備がすごく粗末なものだった。見張りの当番兵はいるが、ヤグラを組んで高いところから見張るのでなく、兵の小高い場所に立って見ているにすぎない。サイレンも手動式のものしかない。

こんな事情だったから、敵機の発見はほとんど自力ではできなかった。いつも、隣島の幌筵島にある司令部からの無電にたよっていた。当番の将校が幌筵島からの無電を聞いて敵の来攻を知ると、自分でサイレンを鳴らして、全員に空襲を知らせるといった原始的な方法だった。

こうして敵の来襲が告げられると、こんどは大変である。基地に待機している飛行機に隊員はいっせいに飛び乗り、同時に飛び立つのだから。各機がちょうど円の中心に向かって同時に飛び立つかたちになるから、見ていてはらはらする。さいわい、搭乗員の練度が高く技能がすぐれていたから事故は起きなくてすんだが、身の縮む放れわざを見せてくれた。

それというのも、敵の来攻がすくなく、そのうえ低空で飛来するから、発見したときはすぐ近くに来ているので、こうしないと間に合わないからだ。

占守島の一年は真夏の三ヵ月である。その他の月は深い雪にとざされた沈黙があるばかりだ。そのため、守備隊の責任も三ヵ月だったが、一年を通じてこの島を護る人は別所さん一家だった。別所さんは四季を通して、この方面の気象を研究していたので、私たちはよく飛行作業に大敵な霧の発生や、発生中の霧の消散の時を教えてもらった。ついには彼を軍の嘱託にむかえて航空気象の予報を担当していただくようになった。

占守島に雪の消えるのは七月である。そして、ストーブのいらぬ八月には、百合、あやめ、桔梗《ききょう》などが、三十センチほどの茎の上に造花とみまがう可憐な花びらを咲かせて、隊員の心のすさびをなぐさめてくれる。

しかし隊員の服装は内地の真冬の身仕度であり、寂しい夜の寝具には、毛布を九枚も十枚もかけねばならないのだ。こうしたなかで守備隊は黙々と働いたのである。

飛行艇も水上機の仲間　木村健二

一般に水上機といえば、浮舟《ふしゅう》（スロート）をつけた飛行機と考えられるが、胴体を舟にした飛行機、すなわち飛行艇も水上機の一種である。

海軍航空が大正元年（一九一二年）にファルマン式行燈《あんどん》飛行機で発足して以来、大正年間はイギリス、フランス、ドイツなどの各種飛行艇や水陸両用機を実験的に使用したが、その中で実用になったのはイギリス製のF5型飛行艇だった。これは昭和八年ごろまで使われ、その間に佐世保〜上海間の往復二五〇〇キロの長距離飛行など多くの当時における記録的長距離飛行を行なった。

このF5型飛行艇に再三の改良をくわえて、昭和四年（一九二九年）に純国産の一五式飛行艇が生まれ、サイパン往復などの記録的長距離飛行を行なった。ついで八九式、九〇式一号、二号、九一式の各飛行艇をへて、昭和十三年には四発の九七式大型飛行艇が生まれ、さらに昭和十六年三月には二式大型飛行艇ができた。

この両大型飛行艇（川西製）は世界的な優秀機で、二式大艇についてはアメリカでは「驚嘆すべきもの」といっている。

二式大艇は乗員十名で、発動機は空冷一八五〇馬力四基、全備重量二万四五〇〇キロ、最大速度は四五五キロ／時に達し、航続距離は三八〇〇キロ～七二〇〇キロ（偵察状態）もあり、二五〇キロ爆弾を八発も搭載できた。

飛行艇はその大きな航続力と搭載力とを利用する遠距離の哨戒、偵察、攻撃や人員、物品の輸送などを主任務としていた。上海事変や支那事変は陸上での戦闘に終始したので、飛行艇の活躍場面がほとんどなかったが、大東亜戦争では、九七式大艇は戦争初期から中期にかけ、二式大艇は戦争全期を通じてその本来の諸任務を遂行、活躍した。

その例をすこしあげておこう。

真珠湾では傷ついた艦船を大馬力で修理しているので、これに一撃をくらわせようと昭和十七年三月に二式大艇（橋爪大尉が指揮、操縦）は、マーシャル群島内のウォッゼ基地を出発し、途中、ハワイの西方約五〇〇浬のフレンチフリゲート環礁内にあらかじめ潜入していたわが潜水艦から燃料の補給をうけたうえ、夜間航法もみごとに真珠湾上空に達した。このとき運悪く満天の雲だったので、推測爆撃で二五〇キロ爆弾八発をブチ込んで、敵兵どもの心胆を寒からしめたのであった。

また昭和十八年から十九年にかけ、ラバウルにある主として飛行機搭乗員や整備員を救出するため、二式大艇は夜間にサイパン～ラバウルの往復を延べ十五機実施し、計六百名を敵軍包囲のラバウルから救出した。

なお、水上機には特殊な利点があるので、いまでも日米ともこれを利用している。とくに飛行艇の開発には熱心に努力している。

世界に類なき破天荒の水爆 晴嵐　木村健二

晴嵐《せいらん》は二座の水上爆撃機で、八〇〇キロ爆弾または魚雷一本を搭載して、急降下爆撃または魚雷攻撃ができるという代物《しろもの》であった。発動機は液冷一四〇〇馬力一基、自重三三一〇キロ、航続距離一万三千キロ、実用上昇限度は九六〇〇メートルに達し、さらに最大速度は四七〇キロ／時に及んだ。

支那事変に主力戦闘機として活躍した九六式艦上戦闘機の最大速度は四〇四キロ／時、有名な零式艦上戦闘機が五六〇キロ／時だったのだから、この水上爆撃機の最大速度は両戦闘機の中間に及んでいたわけである。

また、本機は敵戦闘機と遭遇した場合など、必要のさいにはフロートを落下して空中性能をよくすることができるように設計されていた。海軍航空技術廠の設計で、愛知航空機が製作した。

この驚異的水爆は超大型潜水艦に搭載する計画で、昭和十八年一月に試験飛行をおわり、終戦までに二十八機が生産された。超大型潜水艦は昭和十九年から二十年にかけて竣工したが、それは伊四〇〇潜、伊四〇一潜、伊四〇二潜、伊一三潜、伊一四潜の五隻で、伊四〇〇潜（伊号第四百潜水艦）級は排水量五七〇〇トンもあり、航続力は八万キロにおよび、世界を二周し得るというすばらしいものであった。

伊一三潜（伊号第十三潜水艦）級でも排水量三七〇〇トン、航続距離五万キロに及んだ。

この伊四〇〇潜級には晴嵐を三機、伊一三潜級には二機を搭載することになっていた。


ところでこの超大型潜水艦に晴嵐を搭載し、パナマ運河を爆砕する計画があった。私も実際にパナマ運河を通航し調査したことがあるが、周知のとおり、パナマ運河は太平洋側と大西洋側との海面の高さが違うので、通航する艦船を段々に上方へ上げたり、反対に下方へ下げなければならないので、ドックのような複雑な機構を設備している。

だから、これを爆砕されると、アメリカの作戦上には大きな影響があるはずである。また、この潜水艦と晴嵐とをもってすれば、アメリカの太平洋側でも大西洋側でも、どこでも爆撃し得るのであった。


しかし、これをもって敵に一泡も二泡も噴かせんとした矢先に終戦になったのであった。思うに、この超大型潜水艦と晴嵐とは世界に比類のない破天荒のものであって、永く世界の歴史に残るものであろう。

日本海軍「飛行艇隊」の航跡と最後

元 詫間空飛行隊長・海軍少佐 日辻常雄

日本海軍飛行艇の歴史をみてみると、昭和初期までは研究機として二〜三機があったていどであるが、本格的な飛行艇としてはF5式、昭和四年に一五式、つづいて八九式、昭和九年に入ると九〇式二号の国産飛行艇が館山〜サイパン間の往復飛行に成功している。

それとほとんど同時に九一式が兵器採用されている。九一式は当時としてはなかなかの優秀機で、六年間ちかく使用され、南洋群島の基地調査、日中戦争などに活躍していた。

日辻常雄少佐

昭和九年にいたり、海軍は川西航空機にたいし、大型長距離行動用の飛行艇開発を要求することになった。これがいわゆる九試大艇であり、制式化されて九七式飛行艇と命名された。

海軍としても初めての四発機であり、大型か中型かの議論もあった。海軍が自力で十一式中艇（双発）を開発して、両者を比較検討した結果、川西の九七式大艇の方がはるかに優秀だったため、九七式大艇を兵器採用したのである。

九一式と比較すると、性能面で格段の進歩をしていた。二式大艇誕生までは、世界的な傑作機と称せられていた。洋上はるかに進出して、水上目標（敵艦隊）の索敵が主任務であるが、雷爆撃も実施した。当時、日本の委任統治領として、南洋群島の天然水上基地を活用することを狙っていたことはもちろんである。

九七式大艇の一号機が、昭和十三年に制式化されてから昭和十七年にその生産を停止するまでに、輸送用三十六機をふくめ二一四機を生産している。二式大艇が昭和十三年から試作に入り、十六年度から生産を開始したので、第一線兵力の更新のためにその生産をやめたのであるが、本機の作戦機としての寿命はわりあいと長く、約八年間におよんでいる。

二式大艇の四年間に比較すると、長命機といえよう。これは本機の優秀性を物語るもので、操縦性・安定性・信頼性ともにすぐれていた。その歩んできた実績をみると、二式大艇のような華々しい活躍はなかったが、海軍飛行艇の地盤をかため、教育訓練・南洋群島基地開発作業、太平洋戦争における地味な奮戦、レーダー索敵の端緒をひらいたほか、遠距離哨戒、輸送などに大きな功績をあげており、総合的には二式大艇をしのいでいたと思う。

横浜航空隊（浜空）は、飛行艇専門の部隊として昭和十一年十月一日、横浜に開設された。九七式大艇が最初に配属された部隊であり、昭和十三年には三個飛行隊、計十八機を保有した。

戦前から南洋委任統治領の戦略的価値が重要視されており、昭和十四年七月から横浜航空隊の九七式大艇をもってする南洋行動が大々的に開始され、訓練もかねてマーシャル群島方面の基地調査が狙いであった。ヤルート、ミレ、メジュロ、マロエラップ、ウォッゼ、クェゼリン、エニウェトクなど環礁地帯の天然の水上基地・陸上滑走路を建設するための調査に、意欲的にいどんでいった。

このような南洋基地開発面にたいする九七式大艇隊の貢献度は、ほかに真似《まね》のできない大きなものがあった。飛行艇隊自体は、南洋における基地作業、外洋発着水、洋上での艦船からの燃料補給、夜間訓練に励むとともに、マーシャル群島南方の英領ギルバート諸島の隠密偵察など、対米戦の準備にもぬけ目がなかった。

昭和十四年八月には海軍小演習に赤軍として参加し、マーシャル群島を基地として、瀬戸内海西部に停泊中の青軍連合艦隊を長駆奇襲し、低空雷撃を敢行して長距離機の威力を全海軍にしめしたのである。

これは、開戦初頭の真珠湾攻撃に大きく反映したことはいうまでもない。いっぽう、大艇隊の任務は遠距離偵察専門と考えられていたが、九七式大艇の出現により、要すれば雷爆撃による長距離奇襲攻撃も可能という点で、ひとつの大きな示唆をあたえることになったのである。

横浜航空隊は、九七式大艇の量産と搭乗員の充実にともない、当時、九州の佐伯において準備を進めていた新編東港《とうこう》航空隊飛行艇隊に兵力を増援し、浜空、東港空ともに南洋行動で実力を養成していたが、昭和十五年十一月十五日、あらたに東港航空隊が台湾南西端の東港に開隊したのである。

両者まったく同等の兵力で、それぞれ九七式大艇二十四機を保有した。これで開戦を迎える飛行艇隊の準備はまず整ったわけである。

九七飛行艇隊の行動

一言にしていうならば、太平洋戦争における九七式大艇は先発投手であり、二式大艇がリリーフ投手の役を果たしたといえるだろう。

開戦にそなえてあらゆる準備——搭乗員の養成、戦闘訓練、対米戦における大艇隊の戦法、前進基地の設置などは、九七式大艇によってすべて築きあげられていたものである。なお、九七式大艇が最大の犠牲をはらったソロモン海の激闘における数々の教訓と対策は、ことごとく二式大艇に反映されていったのである。

ここで、九七式飛行艇隊の行動をみてみよう。

横浜航空隊（八〇一空）は昭和十六年十月九日、横浜基地を出動し、ヤルートへ向かった。ウォッゼで開戦を迎え、その他に外南洋に展開した。それが昭和十六年十一月から明くる十七年四月までで、ラバウルは十七年一月、ショートランドが十七年四月、ツラギが十七年五月で、この年の八月九日、地上部隊は玉砕した。

再建された八〇一空は昭和十七年十月一日に横浜基地で再編成され、一部はアリューシャン（十八年五月）へ行ったが、十九年九月に東港へ進出し、その十月には指宿へ帰り、昭和十九年十一月から終戦まで香川県西北部の詫間に布陣した。

また東港航空隊（八五一空）は昭和十六年十一月九日に東港基地を出撃し、十一月にパラオへ、そして十二月にはダバオへ進出し、十七年一月にケマ、二月にアンボン、チモール、三月にアンダマン、一部はアリューシャン（五月）へ行き、九月にショートランド、ふたたび東港へもどって昭和十八年四月にスラバヤ、五月にアンダマン、六月シンガポール、ここでダバオ、サイパンなどに展開した。そして昭和十九年九月二十日、東港において解散し八〇一空に併合された。

さらに十四航空隊（八〇二空）は昭和十七年四月一日にヤルートで開隊し、外南洋群島に展開したが、一部はショートランド（十七年八月）へ行き、本隊はサイパン（十八年十一月）に展開していたが、昭和十九年四月一日、サイパンにおいて解散し八〇一空に併合された。

横浜航空隊

開戦前から南洋行動をしていたが、本格的には昭和十六年十月九日、横浜基地から出動（九七式大艇二十四機）して、十月末にはすでに外南洋各基地に展開を完了していた。開戦を本部がヤルート、飛行隊主力がウォッゼにおいて迎え、第一撃はハウランド、オーシャン、ナウルなどを爆撃した。しかし、ハワイ空襲の華々しい戦果のカゲにかくれて、一般には知られていなかった。

昭和十七年一月二十三日、わが軍がすでにラバウルを攻撃したのに応じて、一月二十七日には横浜航空隊の先発隊がラバウルに進出した。

珊瑚海海戦、ポートモレスビー攻撃にそなえ、ソロモン列島ガダルカナルを手中におさめるのを待って横浜空全力がツラギに進出し、ソロモン南東海域の哨戒を開始した。

十四航空隊

横浜空のソロモン方面展開で、外南洋方面の哨戒が手うすになるため、あらたに十四航空隊をヤルートで新編し、横浜・東港各航空隊から兵力をさいて各隊九七式大艇十六機とし、飛行艇はここに三個航空隊が誕生した。

東港航空隊

昭和十六年十一月九日、東港基地をはなれ主力がパラオ基地に進出し、十一航空艦隊（基地航空部隊）のもと進攻作戦部隊として比島、ニューギニア方面の広範囲にわたる哨戒任務を担当していた。

パラオで開戦を迎えた後、比島、セレベス、ボルネオ、ジャワ、オーストラリア、インド洋と、めまぐるしい展開をくりひろげ、アンダマン基地に集結して、主として西方海域の警戒にあたっていた。なお、昭和十七年五月に東港空支隊を編成（六機）し、アリューシャン作戦を支援するためキスカに転進している。

かくして緒戦期においては、北はアリューシャン、東は外南洋からハワイ（二式大艇）、

ソロモン方面ショートランド基地に展開した横浜空と東港空の九七大艇

南はソロモン、オーストラリア北辺、西はインド洋と、太平洋戦争全海域を四十八機の九七式大艇がかけめぐっていたのである。

このころ制式化された二式大艇は、いまだ五機にすぎなかったが、開戦の三ヵ月後にはハワイ空襲を敢行するという華々しいデビューを飾っている。

昭和十七年八月七日、米軍の本格的な反攻が具体化してきた。その第一陣が、悪天候をおかしてツラギ、ガダルカナルへの奇襲攻撃をかけてきたのである。この日、ツラギから早朝出撃準備中の横浜空九七式大艇約十機は、洋上で敵機の来襲をうけ、搭乗員もろとも血祭りにあげられるという悲劇がおきた。それにひきつづき、米軍のツラギ奇襲上陸をうけ、八月九日、横浜空はついに玉砕し、わずかにラバウルに待機中の九七式大艇六機が難をまぬがれたにすぎなかった。

ソロモンの決闘はガダルカナルにたいする米軍の奇襲上陸に端を発し、彼我の海空戦は、まさに死闘をくりかえしていったのである。ついには山本連合艦隊司令長官が戦死するという一大悲劇まで起きた。大艇隊は、西方に展開していた東港航空隊がソロモンに転戦するまでのつなぎとして、外南洋の十四航空隊の一部がショートランド基地に進出して哨戒を継続していたものの、それには焼け石に水で、未帰還機続出の状況であった。

九七大艇で果たしたB17撃墜

東港空がアンダマン、ニューギニアを撤収してショートランドに馳《は》せ参じたのが昭和十七年九月である。横浜空の玉砕後、昭和十八年二月ソロモンを撤収するまでの約五ヵ月間に、十四空と東港空の九七式大艇十六機、約一五〇名の搭乗員がソロモンの海に空にと消え去ってしまったのである。

玉砕こそしなかったが、この間、横浜で再建中の横浜航空隊から機材人員を補充しつつ、なんとかソロモン海の哨戒を持続することができた。思えばソロモンこそ九七式大艇の最後の死所であり、墓場であったといっても過言ではない。

当時の索敵機としては、あれだけ長距離の哨戒をやれるのは、大艇をのぞいてはほかになかった。中攻があるにはあったが、攻撃兵力の必要性からみて哨戒兵力にまわすことは困難であったと思う。さりとて、当時の航空機の捜索兵器としては、日米ともに電子兵器はまだ実現しておらず、見張りが唯一の索敵手段であった。ただひとつちがっていたのは自機防護力である。

ソロモンの索敵兵力は米軍がB17であり、日本は九七式大艇であった。日本機は飛行艇にかぎらず性能要求が優先で、人員機体の防護力は軽視されていた。大和魂だけでは勝てないのは当然である。

速力は大型機同士の空戦では重要な問題ではない。自機の防護力と射撃能力が勝敗を決することを私はソロモンの死闘の中から学びとったのである。一二センチ双眼鏡を唯一の索敵兵器として、超低空十時間、機内温度三〇度以上、蒸し風呂の中で目を皿のようにしての索敵行動の苦しみは、筆舌にはつくしえないものがある。

飛行艇は鈍重なるもの、戦闘機には歯が立たないと決めてかかってなんら改善策もほどこさず、前線へ前線へと進出させて使っていたところに、ソロモンでの悲劇が起こったものと私は考えている。

私にとって忘れられない空中戦がある。私の生還によって前述のような不備が証明され、十七番目の未帰還から脱出したが、以後、飛行艇隊の士気が向上し、哨戒における未帰還の悲劇がしばらくの間、とだえる結果を生じたのである。

昭和十七年十一月二十一日、私は十七番目の未帰還を覚悟のうえ、十名のクルーとともに九七式大艇に乗りこんだ。ガダルカナル島南方一〇〇浬の洋上で、右後上方から追尾してくるB17一機を発見、しばらくそのままで索敵をつづけた。しかし、いっこうに挑んでこない敵の様子から、敵は戦闘機を呼んでいるとみてとったので、当方から積極的に突っ込んでいった。

九七艇は鈍重というが、旋回運動は速力が小さいだけに軽い。あわてた敵の下を反航しながら、尾部の二〇ミリ機銃を射ちこんだところ、幸いにも敵の内側エンジンから火を噴いた。敵は煙につつまれながら、ガ島の方向に姿を消していった。

このままで終わるはずがない。急いで朝食の弁当を開いていると、「敵機っ」と叫びながら副操が指さした。べつのB17が一機、雲間から突っ込んできた。時計をみると午前七時四十分、逃げたあいつが呼んだにちがいない。高度五〇メートル、全速でUターンすると基地に向かった。スコールが目に映ったからだ。生還はできないが、少しでも基地に接近したい

めた。

警戒のブザーを押して、指揮官席に立ちあがる。敵は高速でわが針路を抑えるようにどんどん先行していったが、まもなく前方から突っ込んできた。両者はほとんど同時に射ちはじめた。

おたがいに弾着は後落していた。その後、敵はジグザグ運動でわれと交差しながら前方銃と尾部の機関砲を射ちまくりながらたくみに運動してきた。

〝こいつだっ〟とたんに、私の頭の中にひらめいた。

〝今までの未帰還機の相手は戦闘機とばかり信じていたが、哨戒機同士の空戦なのだ。相手はB17だ。こいつはすでに何機か味方を喰っているぞ〟

今日はなんとしてもただでは還さんぞっ。猛然とファイトがわいてきた。相手は高速のために旋回圏が大きい。接近するのを待って、こっちは急旋回しながら尾部の二〇ミリ銃を活用した。相互に相手の曳痕弾の中につつまれているのがよくわかる。

五撃目、敵の一三ミリ弾一発が飛び込んできた。電信員と搭整員が倒された。電信員は左腕を吹き飛ばされながらも、「ヒ」連送をやめなかった。血と硝煙のなかで、私は覚悟を決めた。

拳銃に装塡した。体当たりすることを決めると、少し落ち着きがでた。そのとき敵が逆に低空で突っ込んでくるのをみて、副操がいきなり機首を抑えたため、敵はわが尾部の後下方三〇メートルを通過するかたちとなった。「ここだっ」とばかり尾部銃が一弾倉を射ち込んだ。手応えは充分だ。B17はわれに覆《おお》いかぶさるように接近したが、このとき私の目に敵の全機銃が、あらぬ方向に向かっているのが映った。

われわれは勝ったのだ。敵は大きくバンクして雲の中に姿を消していった。最期は見届けられなかったが、だいぶ白煙を噴いていた。致命傷をあたえたことは確実である。わが方も重傷二名、艇底に被弾して大穴があいている。燃料タンクは全部やられていたが発火しなかった。消火装置がきいていた。調査の結果、一時間半分の燃料が残っていた。

四十五分間の空の決戦は終わった。雨の中をしゃにむに飛んで基地にすべり込み、砂浜にのしあげた。ときに午前十一時半、重傷者も生命に別状はなかった。被弾九十七発、二番エンジンは火災を起こしながら自然消火していた。かくして十七番目の未帰還は防止できたのである。

この空戦の教訓ならびに対策はただちに軍令部に報告され、大型哨戒機同士の空戦の真相があきらかにされた。そこで部隊からの要求がそのままうけとめられ、その対策の研究が空技廠に指示されるや、約一ヵ月後に現地で改修工事が実施されたのである。戦争とはいうものの、まことに迅速な処置であった。

まず東港空九七式大艇の操縦席と射手席に防弾鋼板が、燃料タンクに防弾ゴムが装着され、二〇ミリ機銃三梃が増設された。もちろん、作戦のあいまをぬって猛烈な射撃訓練が実施された。これらの対策は飛行隊の士気を盛りあげ、その後の哨戒においては、哨戒機の本分を忘れ、敵機をみればこれを追いまわすという武勇伝がよく聞かれたものであった。

それにしても、私の幸運な生還は、九七式大艇の防禦力を強化するとともに、その索敵行動を一新させるという大戦果をもたらしたのである。これらを二式大艇に反映させたことはもちろんのことである。なお、これら対策による重量増は約一・五トンであったが、設計面での予備重量内でまかないえたので、飛行性能には変化がなかったことは特記すべきである。

日本機初のレーダー索敵行

緒戦期においては、日米ともに航空機による哨戒は、目視が唯一の手段であった。電波兵器もまだ実現せず、視界不良時や暗夜の哨戒はほとんど実施されていなかった。

ソロモン方面の激戦がつづいて、大艇をはじめ哨戒機の消耗が目立ってくると、中央も視界不良時や夜間哨戒の励行により、少しでも哨戒機の被害を局限すべく、当時、空技廠で研究中の試作レーダーを、さしあたって実験もかねてソロモン方面の大艇に装備することになった。


昭和十七年十二月、私が兵力補充のため横浜航空隊に派遣されたさい、その空輸機三機の出発まぎわに一昼夜の突貫工事で空技廠みずからの手でレーダーを装備した。

時間不足のため仮装備とし、関係技師数名と予備品を積み込んだまま、ショートランド基地に進出することになった。現地のはげしい空爆下にあって懸命な工事をつづけるとともに、作戦のあいまを利用し、機上電信員たちにレーダーの取扱講習を実施し、なんとか使用しうる域に達することができた。教える者、教わる者とも、まことに真剣そのものであった。

この初歩のレーダーはヒゲ・アンテナであり、飛行艇がブイ係留するたびに切損してしまうという邪魔物であったが、そのつど交換していた。

ちょうど同一時点（十二月）に来襲するB17の機首についた長い槍が目につきはじめた。やはりレーダーであった。アンテナに関するかぎり、日本の八木式アンテナよりも一歩先んじていた。これがレーダー索敵のはしりであり、日米ともにソロモンで、昭和十七年十二月下旬のことであった。

年があけて昭和十八年一月、私は初めてレーダー搭載機で夜間索敵にでた。島ひとつない洋上にでたとき、とつぜん声があがった。

「前方一五浬、敵艦っ」自信ありげな報告である。正直なところ、私は目視確認しないかぎり信用できなかった。

「よーし、俺が確認する」

そのまま十五浬ほど進撃すると、まさに闇夜に鉄砲、敵艦隊の一斉射撃をうけ、あわててUターンするという笑い話のようなことがおこった。

レーダーによる敵艦隊の捕捉、これが日本機のレーダー初陣の成果である。それを九七式大艇がやったのである。これで索敵力は倍増し、機体防護策もできた。さらに射撃能力も一段と向上した。夜間哨戒も喜んで実施した。

まさに九七式大艇は鬼に金棒の条件をそなえたのであるが、ソロモン方面は奮戦むなしく敵手におち、大艇隊もやむなく台湾東港基地に撤収せざるをえなかったのである。

第一線を二式大艇にゆずる

昭和十八年二月、ソロモンの激戦場を去り、東港基地に一時翼をやすめ、態勢をととのえることになった。ここで九七式大艇は十機、二式大艇五機がくわえられた。大艇にはすべてレーダーが装備された。

大艇隊も数字名に名称が変更されていたが、八〇一空（横浜空）はもっぱら日本本土を基地として、北方および東方海域に警戒の目を向けていた。八〇二空（十四空）は内南洋に腰をすえていた。八五一空（東港空）は態勢をたてなおすと、昭和十八年五月、ジャワに進出し、インド洋方面の哨戒を開始した。二式大艇は長大な航続力をいかしてもっぱらオーストラリア、インド方面の要地夜間攻撃に任じ、九七式大艇は本来の索敵任務に専念していた。

いっぽう戦線が拡張すると、補給支援がきわめ

オーストラリア方面爆撃を前に、ラバウル湾内で翼をやすめる二式大艇

て困難化してきたので、昭和十八年十二月十五日、連合艦隊と併列し、対潜作戦を主任務とする海上護衛総隊が誕生した。すでに十八年五月ごろから第一線機を二式大艇にゆずった九七式大艇は、数かずの武勲を残して対潜部隊九〇一空に配属がかわり、東港を基地として護衛作戦に専念していた。

なお台湾沖航空戦（十九年十月）においては、九〇一空の九七式大艇が夜間レーダー索敵隊として活躍し、敵機動部隊数群を捕捉して本格的レーダー索敵の端緒を開いたのである。

昭和二十年四月、八〇一空合併後も、沖縄攻防戦において二式大艇の補充兵力として、夜間哨戒、輸送作戦と活躍したのであるが、終戦時にはほとんどその姿を消してしまった。

九試大艇として誕生していらい約十年間、日中戦争、太平洋戦争全期間にわたって九七大艇はよく任務を全うし、戦い敗れたりとはいえども、大型飛行艇の本領をよく発揮しており、二式大艇に勝るとも劣らぬ名機であったといえよう。

「決号作戦」の現実

昭和二十年に入り、米軍の急進撃にともなって、わが方の戦線は縮小される一方であった。八〇一空、八〇二空、八五一空、九〇一空と第一線の飛行艇隊も、最後には八〇一空一隊に合併され、飛行艇の生産停止とあいまって、全国に散在していた可動機をすべて八〇一空に集結、四国の詫間が飛行艇の最後の作戦基地となった。

昭和二十年二月十日、日本の運命を背負った海軍の第五航空艦隊索敵隊として決戦にのぞんだ八〇一航空隊の主力は、二式大艇十二機、搭乗員二十組であった。その後、補充機をふくめると、終戦までに合計二十四機の二式大艇が詫間に集まったことになるが、これが最終的な機数であった。

そして、さらに戦局の逼迫《ひっぱく》する二月二十五日、五航艦内の編成替えで八〇一空飛行艇隊は、詫間航空隊飛行艇隊と呼称が変更（兵力はかわらず）された。

そうこうするうち三月二十六日、米軍の沖縄攻略はその第一歩を慶良間諸島にしるすことによって開始され、ここにいたりわが国は、天一号作戦の発動をもってこたえた。

ついで四月一日、いよいよ米軍が沖縄本島に上陸するや、五航艦は菊水作戦を発動し、全力特攻を開始した。同時にわが大艇隊も、ウルシー第三次丹作戦およびトラック島にたいする挺身輸送、夜間索敵などに死闘を展開したが、六月末には残存兵力もわずかに二式大艇六機が残るのみとなってしまった。

やがて六月二十一日、沖縄戦は事実上、玉砕という悲劇をもって終幕をとげ、米軍の本土進攻は必至の体勢となった。それいらい兵力の温存につとめながら、本土決戦配備にうつらせざるをえなくなった。

八月五日、「決号作戦警戒」が発令されたが、このころより敵艦上機の来襲がひんぱんとなり、わが詫間基地においても昼間の使用は困難となった。そこで大艇隊は能登半島七尾基地に大艇を隠匿し、一部は隠岐島に避退、宍道湖《しんじこ》をこれらの中継基地として、詫間に作戦本部をおいて夜間のみの発着基地として使用していた。

ところが昭和二十年八月九日、にわかにソ連が参戦するにいたって、日本海もすでに安住の地ではなくなった。そこで八月以降は、米軍の本土来攻を待ち伏せるかたちで、事実上、五航艦の本格的攻撃は中止され、特攻隊のみが還らぬ沖縄突入をくり返していたのである。

いっぽう大艇隊が詫間に集結し、五航艦に編入されて死闘を開始した二月十日以降、七月末までの六ヵ月間に、未帰還および地上において炎上、破壊などをふくめ二式大艇二十機、九七式大艇四機、人員二〇四名を失っていた。しかしながら決号作戦にそなえ、補充機の到着を期待しつつ、わが大艇隊にはなお十八組の精鋭が健在であり、もし必要ならば夜間戦闘機隊に転向して、一対一の体当たり戦法を計画するなど、士気はますますさかんであった。

ウラジオ突入ならず

八月十五日の正午、天皇の放送があるとの予告をその朝うけてはいたものの、われわれはそれこそ一億特攻の大号令と思い込んで、少しも不安はいだいていなかった。

正午の時報につづいて、とぎれとぎれのおんぼろラジオから流れる陛下のお声は明確に聞きとれなかったが、終戦の詔勅ということだけはわかった。これこそ作戦部隊にとってはまったくの寝耳に水、どうしても信じられなかった。一同は茫然と立ちすくむばかりであった。私はいまでもあの時の光景を忘れることはできない。敗戦——日本軍人にとってこれほど大きな衝撃はなかったのである。

司令はしばらくして、次に起こるであろうことなど予想もせずに説明する。

「さあ戦争は終わった。陛下の命令である。軍隊は解散になる。これからはそれぞれ故郷に帰って、新しい日本の建設をめざし、気ながに暮らしてゆくしかない」

「そんな馬鹿なことがあるものか、われわれはまだ戦える。俺はあくまで戦うぞ！」

だれかの怒号で、静寂はやぶられた。わめく、泣く、怒りの声がうずまいた。司令は顔色を変えて口をつぐんだ。だれかが日本刀を振りまわして、手当たりしだいに暴れはじめる。

そこには人間の赤裸々な様相がさらけだされていた。私は飛行艇隊を代表してそこにいたのだが、泣くなどという余裕は残っていなかった。一人黙々としてその場をはなれ、搭乗員の待つ飛行隊指揮所に足をはこんだ。室外で聞いていた私の部下たちが、いつのまにかこれまた黙って私についてきていた。

指揮所では搭乗員たちが整列して待っていた。ジーッと歯をくいしばって、なにかを必死にこらえている者もいたが、大部分の者はむしろ悟《さと》りきった顔で、私の指示を待っていたのである。

私はこのときほど、「人事を尽くして天命を待つ」という格言をしみじみと味わったことはなかった。飛行艇隊はやるだけのことをやった、全力を尽くしきって悔いのない戦をしてきた、そしていま敗戦という天命をうけたのである。詔勅を聞いたときの、これら飛行艇隊員がみせた諦観にたいし、私は飛行隊長としてただ深々と頭をさげるほかなかった。よくやってくれた——と。

連日連夜、戦友の未帰還に胸をしめつけられながら、明日は俺の番と覚悟を決め、苦しい戦闘をつづけてきた飛行艇隊とはべつに、ただ一度だけの出撃にそなえて待機中のみずからを、なんらかの手段で気持ちをまぎらわせていた特攻隊員の中には、死刑を免除された死刑囚にも似た気持ちで、あの詔勅をうけとめた者もいたことであろう。

生へのよろこびが、見かけの勇気となって日本刀を振りまわしたとしても、悟りきれなかった人間のなすことであり、責めることはできなかったであろう。だが、終戦の大命こそあったものの、停戦命令はだされておらず、依然、われわれは夜間の出撃準備をつづけていた。

十五日夜にいたり、五航艦長官の宇垣纒中将が艦爆で沖縄に突入し、部下のあとを追って散華したことが、訣別の辞とともに入電し、いよいよ戦争が終結したことを知ると同時に、明朝を期して各隊が行動を起こすかもしれないと予想された。

そこで、大艇隊も全力をあげて出動準備をすすめることにし、われわれも長官のあとを追うとして、いずれに目標を求めるかを議論した。その結果、飛行艇としては、沖縄突入は犬死にすぎない、最後になって卑怯にも参戦したソ連に一矢をむくいよう、沖縄に各隊の目が向けられているときだけに、意表をついてウラジオストクに突入してやろう、ということになった。

だが、宇垣長官のあとに着任した草鹿龍之介中将は、このことあるを予想してか、着任早々、その夜のうちに各隊に訓示した。それは次のような内容であったと記憶している。

『天皇の統率する日本軍隊はいまだ解散されてはいない。敵の軍門に下ったのではない。敵の攻撃再開にそなえて待機をつづけてゆく。天皇陛下はこれ以上、国民の苦しみを見ていることはできない、日本国民の安泰をねがうために、自分はどうなってもかまわない、とおおせられている。終戦を令せられた以上、われわれ軍隊はよく陛下の意を体して、軽挙盲動をつつしまねばならない……』

こうして、その後は一部の部隊をのぞき、涙をのんで〝陛下の軍隊〟として命令にしたがったのである。そして冷却期間をおきながら、部隊は解散の方向にうつっていった。大艇隊は八月二十一日、七尾に避退中の兵力を撤収し、詫間に集結することに決め、終戦処理に動きはじめていた。

中海に不時着した最後の飛行

終戦の当日、詫間基地には修理未完成の二式大艇一機、二式輸送艇（晴空《せいくう》）のほか、オトリ機として廃機の九七大艇二機が残っており、七尾には二式大艇の作戦機三機が避退していた。

その七尾基地の二機も、八月二十一日には基地を撤収し、ひさしぶりに詫間に帰投したが、ほかの一機（森機長）は天候不良のため出発がおくれ、日本海からの中国地方横断に難航しているうちに、詫間までの所要燃料に不足をきたしてしまった。

やむなく森機長は島根県東部と鳥取県西部にまたがる中海《なかうみ》に不時着水し、近くの美保航空隊（現在の航空自衛隊美保基地）にたいし燃料補給を交渉した。しかし美保航空隊においても部隊解散時であり、終戦処理に入っているため燃料の補給もすでに不可能な状態であった。

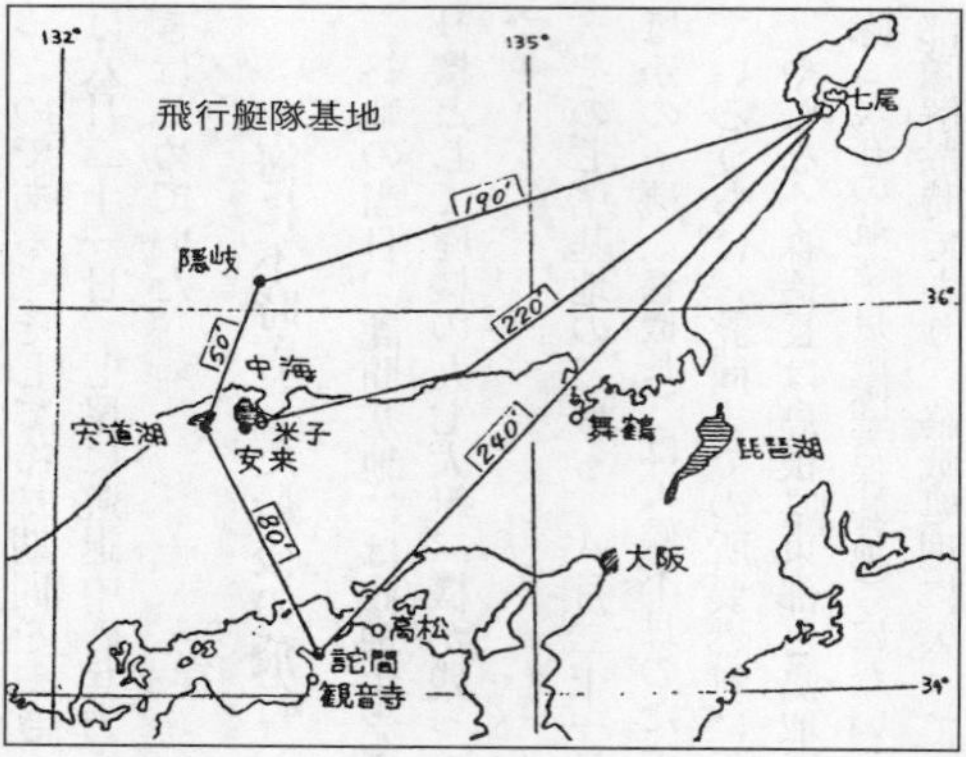

一方、八月二十日ころになると、五航艦関係は急速に解散し、隊員を帰郷させるよう指令がだされていた。私としては、八〇一空いらい生死を共にしてきた搭乗員たちと別れることはまことに辛いことで、一日でも長く一緒にいたかった、というのがいつわらざる心境であり、そこでなんとしてでも、森機を詫間までつれてきたかった。ただ当時、『五航艦は早く姿を消せ』という軍中央部の指令が、何を意味するのか了解できなかったために、われわれとしても焦らざるをえなかった。

とにかく、燃料補給の途がとざされた以上、現地に迷惑をかけたくなかった。そこで私は司令にたいし、現地処分のうえ搭乗員を帰隊させるべく意見をのべ、その承諾をえた。すでに通信の方法としては民間電報に頼らざるをえなくなっており、『大艇の機銃、無線兵器をおろし、銃撃により沈没させたうえ、陸行で帰隊せよ』と指示したのであった。

着水地点の概位は、中海・安来沖であった。投錨係留して上陸した搭乗員たちは、湖畔に整列し、愛機にたいし涙ながらに最後の訣別をした。町会長以下大勢の市民が集まって合掌し、搭乗員とともに、この大艇の最期をおしんでくれた。

大艇隊の解散

昭和二十年八月二十二日、詫間海軍航空隊は解散した。だが、飛行艇隊は計画のとおり一日おくらせた。隊員たちは一日も早く帰郷させたいが、せめて中海で愛機と訣別した悲劇のクルーを温かく迎えてからにしたいと、隊員一同の了解をえて二十三日解散が決まったのである。

私は、司令も了解していることだし、明日まで残っておられるものと思っていたが、司令から、御真影を海軍省に奉還せねばならぬので飛行艇を一機、横浜まで飛ばせ、と指示された。飛行艇隊の全員収容を見とどけてからではいけないのであろうか。

当時の私は、戦争には強いが修養不足、義憤を感じてカァーッとなるくせがあった。あの激戦のさなか、大艇隊が連日のように未帰還機を続出する苦境にさいしても、激励するでもなく、ただ一回の出撃を待つ特攻隊員のみを特別優遇する方法をとっていたこの司令、せめて軍人としての最後の場面くらいは、りっぱな締めくくりをしてもらいたかった。その司令が御真影奉還を名目に、基地を出てゆこうとしている。

「どうしても今日飛べというなら、燃料タンクに海水を入れろ！」と意気まいてやったところ、分隊長たちが心配して、「隊長、御真影が乗っております。それだけはおやめ下さい。立ち去りたい者は止めないことにしましょう」となだめにくる。私も一言抵抗したかっただけのことであり、それ以上の何ものもない。

この空輪機には二式輸送機（晴空）を使用し、帰郷者をできるだけ同乗させた。本機は根岸にある日本航空に引き渡すことにし、横浜基地には揚収しなかった。

司令が出発して間もなく、悲劇のクルーが飛行服のまま機銃等をかついで帰隊してきた。そして私は、涙ながらの処分報告をうけた。これで全隊員がぶじ揃ったのである。これで大艇隊解散のお膳立はすべてととのった。

八月二十三日の朝、いよいよ解散のときがきた。エプロン上には精悍な二式大艇三機が、がっちりと係止され、整備隊の最後のご奉公として、きれいに清掃されていた。約二百名の搭乗員が大艇の前に整列した。私は別辞を用意していたが、隊員の前に立ったときはじめて泣いた。何をしゃべったかも憶えていない。いや言葉にならなかったのである。ただ全員が泣いていたことだけが頭に残っている。

「日本再建のため、たとえ離ればなれになっても心の絆だけはかたく結び合って、第二の人生に邁進《まいしん》しよう。ただいまから生死を共にした二式大艇に別れを告げたい」

これだけをやっと述べた。だれからともなく正座し、ふかく頭を下げて熱涙にむせぶのみであった。やがて一同は気をとりなおして、チャーターしておいた大型機動船に乗り込み、午前十一時、詫間をあとにした。私は残務処理隊員とともに、去りゆく隊員にいつまでも手をふっていた。

五万人の生命を託されたブイン最後の救出行

生きて還れぬ任務に敢然と赴いた晴空輸送隊

当時 連合艦隊司令部付「晴空」機長・海軍少尉　堤　四郎

そのときわれわれはシンガポールからの任務を終えて、追《おっ》浜《ぱま》基地に帰投したばかりで一息いれていた。こんどの任務も苦難の飛行であった。すでに沖縄にも米艦隊が集結し、制空権は失われていた。

われわれの晴空《せいくう》（二式輸送飛行艇）は、詫間《たくま》空の日辻常雄少佐の指揮により、サイゴンより海南島をへて台湾の高雄港に向かうコースをとった。とくにマニラより扇形陣による米軍偵察隊を注意するように指示し、かならず高雄港に着水することを全機に指示したのであった。

堤四郎少尉

しかし、佐藤少尉の飛行艇だけは、制空権をあまく見たためか予定のコースをとらず、海南島より台北《たいほく》北西の淡水に着水を決意したらしく、コースは淡水に向けられていた。そのため、マニラからの敵攻撃隊に迎撃されて中国の楊州の方面に不時着し、中国の便衣隊に襲撃されたらしい。

われわれ飛行艇の任務は、忍者のように蔭《かげ》の力であり、戦闘隊とか攻撃隊にくらべて地味で働きばえのしない苦労の多い任務である。ときには敵地はるかに侵入し、隠密に任務を遂行しなければならない。それゆえに心身ともに苦悩するが、それだけに任務を完遂したときの喜びも、人一倍の味わいのあるものである。

運を天にまかせた決死隊

このシンガポールからの任務を終えて二日間ばかり休養した午後、飛行隊長の陣内大尉からの呼び出しをうけた。さっそく大尉の私室にいくと、思いもかけぬ相談をうけた。というのは、ブーゲンビル島に残留の陸海軍部隊五万人の救援救出策として、医薬品とくにマラリアの特効薬キニーネと、連絡が途絶えた部隊の起死回生の暗号書の輸送、また、今後の作戦にぜひとも必要な航空機搭乗員と、戦況報告のための指揮者の内地送還であった。

この話を聞き終わった私の気持ちは複雑であった。われわれは連合艦隊司令部付の晴空をもって編成され、基地を横浜において、命令により各戦地、戦場に出動していくのである。しかし、何機かある艇のうちで、実際には任務を完全に果たしうるのは三機ぐらいのものであった。すなわち四艦隊よりきた藤森機、鳩部隊の手塚機、それに連合艦隊よりの私の機よりほかになかった。

南方方面はすでにサイパン、テニアン島も陥落し、小笠原諸島、硫黄島の付近にも敵の艦隊が遊弋《ゆうよく》して、制空権も敵の手中にあり、南西方面も台湾、サイゴン、シンガポール、ジャワの一部を残して敵の制空権下である。それゆえマニラからの敵攻撃機隊の餌食《えじき》になるのは明らかである。

われわれ単機行動の輸送機は、どう考えてみても生還できるものではなかった。なぜ任務を終えたばかりの私の機に命令が出されたのか、いや命令ではなく相談の段階ではあったが、順序からいえば他機が行くべきであった。そこになにか割り切れぬものがあったが、いちおう計画をたててみることにして引きあげてきた。

さっそく河野飛行兵曹長とともに慎重な作戦を練ってみた。コースとしては何回も往復しており心配はなかったが、その後の戦況によって、全航程ともほとんど敵の制空権下にある現在、どう考えても生きて還ることは望めない決死行である。このため私の機に他機よりとくに優秀と認める操、偵、電、整各部に一名ずつを一時編入させた。操縦に鈴木上飛曹、偵察に南本上飛曹、電信に浜野上飛曹、整備に奥村上整曹らである。また私の機の搭乗員中にも、残留を希望する者があるのではないかと一人ひとりを呼び、内密にその意向を聞いたところ、全員ともに祖国のために殉ずる覚悟はかたく、ただ一人の残留者もなかったことはさすがであった。

そのとき意外な噂が私の耳に入った。「堤少尉は頼まれれば嫌《いや》とはいえない人だし、順序からすれば当然、他機が行くべきところだが、都合のよいときに病気になったり、地上整備

輸送機型に改造された二式飛行艇。外側のエンジンを始動、エプロンからスベリに向かう姿。周囲の地上員と比較すると、その巨大さがよくわかる

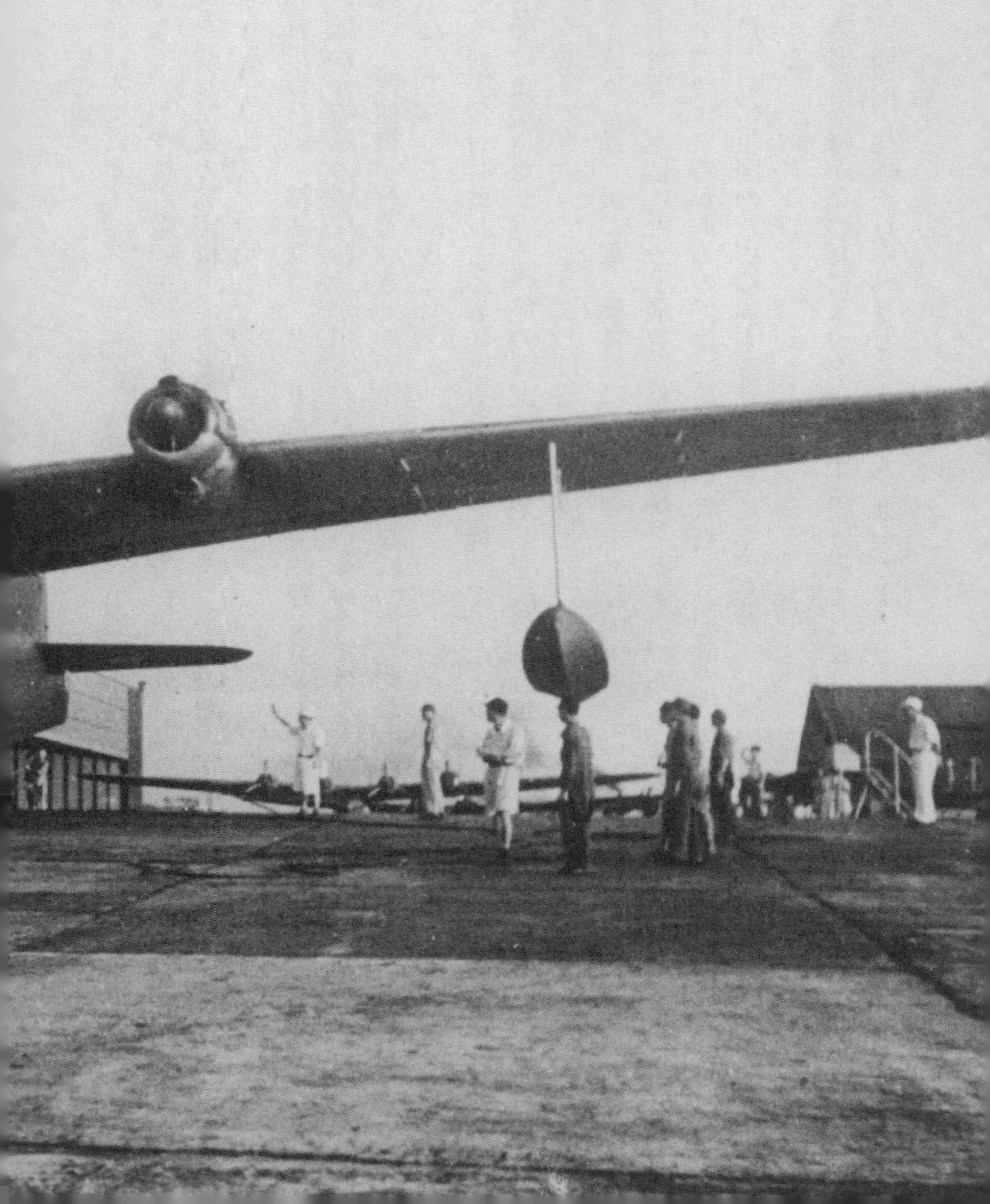

にまわったりしたのだ」また「いや、あれは自分から進んで引きうけたのだ」と。

まことにあわれな噂だったが、私はそんな噂は他人にまかせて、計画を実行することを決意した。その間にも計画決行の満月《まんげつ》の日は近づいてくる。ついに司令長官、航空隊参謀長から呼び出しがあり、

「この計画が実行できうるかどうか。できるとすれば君たちの晴空で、ぜひとも成功させてくれ」

との長官の言葉であった。参謀長からもぜひ頼むといわれた。

この大任を果たすために、ぜひとも〝決死〟の二字を隊名につけてくれと願ってみたが、必ず帰還しなければならない任務のため、決死隊とはできないといわれた。われわれにしてみれば、大きな図体の飛行艇がたった一機で、しかも敵地に奥深く侵入するだけでも無理なのに、かならず帰還するのであるから、任務を遂行できうるかどうか日夜、悩んだ。

ついに任務の名も緊急推進輸送隊と決まり、二式大艇晴空一機をもって行動することになった。

晴空一機でトラックへ進出

昭和二十年四月二十二日、勇躍してわれわれは出発したが、天候が悪くなって引き返した。翌日は整備で終わり、二十五日出発となった。この日はめずらしく横浜上空は晴れわたり、海面の情況も絶好であった。この日のために整備は万全を期し、いささかの不安もなく用意

された。愛機の空中線取付支柱にだれが掲げたのか日章旗がはためいていて、われわれに勇気と闘志をあたえてくれた。

午後四時半、指揮所前に整列して長官の挨拶をうけ、参謀長の訓示が終わった。私は搭乗員一同にいつものとおり敵情、天候、目的地をつたえて出発を令した。

私はこの大任務の出発に際して、いささかの感情の乱れや高ぶりも感じられないことが不思議に思えたが、他の搭乗員たちも、いつもと変わりなく見送りの将兵や整備員一同と別れた。エンジンも快調に晴空は静かに滑走路を降り、夕陽の東京港に三十三トンの巨体を運んでいった。

すでに見送りの将兵の姿も夕闇にかすんで見えない。午後五時三十分にいま一度、各部署の点検を確認して、離水の命令を出す。エンジンは狂えるごとく唸《うな》りをあげ、水しぶきをあげて巨体は飛び上がった。ゆっくり旋回しながら観音崎灯台上空より洲崎灯台に進路をとる。上空には積雲があつく、大島をはるかに見ながら高度を四千から五千メートルにとった。

敵機の捕捉をおそれて無線を封止し、灯火管制をしながら愛機は重荷にあえぎながらも飛びつづけた。夕陽はすでに西にしずみ、艇内は夜光塗料の計器のみが忠実に作動をつづける。ようやく月も出て、雲も切れ間があらわれてきた。私はオートパイロットに切りかえ、各員に適当に休憩をとることを令した。夜食をとる。途中なんの障害もなく飛びつづけた。ウラカス島北方一〇〇浬《かいり》の地点に敵艦船一隻を発見したが、私は任務を考え、打電を思いとどまる。

そのとき、ウラカス島とアナタハン島の中間あたりで突然、前方左三〇度に敵機らしい光を発見した。眼鏡で見ると、強烈な光を放ちながらわが艇に向かってくるようすだった。私は時をうつさず、各部署に戦闘の配置を命じ、高度を下げ速力を増加しながら進路を東に向けた。

しかし、敵機はわが艇には気づかず北上していった。ホッとして進路をもとにもどし、位置を確認しながら高度を上げる。天候はよく、トラック島も真近い。このままの時間でいくと夜間着水となるので、大事をとって速度を落として飛びつづけた。

午前三時半にトラック島北方水道に出ると、着水場も狭く時間も早いので、一応、夏島水上基地に着水する予定で基地に知らせ、夜明けまで敵機を避けながらロソップ島付近に待機した。

味方機に狂喜するブインの将兵たち

午前四時、薄明るく朝がやってくる。夏島に引き返して見張所の信号旗を見る。敵の攻撃もない様子なので高度を下げ、着水態勢に入り着水する。

ただちに燃料補給のため、搭乗員は連絡艇で上陸した。トラック島司令官の田村大佐に報告挨拶のうえ朝食をすませた後、空中退避のためロソップ島東方に飛び、午後二時にふたたび帰投した。この間にもトラック島が敵の攻撃をうけた。

燃料補給と整備点検をいそぎ、午後五時四十分、田村大佐の激励をうけながら離水し一路、ブインに向かった。当日の天候はすこぶるよく、艇を雲上において、いかなるときにも雲間を利用し、できるかぎり退避態勢をとりながら飛びつづけた。

心は目的地ブーゲンビルの五万の陸海軍将兵が待つ南海のソロモン諸島に一刻も早く、この医薬品と暗号書をとどける責任の一端をはたしたく、南十字星を見ながら飛翔すること三時間半、とつぜん敵艦を発見した。

ただちに戦闘配置を命令し、私は双眼鏡をにぎりしめて敵船影を追うが、さいわいにもそれは錯覚であった。全員がホッとした。これは点々と浮かぶサンゴ礁を上空から見ると、あたかも艦船と見まちがえることはよくある。

私はこのサンゴ礁により、ブーゲンビルに近づいたことを知る。そのままの針路を進むと、強烈なスコールが襲ってきた。その寸前、私はたしかにブーゲンビル島の突端の山岳を発見した。

「左旋回」私は大きく叫んでスコールを避けながら、高度を海面すれすれに下げた。全員に戦闘配置につかせ、目的地ブイン近くの敵戦闘機の攻撃にそなえた。

また同島の確認のため北上せんとしたそのとき、沿岸近くと海上に敵の魚雷艇らしき三隻を発見した。敵船も本機を発見したらしく、右往左往ジクザク運動をする。戦闘を避けて上昇し、ブイン北端の岩壁を確認した。東方沿岸を大きく迂回しながら海峡に入った。

すでに敵に捕捉されていることは当然と思わなければならない。スコールの通過したあとの静かなブインの海上に出た。飛行場の一点が見えてきた。ゆるやかに旋回していると、信号を送ってきた。

「着水」の命令で、飛行場上空より一〇〇度付近に夜間着水の姿勢に入った。その間、ずいぶん長い時間に感じられながらも、艇はスムーズに着水ができた。

そのときボートが近いづいてきた。私はエンジンをとめて、偵察員を残して全員を翼上に出した。ボートの中ではなにか大きな声で叫んでいる。まるで狂ったように叫んでいた。半年ぶりの味方の飛行艇を見ることによって、どんなにか将兵を力づけ、喜ばせることができたかと思うと、私は胸の中がいっぱいになってきた。

万感の思いをふりきって離水

キニーネの運搬は思ったよりはやく基地員の努力によって順調に進み、運搬にきた兵士たちはわれわれの手をしっかりと握り、「ありがとう」の連続だった。また運ぶ途中で袋からこぼれ落ちたキニーネを、きれいになめつくした兵士たちを見たが、ブインの将兵たちにとっては食糧以上にキニーネが必要とされていたのだ。

われわれが着水する数分前に猛烈な敵の攻撃をうけたとかで、心の落ち着くいとまがない。島の指揮官からは「上陸されたし」の返信をうけたが、全員は整備におわれているし、いつ敵に攻撃されるかもしれないときに、指揮者として艇を離れるべきかどうか判断しかねた。しかし、第八艦隊長官鮫島《さめじま》具重中将からの再三の招きをうけたので、私は迎えのボートに乗り移った。

惨たる椰子《やし》の葉の兵舎には、それでも二列にテーブルが並び、その中央に丸テーブルが置かれ、なにか白布がかけられていた。一列には陸軍の将官や将校と、いま一列には海軍の将校たちが着席していた。鮫島中将は病気のため出席されなかったが、副官が伝言を伝られた。

主計長がテーブルの白布をとると、そこには目をみはるようなデコレーションケーキが置いてあった。その上には「ありがとう」と、文字まで入っていた。副官の説明によると、われわれのために主計長みずから腕をふるって、椰子やバナナなどで作ったとかで、総員が起立して椰子酒がつがれ、主計長の音頭《おんど》でわれわれに感謝がのべられた。

後方より撮影した二式飛行艇。尾部銃座の風防は、引戸式に左右に開くようになっている

そして、矢つぎばやに、内地の様子とか、今後もぜひともつづけてもらいたいといった発言があいついだ。私も許されるかぎり何回でも飛んでくることを誓って、内地帰還の準備をいそいだ。

出発の用意もととのい、万感の思いを残しながらも艇はブイをはなれ、洋上暖機にうつった。ところが左外側エンジンが不良のため、いそいで整備をしたが午前三時になり、いま離水しなければ夜明けとなって敵機の襲撃は絶対にさけられない。

整備完了の合図で離水したときは、夜がほのぼのと明けそめてきたときであった。途中、無事にロソップ島付近で、一隻の敵潜水艦が潜水していくのを見たが、たいして意にとめなかった。しかし、このためトラック島ではB24とP38編隊の波状攻撃を何回もうけて、そのたびに空中退避をしなければならなかった。

トラック島を飛び立ったわれわれは、天候にめぐまれ順調に飛びつづけた。内地に近づくにつれ、はるか小さく秀峯富士山を見たとき、私は同乗の鮫島中将に富士山が見えることを伝えた。窓をのぞきこむ将軍の眼に一滴の涙を見た。私はこのとき、蔭のような任務の中に大きな喜びを感じた。

船団護衛「九〇一空」飛行艇哨戒日誌

当時　九〇一空偵察員・海軍大尉　加藤寿治

昭和十九年七月中旬、私は茨城県の百里原空で偵察の課程を終了すると、ただちに機種は飛行艇と決められ、同時に九〇一空に配属されて台湾南西端の東港《とうこう》基地へ赴任することになった。

飛行艇という機種は、私にとって満足なものであった。横須賀で生まれ育った私は、山の上から沖合いで離着水している水上機を、小さいときからよく見ていた。そのため、兵隊になるなら水上機乗りになろう、とひそかに思ったものだった。

風の強い日などは左右にゆれながら、ほとんど空中に止まっているようなのが水上機だった。そのようにのろまな水上機だったが、白くて長い波の尾を引いて離着水するところは、私の心をとらえて放さなかった。

私が中学へはいった頃、飛行艇も複葉から単葉にかわった。九七式飛行艇である。こうなると、それまでよたよたと風に吹きとばされそうで頼りなかったものが、上空を滑るように横切っていくスマートなものに変わった。こうして、私の心もだんだん海軍に引きつけられていった。

機種が飛行艇と決まったとき、のろまの水上機を志願する私を軽蔑するものもいた。また、敵機に遭遇したらいちころだぞ、と心配してくれるものもいた。しかし、私は望みどおりになって満足していたのである。多くの人は戦闘機、攻撃機、爆撃機と勇ましい機種を志望した。しかし、私のほかにも水上機を志望したものも多かったのだから、私と心を同じくするものもいたことは確かである。

いよいよ赴任のときがきた。この日、私たちは日航の飛行艇便を待って、横浜から鹿児島県指宿《いぶすき》、そして台湾北西端の淡水《たんすい》経由で東港へ着任した。

日航機は台湾の西海岸沿いに南下した。上空より見えた台湾は全体がさつまいも形で、東海岸に新高山（現玉山）を主峰とする高い山脈がかたより、西部は肥沃な平野がひろがっている。当たり前のことだが、地図通りの地形を見て、いまさらながら感服した。

東港に着水する前、あたり一面がパイナップル畑であるのに目を見はった。じつは、あとで間もなくわかったのだが、これはパイナップル畑ではなく、バナナ畑だったのである。偵察員である私がバナナをパイナップルと見まちがえるとは、大いに内心恥じたものである。

中途半端な護衛の悲劇

基地からは毎日、対潜哨戒機が出る。それが昼間のこともあるし、夜間のこともある。哨戒海域は船団の位置、米潜水艦の出没情報などによって、そのつど決まるのである。船団の見えるところで、その周辺の対潜哨戒が船団護衛ということになるだろうか。

ところが、私は着任したものの、さっぱり飛ばせてもらえない。「いまにいやというほど飛ばせてやるから、しばらくはバナナでも食っておれ」との飛行隊長のお言葉である。

このころ、制空権はまだわが方にあった。そのため哨戒海域に米軍機があらわれることもなく、きわめて平穏な毎日であった。だが、午後には決まってスコールがやってくる。よく晴れていたと思うと、しめった重たい感じの雲がひろがって、どしゃぶりの雨を降らせて西の空へ去っていく。そのあとはすぐに晴れて、あたり一面しずくがきらきらと輝いている。

航空廠との境界線に見なれない赤い花が植えられていた。一目でいかにも南国的な感じのするものだった。戦後、植物園の温室で同じものを見た。そのとき私は懐かしくて、しばらくは立ち去れずに眺めていた。その花の名はブーゲンビリアであった。

それからまもなく、やっと同乗のメンバーも決まり、いよいよ船団護衛に出た。飛行艇の中はにぎやかであった。それというのも操縦員二、偵察員二、搭乗整備員二、電信員二、レーダー員二、そしてそのほかに、習熟のためにいつも四、五名が同乗していたからである。だが、これだけ乗っているから、もし事故をおこすと犠牲者も多くなる。

この日は、ルソン島の西海岸沿いを北上する船団の護衛である。台湾南端の半島の鼻を起点に、船団まで直行した。船団護衛や対潜哨戒は、つねに高度三〇〇メートルである。この

4発大型飛行艇、九七大艇。長大な航続力を利して哨戒や爆撃、輸送に従事した

高度がのろまの飛行艇にとって、いざ敵潜水艦発見というときに攻撃にうつりやすいし、そのほかいろいろと理由があったようである。

洋上には積雲がちらばっており、そのそれぞれの雲から霜柱のように、スコールの水柱が海面まで達している。それを横目で見ながら進む。やがて前方に幅の広いルソン島が、うっすらと見えはじめたときはほっとした。

しかし、西海岸をなおも南下するとまもなく船団を発見し、ただちに護衛にはいった。護衛の方法としては、船団の前方の海域を「8」の字をえがいて哨戒するのである。そのためレーダーと肉眼が唯一の武器である。したがって、直下以外に潜航するものはまず発見できなかった。

だが、いまもこの海域に米潜水艦がひそ

んでいることはたしかである。そこで少なくとも、護衛中に船団が雷撃を受けるようなことがあってはならないと、おのずと全員の目はギラギラと輝いていた。それでもレーダー員は目が疲れるので、短時間で交代する。

やがて帰投する時間がせまってきた。それというのも燃料の関係で、長時間は護衛できないからだ。そうかといって、ほかの機と船団の上空で護衛の引きつぎをやったおぼえもない。

このように船団護衛といっても、時間的にとぎれとぎれの護衛であったように思う。したがって燃料や航空機に余裕がなく、中途半端な護衛になってしまい、護衛機が帰った直後に船団が雷撃を受けたということはたびたびあったようである。

このようにして、ほとんど百パーセントの船を途中の洋上で失い、護衛作戦は失敗におわったのである。ここにも戦争の無謀さがうかがえるであろう。

日本のレーダーは役立たずか

ある日、飛行艇に搭載しているレーダーの扱いに習熟するための講習がおこなわれた。この当時の日本のレーダーは米軍にくらべてきわめて劣っていた。

米軍のものは像が平面的に出るが、わが方のは直線的である。すなわちブラウン管上に横に目盛りが印してあって、目標物との距離だけが出た。そこでアンテナには指向性があり、それを左右に動かして、いちばん感度のよいところが目標物の方向である、ということで方向が決まるのであった。しかし、指向性は角度にひらきがあり、誤差が大きかった。

飛行艇には艇の先端部に、前と左右の三方向にアンテナが固定されていて、レーダー員はこの三つのアンテナをスイッチで短時間ごとに切りかえて、目標物がないかをさぐるのであった。

台湾南端の沖合いに突き出た岩があった。これがちょうど浮上しかけた潜水艦そっくりであるということで、レーダー講習のよい目標となった。遠方から岩に接近する。ブラウン管上には発信波と反射波が出ている。反射波はしだいに発信波に近づいていく。そして重なったところが岩の上空ということである。目標物が敵潜水艦であれば、そのとき爆雷投下ということになる。

ところが発信波、反射波はブラウン管上で幅広く出ているので、ボリュームをだんだん絞っていく。すると波は細くなっていくが、二つの波がかさなった時期、すなわちいま岩の直上にきた、という判定はなかなか難しいものであった。

だいぶ岩の手前で「直上」を宣言するもの、もう少し、もう少しと思ってだいぶ「直上」をすぎてから宣言するもの、ときにはピタリと当てるものもいる。このていどの精度であるから、たとえ直上で宣言したとしても、それは技術ではなく、そのときの気持ちである、と私は思った。みな真剣な面持ちでブラウン管に見入っていたが、思いは同じであったにちがいない。

当時、日本の潜水艦が闇夜に浮上すると、いきなりどこからともなく砲撃をうけた。それが初弾から誤差十メートルの至近弾であったというが、このように兵器の遅れを感じながら戦ったのである。

痛ましい戦友の洋上死

基地にいるあいだにも大きな事故が二つあった。一機は未帰還、もう一機は東港基地で着水時に失速して墜落し、搭乗員の全員が死亡したものであった。

未帰還機はまったく原因がわからなかった。敵機と遭遇したとの電報もない。これまでにも音沙汰なく未帰還になることは多かった。また、未帰還機は謎めいたものが多いが、おそらく発信するいとまもなく墜落したのではないか。機はすべて洋上へ出ていくので、燃料のつきる時間が過ぎても音信がなければ、未帰還とみてまず間違いなかった。

失速して墜落した機は悲惨だった。夕刻の事故だったが、死体の収容は夜半すぎまでおこなわれた。墜落地点は探照灯で照明され、そこだけは真昼より明るく見えた。私は内火艇を指揮し、死体収容に従事した。ほとんど無傷と思われるものもあったが、大小の肉片になって散らばっているものが多かった。内火艇はすぐ死体でいっぱいになって、何回も指揮所とのあいだを往復した。

気の弱いものは顔を真っ青にして手を出さない。そこで仕方なく、こうしてやるのだ、といわんばかりに私は肉片を手ですくって甲板にのせた。すると、弾《はじ》かれたように皆これにならった。これはA中尉のだろうか、これはB上飛曹のだろうかと思いながら、海水で洗われて血のぬけた肉片を、だいじに水を切ってころげ落ちないように狭い甲板におしつけた。

あと数分でぶじ着水していれば、いまごろはビールを浴びるように飲んで大騒ぎをしていただろうに……。甲板からあふれて舷側から流れ落ちるまで、ビールをかけてやりたかった。

明くる朝、ふたたび内火艇で事故現場を見てまわった。水深はあまりないので、砕《くだ》けた機体は水面に首を出していたが、そのほかは一夜できれいに波に洗われて、飛行服のかけらも見られなかった。

収容された死体は荼毘《だび》に付され、私たちが対潜哨戒から帰ってみると、未帰還機の搭乗員のものもふくめて遺骨箱がしつらえられてあった。士官宿舎と兵員宿舎で身近のものが集まり、お通夜がおこなわれるのである。

姓名を失念してしまってまことに申し訳ないのであるが、顔がのっぺりしているので「のぺさん」という愛称で呼ばれていた少尉が忘れられない。夜、酒を飲むときはおどけて、いつもみんなを笑わせていた。

「俺のおふくろは十人も子供を生んで、五人目、六人目となるとなんの苦しみもなく、ケラケラ笑いながら、と

波静かなアンダマン諸島海域に展開中する東港空所属の九七式飛行艇

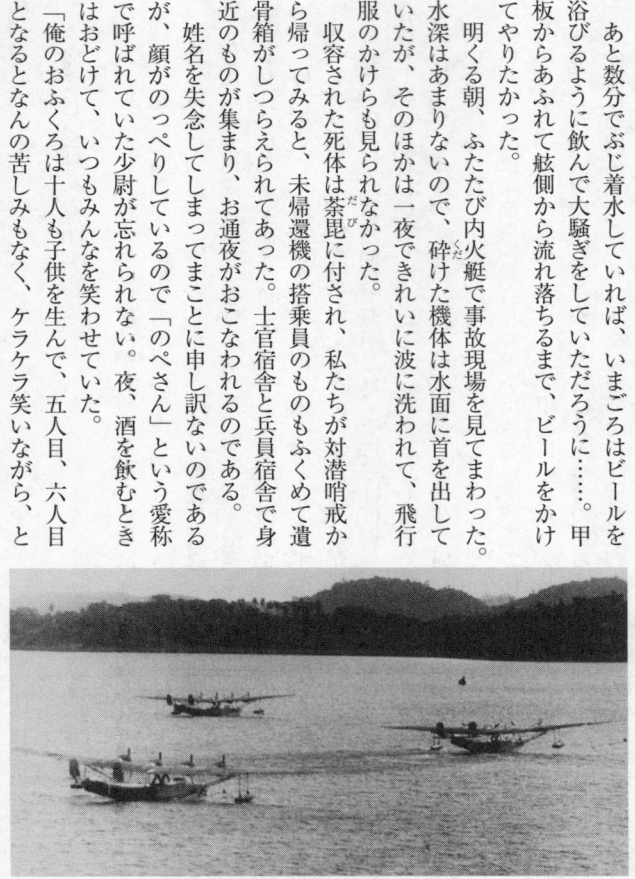

きには産婆さんと世間話をしながら生みおった」

いつも「のぺさん」はこんな調子だった。そんな「のぺさん」が一枚の写真になってしまった。そしていつもの愛嬌のあるまなざしで瞬《まばた》きもせずに私を見おろして、微笑《ほほえ》みかけている。

「のぺさん、死んじゃったのか」

私は悲しいなんて思うまもなく、涙がつぎからつぎと流れて止まらなかった。涙が止まったあとは、ビールを何本もあけて夜がふけるのを忘れて飲んだ。ローソクで明るく照らされている友の写真と遺骨を見て、明日はわが身、ということを皆ありありと感じていた。

闇夜の海中から消えた米潜

それから幾日かすぎたある日、「二〇〇〇（午後八時）、搭乗員整列」との命令がくだった。そして搭乗員は整列すると同時に、すでに時計の整合をおわっていた。偵察員の海図には哨戒コースが鉛筆で記入されている。

夜食などの荷物もすべて機に積み込んである。あとは「発進」の命令が出れば、ただちに出発できる態勢であった。指揮所の当番員が風向、風速をはかって黒板に書く。このときが緊張してせわしない一時である。

そのあと飛行隊長から微細な状況の説明、注意事項がある。まず、状況の説明としては船団、米潜水艦の出没状況、コース上の天候などであるが、状況説明以外の注意事項はいつも同じなので、みんなはある程度リラックスして聞いている。飛行隊長も心得ていて、重要な順に話していくのであった。

機は朝から充分に時間をかけてすでに整備も完了し、トラクターで滑りまで引いてこられている。そして懐中電灯の灯が飛びかって、そこで最後の仕上げに念をいれているところであった。両翼の下には、潜水艦攻撃用の二五〇キロ爆雷を改造した爆弾が、二個搭載されていた。

これまでに一度だけ搭載中の爆弾が爆発し、飛行艇一機、搭乗員一名を失ったことがある。これは爆雷と同じで、ある深度にまで落下して水圧がかからないと爆発しないので安全度は高いのであるが、爆発の原因は結局よくわからなかった。

やがて飛行隊長から「出発」の命令があって、搭乗員一同は機にむかった。飛行艇は四発であるが、外側の二つから始動する。まもなく四発そろって唸りをあげると、機体は小おどりしてあたりの空気をふるわせた。このとき操縦員は発動機、計器盤と同時に主翼、尾翼の操縦索の点検をおこなう。そして搭整員は、壁いっぱいの四発分の計器を一つ一つ丹念に点検する。

こうしてすべてが正常に作動していることが確認されると、機長の合図でエンジンを入れる。すると機はゆっくり前進して、滑りを下りるのであるが、艇が水に浮くまで、整備兵がぞろぞろとついてきて見まもってくれる。

離水する前にもう一度、四発とも一つずつエンジンを一杯に開いて性能を点検する。このとき艇は湖のはずれをぐるぐるまわる格好になる。それから、燃料を満載しているので湖の最長のところを使って、いよいよ離水である。

しかし、エンジンを全開にしても、艇は水に吸いついてなかなか気速がでない。こんなときの水はじつにねばっこい。このとき主副の操縦員は、ボートを漕ぐときのように操縦ハンドルを力いっぱい前後に動かして艇をがぶらせる。すると艇はしだいに水から浮き上がって気速がついてくるのである。

こうして一定の気速になったとき、操縦ハンドルをぐっと手前に思いきり引くと、重々しくやっと艇は離水する。タッタッタッと艇底を水面にひきずっているが、ぱたっとその音がとぎれる。それが離水の瞬間である。

離水したのち、しばらく直進して高度をとっていたが、やがて艇は変針して哨戒始点にむかった。高度を三〇〇メートルにとる。この日の哨戒海域は台湾南端から見て南東海域である。正規の搭乗員はすでに全員部署につき、習熟のために搭乗してきたものは天測、航法、レーダーなどにわかれて訓練にはいった。

夜間はレーダーによる探知が主であるが、真下近くに潜航するものは肉眼でも発見できる。それほど南の海は透明度が高く、昼間に島などを見ると、ずっと深いところまですそを引いているのが見える。夜でも海は青黒く、真っ黒に塗装した米潜水艦は、鯨を見るかのように長紡錘《ぼうすい》形の黒い像として捉えることができるのであった。

やがてコースを三分の二ほどまわったところまで来たころ、右舷から直下を見下ろしていた私は、はっきりと青黒い海中に長紡錘形の真っ黒な像を見た。そこでただちに手もとの航法目標灯のピンをはずして投下した。

「潜水艦、変針！」

その言葉とともに緋は急旋回した。海面をじっと見ていた私は、航法目標灯がコースに沿って二つ灯っているのを見た。これはあとで判明したのであるが、尾部の偵察員がやはり黒い像を見て、航法目標灯を投下したのであった。

米潜水艦のコースはわが方のコースと平行している。それにほとんど直下である。しかも航法目標灯は二つ投下してあるので、これは非常に攻撃しやすい。したがってコースを逆行して、黒い像の前方をわずかにオーバーしたあたりを狙えばよいのである。

こう判断して二つの航法目標灯を見通しながら、逆向きのコースで進入し、爆雷を投下したのであった。あとは燃料のつづくかぎりの制圧である。しかし、攻撃をしかけた付近の海面には浮遊物はいっさいなかった。どうやら爆雷攻撃は失敗したようである。至近弾であったことはたしかであるが、それでも米潜水艦はのがれたらしい。

駆逐艦による攻撃では航行できず、じっと潜伏していなければならないが、航空機による場合は、攻撃をうけた場所から潜航して逃れることができる。私は、ひそかに潜航して遠ざかっていく米潜水艦の姿を思い浮かべていた。

なおも制圧はつづけられているが、一同は一時の緊張から解放された。そのとき、「制圧せよ」との電報を見た。そして交代機と入れかわりに基地へ帰投の途についた。制圧はなおもつづけられたが、成果はなかったようである。米潜水艦はいずこともなく去っていった。

それからだいぶたってから、「日本海軍の航空機による対潜哨戒は、バカにならないものがある」といった内容の米軍の戦訓が出ているということを知らせてくれた友人があった。あるいは、このときの爆雷攻撃をのがれて、基地へ帰投した米潜水艦の報告から出たものであったのかもしれない。

下駄ばき水上機小事典

『丸』編集部

まず水上偵察機（水偵）の原型は九四式水偵で、昭和八年に川西航空機や日本飛行機でつくられた。双舟複葉で、太平洋戦争中も艦艇に搭載されて五三〇機がつくられている。一年おそい九五式水偵は短距離用だが、空中戦に強いようデザインされた。中島と川西で五五〇機つくられ単舟。しかし、九四式水偵よりかえって影がうすい。

昭和十三年より生産に入った零式三座水偵は九四式水偵の後継機で、単葉双舟。愛知、川西、広工廠で、なんと一四二〇機もつくられた。艦艇に広く積まれたり、南方基地で使用された。これは最も生産台数の多い実戦水上機で、安定性もよかった。

同じ艦載用でも複葉の零式観測機は、九五式水偵の流れをくむものといえよう。三菱や佐世保工廠で五二四機がつくられたが、もっとも洗練された複葉水上機であった。

潜水艦用に設計された九一式水偵の着想を九年後にリバイバルさせたのが零式小型水偵だ。

これは横須賀工廠や九州飛行機でごくわずかにつくられ、米本土を空襲したり、オーストラリアの偵察などに使用された。

昭和十六年末から中島が三二七機もつくった二式水上戦闘機は、零戦の水上機版だ。もちろん身軽な単舟単葉である。

この弟分が強風で、川西が九十七機つくった。強風はあまりに性能がよいので、水上機として使うのはもったいないということになり、フロートをとり陸上機としたのが紫電である。昭和十七年には二つの変わりダネがつくられた。一つは川西の高速機紫雲で、他は愛知日本飛行機の瑞雲爆撃機だ。前者は実用性が疑問視されて生産を中止したが、後者は航空戦艦用として二五六機もつくられた。ウルシーを奇襲せんとした愛知の晴嵐も、瑞雲の流れをくむものと見てよい。

他に九三式中間水上練習機が昭和十四年以降に四七〇〇機もつくられ、若人の育成に役立った。

水上機王国・川西航空機

自衛隊用の対潜飛行艇PS1をつくっている神戸の新明和工業は、終戦直後、スクーターなどを製造して苦しい日々を送った。しかし同社は、川西航空機の名で昔から水上機メーカーとして独特の地位を占めていたのである。いな水上機のスペシャリストといえよう。

同社と水上機とのなれそめは、大正十一年における川西K1型水上単発郵便機に始まる。

鹿島空所属の九三式水上中間練習機。単発複葉複座の双浮舟。7社で長期間生産

乗員二名、乗客四名を乗せる同機は、もちろん双舟複葉だ。量産に入ったのはK7型で、十一機がつくられ、昭和四年ごろまで大阪〜九州福岡をむすぶ定期郵便用として使用されている。フロートをとって車輪としたものもつくられた。

一年ほどおくれて、K8型がつくられたが、これも先のとがった水冷式エンジンをそなえている。K8型は昭和二年、日本一周飛行をやって見学者を集め、国民の航空思想のPRに役立った。

軍用機としては、大正十四年の一三式水上練習機が初めてである。設計は横須賀工廠だが、川西は昭和七年までに四十八機も量産した。二年おくれた一五式も、当時の水上機のつねとして複葉双舟であり、戦艦や巡洋艦に搭載され、初のカタパルト射出用となった。

昭和三年の九〇式三号は、川西としては初めての丸い空冷式エンジンを備えていた。これにかわる九四式水上偵察機は、四七三機がつくられ、太平洋戦争中に日本近海の対潜パトロールに使用されている。もちろんキャンバス張りだ。九三式中間水上練習機も六十機ほど製作された。

つづいて、支那事変に活躍した九五式水上偵察機が四十八機、軽巡大淀に乗せる予定の高速機紫雲《しうん》十五機が海軍に引き渡されたが、使うチャンスに恵まれなかった。

なお、戦闘機紫電の母体となった強風も、九十七機がつくられている。

もし水上機がなかったら

そもそも偵察用に使用する水上機がなかったら、海軍はそれにかわるべきもの——たとえば潜水艦を利用して、偵察を行なわざるをえまい。だが潜水艦は視界が悪く、速力がおそいので、十隻あつまっても一機の水上機が見張る能力にもおよばない。

さて太平洋戦争では、わが海軍は米軍以上に水上機を利用した。したがって個々の海戦で、水上機は「縁の下の力持ち」としての役割を果たしている。

たとえば圧倒的な大捷を博した第一次ソロモン海戦の直前に、重巡鳥海、古鷹、衣笠、加古、青葉は二回にわたり、九四式水上偵察機を発進させている。これらは、ガダルカナル島の偵察を行なって、敵情を三川軍一中将に知らせている。そして真夜中にツラギ上空に達して、敵の重巡一、駆逐艦三、輸送船十隻を認め、豪雨をおかして高度一三〇〇〜一五〇〇メートルで待機して、その後、照明弾を投下して敵船団の頭上を照らしている。これら偵察機の大半はショートランド島に帰投した。

もっとも目ざましい活躍をした艦載水上機は、第七戦隊（最上級重巡）と第八戦隊（利根級重巡）のものだった。ミッドウェー海戦で真っ先に敵の空母を発見し、「ミッドウェー北方二四〇浬に敵空母など十隻、二〇ノットで航行中」を打電してきたのは、利根機だった。

第二次ソロモン海戦でも筑摩機は、真っ先に敵の空母を発見して、これを報告しながら敵戦闘機の犠牲となっている。これがヒントとなって別の偵察機が飛び、敵空母の正体を暴露した。

また、レイテ湾突入時に栗田艦隊が得た唯一の敵情は、航空巡洋艦最上の水上機の報告を陸上の基地がリレーして送ったものである。水上機がなかったら、日本艦隊は敵情不明のまま戦い、悲惨な目にあっていたにちがいない。

水上機は空中戦に強かったか

下駄ばきで速力の出ない水上機は、いちど敵戦闘機にねらわれたら、もはや「狼の前の仔羊」にすぎない。動作が鈍重なばかりではない。爆撃機のように僚機と堂々と隊伍を組むこともなく、つねにただ一人で飛ぶ偵察機は、はじめからよいカモなのだ。

ところが、ここにめずらしい例外がある。三菱でつくられた零式観測機（零観）が、これである。二人乗りの同機はもともと戦艦に搭載されて、主砲弾の着弾観測に使用する目的だった。

長距離の大海戦のさい、敵戦艦も水上偵察機を飛ばして着弾観測をやるだろうから、水上機どうしの決闘が当然考えられる。そこで複葉のくせに、非常に重武装の零観は、七・七ミリ機銃を三門――巡洋艦が積んだ三人乗りの双浮舟で単葉の零式水上偵察機の約三倍も搭載した。

三門のうち、胴体の前方に固定された二門は九七式機銃で、一分間に九百発射てる英国のヴィッカース社系のもので、残る一門は後部座席の偵察員がうつ九二式旋回機銃である。これは一分間に六百発も射つことができ、英のルイス社（スモールアーム社）系のものだった。

この零式観測機は、南方戦線で孤島の基地からも作戦した。すると、米軍のロッキードP38双胴戦闘機が、「よき獲物」とばかりにすぐさま襲ってくる。なにしろ相手はイスパノスイザ社の二〇ミリ機銃一門と、一二・七ミリブローニング機銃四門を持つ重武装だ。

しかしうまく第一撃をかわしさえすれば、スピードの速い相手は、小まわりがきかない。組み打ちの空中戦に入ると、速力がおそいため、かえって旋回半径の小さい零式観測機が小さな機銃で重戦闘機を倒すケースも多かったという。

北方戦場と二式水戦

昭和十七年、ミッドウェー島占領計画と呼応して、アリューシャンや北千島方面の防衛が強化された。六月八日の早朝、わが海軍陸戦隊がキスカ島を占領するやいなや、仮装巡洋艦粟田丸が水上機基地設営のための機材を積んで入港する。南方戦線にいそがしく、せっかくキスカ島を占領しても飛行場の設営が不可能とさとった大本営は、かわりに水上機の基地をつくろうとしたのである。

そこで、第五航空隊が第五艦隊のなかに昭和十七年八月五日に佐世保を原隊として編成され、キスカ島を基地として防空にあたることとなった。使用機は二式水上戦闘機（二式水戦）。すなわち零戦の脚をとり、かわりに単舟をつけた水上機である。これは七月四日、水上機母艦の千代田が内地から運んで東港分遣隊として荷おろしした六機よりなっていた。

第五航空隊は、米第十一空軍のＢ17重爆一機、水上偵察機一機を撃墜し、Ｂ17、Ｂ24重爆各一機を撃破した。フロートをつけた零戦の突然の出現に、米陸軍航空隊は狼狽した。

八月八日、米巡洋艦と駆逐艦各五隻の敵がキスカ島を艦砲射撃したときに、二式水戦一機が失われたが、べつの一機が発進し、上空で着弾観測をやっていた敵の旗艦インディアナポリスの水上偵察機一機を撃墜した。

九月、川崎汽船の水上機母艦君川丸が、さらに六機を横須賀から運んだ。しかし十月以降あいつぐ空襲により消耗し、迎撃にも飛び立てなくなってしまったのだった。

なお、第五航空隊は十一月、第四五二航空隊と改称して、明くる昭和十八年に北千島に退却している。二式水戦がハバをきかせた期間は意外に短かったわけである。

予科練と水上機

海軍少年航空兵たる飛行予科練習生は昭和五年、横須賀航空隊内に開隊し、後に横須賀ではせまくなって昭和十四年に霞ヶ浦（現在の陸上自衛隊武器学校）に引っ越した。けれども、多くの航空兵を必要とするため、終戦までに三重、美保（鳥取県）、鹿児島、松山（四国）、奈良、清水（静岡県）、宇和島（四国）、西ノ宮（兵庫県）、三沢（青森県）、倉敷（岡山県）、宝塚（兵庫県）、滋賀、小松（石川県）、高野山（和歌山）、福岡、浦戸（四国）、小富士（九州）の十七ヵ所も予科練教育の道場として開隊した。

しかし三ヵ年の予科時代には直接、飛行機には乗らない。予科のカリキュラムは体育とか基礎学力を中心とするもので、本科に入ってから飛行機にタッチするわけである。

それならなぜ本科で水上機が利用されたのか？　それは滑走路がいらないからで、広い湖や海ならばオバーランの心配がないからである。

予科コースを終えた生徒たちは、鹿島、北浦、霞ヶ浦（以上すべて茨木県）、大津（琵琶湖）詫間（四国）、河和（愛知県）、福山（広島県）、天草（九州）の各練習航空隊で、水上機の操縦や偵察などを学んだ。

教材機は昭和六年以降に量産された九〇式水上練習機と、昭和十四年以降の九三式水上中間練習機である。ともに単発の複葉機で双舟、二人乗りである。二人乗りなのは、後部座席の教官と前部座席の生徒の両方が乗るためである。もちろん布張りの飛行機で、金属製ではない。

前者は一三〇馬力で、バスのエンジンと同じ出力であり、後者は三〇〇馬力。三〇〇馬力といえば零戦の四分の一にすぎなかった。

特攻に役立った水上機

戦争末期わが国は、ありとあらゆる機種をかき集めて特攻隊を編成した。そのなかには各種の水上偵察機七十五機も投入され、十六機が帰投し、自爆したり体当たりに成功したものはその倍の四十機にもおよんでいる。これらは第十（練習）航空艦隊に属するもので、昭和二十年四月以降に使用され、「琴平水心隊」とか「さきがけ隊」などと呼ばれた。

ところで昭和二十年五月四日、二隊合計二十八機の水上偵察機が指宿《いぶすき》を出撃したが、そのなかの七機は沖縄の北方で哨戒地区についていた米駆逐艦モリソンを襲った。

同艦はさきに陸軍の九七式戦闘機や零戦に体当たりされて損傷したすぐあとに、七機の九四式水上偵察機が現われた。彼らはノロノロと超低空で接近した。一機は二〇ミリ対空機銃に射たれながら五インチ砲に体当たりした。別の水上機はコルセアに追われながら、真後ろからモリソンの後部に体当たりして沈没させた。このため同艦乗組員のうち一五三名が戦死し、残り一七九名がやっと救助されたにすぎない。

七月二十九日未明には、もっと古い九三式水上中間練習機八機が「竜虎隊」と称して宮古島より発進し、このうち一機が米駆逐艦キャラハンの後部機関室に体当たりした。死傷者一二〇名を出して、同艦は沈没した。翌日も、同型機が米駆逐艦カシンヤングに突入して損傷させている。

なぜ、こんな旧式水上機がうまく体当たりできたのだろう？

布と木でできた練習機に対しては、さしもの米軍自慢の近接信管も役に立たなかったからである。VTヒューズは、金属に反射してもどってくる電波に感応する仕組みだった。原始的な水上機の方が特攻に役立ったとは、皮肉である。

速度の壁に挑んだ水上機

一九三〇年代に入ると、欧州各国では飛行機による各種のレコードをつくるのに躍起となる。長時間飛行、長距離飛行、高々度飛行などがこれだが、一番関心をひいたのは、やはり「世界で最も速い男」となることだった。

ところが不思議なことに、水上機の方が陸上機よりスピードとレコードを持つものが多かった。当時、ボタンを押せば脚が主翼内に引っ込むというような機構はまだできていない。したがって、陸上機はゴツイ車輪を出しっぱなしである。ところが、水上機は大きいフロートを持っているとはいえ流線型に整形してあるから、ある速度以上になるとかえって陸上機よりも相対的な空気抵抗は減ってくるのである。

そんなわけで、一九三四年（昭和九年）十月二十三日、イタリアのF・アジエロ氏が出した時速七〇九・二キロというのが、水上機による最高速のレコードだった。使用機はMC72型で、フィアット社のAS6型二八〇〇馬力一基を備えていた。

ところが、陸上機も引込脚の採用により話はだいぶかわってきた。一九三九年四月二十六日、ドイツのフリッツ・ウエンデルが七五五・一一キロ／時という目ざましいレコードを立てる。その使用機は、なんとメッサーシュミット109R型だった。

一九三九年に第二次大戦が始まると、各国は戦争にいそがしくなり、とてもレコードをつくるヒマなどなかった。軍用機は速力ばかりにかまっておられず、武装とか航続力とか、他の要素も無視するわけにはいかなくなった。それでも、日本海軍の水上機である強風の四七六キロや、紫雲の四六八キロなどは、軍用機としては世界でもっとも速い水上機の部類に入るだろう。

水上機世界一づくし

水上機でいちばん高く飛んだのは、一九二九年六月四日における米国人のA・ソーセク中尉だった。彼は空気のうすい成層圏の一万一七五八メートルにまでのぼった。十五年後にB29がこの高度で日本に爆撃にきても、わが戦闘機が全く手が出なかったことを考えれば、大したレコードである。使用機はライトアペーチ複葉機で、エンジンはプラットアンドホイットレイ一型の四二五馬力だった。

つぎに直線距離の無着陸長距離レコードは、一九三八年十月六日～八日の英国人ベネット大尉ほか一名によって樹立された。ショート・メイヨマーキュリー四発小型水上機により、英国のダンディからエジプトのアレキサンドリアまでを四十二時間六分で飛びきった。

しかし、一日前に英人ケレット少佐が陸上機により樹立した記録には、一九〇〇キロたりない九六〇〇キロとある。やはり重たい水上機は、それだけハンデを背負っているわけだ。

また、実用化した一番小さい軍用水上機は、日本海軍の零式小型水上偵察機であろう。二人乗りで三六〇馬力というミニサイズの飛行機だった。これは伊二五潜（伊号第二十五潜水艦）などの大型潜水艦に分解して搭載され、太平洋戦争中にはオーストラリアや、マダガスカル島の偵察、米本土爆撃などに使用された。これはドイツのアラド231型試作機に相当するものである。

飛行艇をのぞいて最大の水上機は、イタリアのカントZ551型四発機であろう。全幅四〇メートル、全長二八・八メートルのキングサイズで、乗組員は四名である。もともと民間会社の南大西洋横断コースに計画されたものだが、イタリア空軍はこれに人間魚雷を乗せて二機を投入し、ニューヨーク港を奇襲する予定だった。しかし計画がもれて、出撃前に米英機の爆撃により中止せざるをえなくなった。

変わりダネ水上機

イタリアのカント双舟大型水上爆撃機は、発動機三つの変わりものだった。スポーツカーのメーカーとして知られたアルファロメオ社のエンジンを左右の翼の外と機首に装備した。もっとも、イタリアやドイツの陸上輸送機にも三発のものがあるにはある。名古屋の愛知航空機もそのパテントを買ったが、つくらなかったという。

アメリカ人は水上機があまり好きではないようだが、第二次大戦後までは「陸にも上がれる水上機」を持っていた。小型飛行艇には水陸両用のものも多いが、複葉は二人乗りの水上機にはめずらしい。

グラマン社が一九三五年からつくっていたこの変種は、沿岸警備隊に配備され、戦時中にはJ2F6型という名でコロンビア社が製作していた。ボタンを押すと、太いフロートの基部からフロートをまたぐような格好で車輪が斜め下に突き出て、滑走路にも着陸できる仕組みである。

航空先進国を自認するフランスにも、変わりダネが多かった。ラテコエール29水上単発雷撃機もその一つだ。とがった水冷エンジンを持つ同機は、双舟の間に航空魚雷をはさんで飛ぶ。武装も当時としては優秀で、七・五ミリ機銃三門（わが国の九七式艦攻の三倍）も持っている。

もっともフランスの航空魚雷は、わが国のものより八〇キロ（約小型爆弾一つの目方）も軽い六七〇キロしかないことも、考慮に入れる必要があろう。これは水上機母艦コマンダンテスト用として搭載され、陸上戦にも協力した。

戦前の英国では、大型飛行艇の背中に小型の水上機を乗せる方法が、民間航空会社の手によって開発された。長距離を飛ぶ親子飛行機として大きく宣伝されたが、これはその後はあまりふるわなかった。

水上戦闘機「強風」

水上機にかけては経験の豊富な川西の技術陣が、全力を注ぎこんだ強風《きょうふう》は、二式水戦より五ヵ月おくれた昭和十七年五月九日、第一号機が初飛行した。当時は十五試水戦（N1K1）と呼ばれており、技術的にみていろいろ特徴を持った野心作であった。

エンジンは当時の実用エンジンのなかではいちばん出力の大きい一四六〇馬力の火星で、プロペラは二重反転式という思い切ったメカニズムを取りいれていた。

高速を得るため、とくに抵抗減少をはかり、抵抗がすくなくしかも失速しづらい中翼形式、独特のフロート支柱などを採用したほか、翼断面形は層流翼タイプの高速用LBシリーズを採用している。今日では層流翼はめずらしくないが、当時としては画期的なものであった。

また、空戦用のフラップを装備したことも大きな特色であった。このほか、補助フロートを引込

初飛行で離水する強風（十五試水上戦闘機試作一号機）。二重反転式プロペラ装備

式にする案もあったが、これは計画のみに終わった。二重反転ペラも、重量とか整備の手間あるいは信頼性を考えると、戦闘機の場合かならずしも有利とはいえないことがテストの結果判明し、一号機かぎりで中止になってしまった。

性能は最大速度四八八・九キロ、四千メートルまで四分十一秒、実用上昇限度一万五六〇メートルと、二式水戦よりはるかにすぐれており、水上機としては世界最高であった。

昭和十八年十二月、強風一一型として採用されたが、生産数は九十七機にすぎず、出現した時期もおそすぎたため、期待されたほど活躍せずに終わったが、バリクパパン、ペナンなど南方ではかなり活用されており、B24を撃墜した記録ものこっている。本土では大津基地などで少数が使用されている。

高速水上偵察機「紫雲」

昭和十四年に計画がスタートした川西の十四試高速水偵紫雲《しうん》は、形の上からは二人乗りで、二座水偵に入るが、実体は敵戦闘機の制空権下での強行偵察も可能な高速水上偵察機であった。

昭和十六年、開戦三日前の十二月五日、第一号機が初飛行した。高速化のため併行して開発された強風と同様、当時としては最強力の火星を搭載し、これに二重反転ペラを組み合わせたほか、LBシリーズの層流翼型を使用していた。二重反転ペラの採用はわが国では初めての試みである。

これだけでも、強風と同じく画期的な試みであるが、本機ではさらに緊急時には主フロートを投下して、速度を向上させるという思い切った方式を採用していた。これも例のない試みであり、支柱は一枚の板状で、座席内のレバーを引いて前方の固定ピンをはずすと、あとは風圧で後方のフックがはずれ、フロートと支柱が落下するというメカニズムになっていた。フロート投下後は胴体着水で、乗員だけ救助するわけである。

また、翼端の補助フロート（三一三頁写真参照）も上半分がズック製の袋になっており、引き出したときはポンプから送られた空気でふくらませ、引き込むときはポンプで空気をぬき、上半分をちぢめて主翼下面にはめこむという方式をとっていた。この場合、下半分の金属製の部分だけが主翼下面に突き出るわけで、抵抗減少に役立ったという。しかし、不時に引き込みをしばしば起こして転覆事故がかさなったため、上半分のズック部を廃止したものを試作したりしたが、最終的には固定式になってしまった。

このほか一号機の転覆事故などトラブルが続出し、テストと改修が長びき、やっと昭和十八年八月、紫雲一一型（E15K1）として制式採用となった。試験的に六機がパラオ基地に配属され試用されたが、いざというときにフロートが落下せず、最大速度も予定をはるかに下まわる四七〇キロ程度で、全機撃墜されてしまった。

そして、この画期的なメカニズムをもりこんだ野心作は、ついに十五機製作されただけに終わってしまった。なお本機は二式高速水偵と呼ばれたこともあり、軽巡大淀は本機を六機搭載するよう設計されていた。

九五式水上偵察機

九五式水偵は昭和十年九月、長い間使われてきた九〇式二号二型水偵にかわる艦載水偵として制式採用された複葉単フロート式の二座水偵で、九〇式二号二型水偵の発達型である。昭和八年に計画されたため試作中は八試水偵とよばれており、中島、川西、愛知の三社の競争試作であった。中島の機体が、前述のようにオーソドックスな九〇水偵の発達型であったのに対し、川西は低翼・単葉・単フロートの野心作を提出した。愛知の機体は、中島と同様の複葉単フロート式であったが、中島のものにくらべると近代的な設計であった。

しかしテストの結果、海軍では運動性や安定性がすぐれているだけでなく、実用性も高い中島のMS（社内名）を採用したのである。支那事変および太平洋戦争初期における本機の活躍ぶりを見れば、このとき海軍のとった措置は正しかったといえよう。フロートで敵機をたたき落として帰還した矢野機や、一三八発の敵弾をうけながら帰還した岩城機などは、本機の安定性や実用性の高さをしめす好例であろう。

機体はフロート以外は木と金属の骨格に羽布を張ったもので、一見、華奢《きゃしゃ》に見えるが軽くて丈夫、ある程度までなら急降下爆撃も可能であった。九〇式二号水偵と同じく、上翼は後退角つきであるが、後退角は一段大きく、下翼付け根が軽いガルタイプになっている点や、方向安定を確保するための丈の高い垂直尾翼、楕円形の水平尾翼とともに、外見上の特徴となっていた。エンジンは中島の傑作といわれた寿二型シリーズで、このすぐれたエンジンの採用も本機が成功した一因となっている。

支那事変が始まったときには、すでに九〇式二号水偵にかわって全面的に就役しており、本来の目的である戦艦、巡洋艦の弾着観測には使用されなかったものの、水上機母艦や水上基地へも配備され、偵察のほか、小型爆弾による攻撃や九四式水偵隊の掩護などにも大活躍した。

太平洋戦争中も、ミッドウェー海戦のころまで偵察や索敵に使用され、零式観測機の出現後は艦載水偵の地位は退いたが、終戦まで内地の水上基地航空隊で連絡や訓練などに活用された。

九六式小型水上偵察機

九六式小型水偵は昭和九年、九試潜偵として渡辺鉄工所（のちの九州飛行機）で設計が開始され、十一年に採用されたもので、主翼、胴体、フロートなど十二部分に分解でき、地上での分解所要時間は一分三十秒、組み立ての所要時間は二分三十秒であった（395頁写真参照）。

エンジンは空冷星型九気筒三百馬力の天風で、全幅は一〇メートル、全長は七・六メートルというから、九五式水偵の全長を一メートルほど短くしたくらいであり、全体重量も半分よりやや多い一二五〇キロであった。外観も一見したところ、普通の水上機と大差なく、特殊機とは見えなかった。

最大速度は二三三・三キロで、実用上昇限度は六七四〇メートルと低いが、乗員二名を乗せ四・九時間飛ぶことができた。武装は七・七ミリ旋回銃一梃である。

伊一潜などに搭載されており、隠密偵察に使用された。昭和十六年十二月十七日、真珠湾の隠密偵察を敢行し、港内在泊艦艇の状況と被害復旧状況の偵察に成功している。昭和十七年後半から十八年ごろ、零式小型水偵にバトンをわたした。

九三式水上中間練習機

昭和六年に空技廠で試作された三百馬力級の九一式中間練習機は、練習機としては高性能すぎたため、試験機として使用されただけであったが、昭和七年、この九一式中練に改造を加えたものを試作することとなった。作業は川西の手で行なわれ、昭和八年十二月に改造型試作機が完成、翌九年一月に九三式中間練習機として採用された。陸上型（K５Y１）とフロートをつけた水上機型（K５Y２）があり、水上機型は九三式水上中練とよばれた（332頁写真参照）。

上翼に後退角を持ったオーソドックスな複葉複座の双フロート機で、それまで使用されていた一五式水偵改造の中練にかわって使用が開始されたころは、まだ高性能すぎるといわれたこともあるが、全般的な飛行機の性能水準の向上につれ、こうした抵抗感は消え、理想的な中練として終戦時まで使用された。

水上機型は陸上機型にくらべると一五〇キロほど重く、最大速度は約九キロおそく、航続力が一時間ほど短く、機銃や爆弾などを装備すると、馬力不足の傾向が否めないだろう。

戦争末期には特攻機としても使用されているが、これは、この最大高度一九八キロの老雄にとっては、無理なつとめであったことはいうまでもない。

磁探搭載「零水偵」本土防衛対潜哨戒記

当時 四五二空操縦員・海軍飛曹長 高橋重男

北千島から南方に転用された戦闘機や中攻の部隊は、そのままマーシャル諸島ルオット方面に進出した。しかし、第四五二空だけは館山空を応援し、船団護衛をおこなうように下命された。

館山空は館山基地以外にも、山田湾（岩手県宮古南方）、松島、筑波、八丈、豊橋、的矢湾（三重県志摩半島）などの各基地へ艦攻や観測機を派遣しており、対潜勢力は手薄になりやすかった。また、絶対国防圏の確立ということから、兵力配備のなかったマリアナ方面への陸軍部隊の増強輸送作戦がおこなわれることとなった。このためにも、館山空への増援が下命されたと思う。

昭和十八年の後半に入ると、とくに敵潜水艦の活動も活発化し、被撃沈船舶数が増大した。そこで当局側もここにきて初めて対潜部隊の整備をはかり、海上護衛総隊を創設して各鎮守府管下の防備戦隊に対潜航空部隊を編入、そのうえに護衛総隊に船団護衛専門の第九〇一航空隊を新設した。このため、四五二空も横須賀防備戦隊の指揮下で、東京湾から南下するトラック航路の対潜護衛を担当することとなった。

また当時、開発されつつあった機上用の電波探信儀が採用され、搭載されることとなった。これは三式空六号無線電信と称された。また日本海軍独自の発明といわれる磁気探知機も採用され、これも搭載されることとなった。これは三式一号磁気探知機と称されて、艦船などが自然に持っている自己磁力線を感知し、この磁力線上空を通過するときに発生する起電力を増幅し、潜没中の潜水艦を探知しようとするものである。

この新兵器の搭載により、零式三座水偵としては機内や乗員の任務配置についての改革が必要となった。電探、磁探とも最後席の空三号電信機の搭載位置につむので、電信機は空二号を使用して中間席に移し、偵察員の仕事は二座機とおなじになった。また、磁気探知機の増幅器部分に問題はないが、磁気感応起電力部分は最後の後部胴体に収容するので、余分な機体磁力をのぞくため、機銃はもちろん爆弾も搭載できなくなった。

搭乗員側も、偵察員を二、三のグループにわけて横須賀空に派遣し、電探、磁探の使用取扱法の講習をうけることとなった。またしばらくぶりでレシーバーをつける古い偵察員は、無線交信のリフレッシュをしなければならない。操縦員の方は、磁探搭載機用に変則な超低空の編隊航行をしなければならないし、さらに新搭載の三式空一号無線電話機（隊内電話機）の慣熟と編隊行動時の使用方法などが加わった。

機材の改修搭載は二空廠において逐次おこなわれていったが、その間も在来機を使って従来型の対潜哨戒を実施した。

十二月三日には南方輸送任務をおわって横須賀に帰投中の空母冲鷹《ちゅうよう》が、八丈島の南西海面で雷撃をうけたというので対潜掃討をおこなったが、発見できなかった。冲鷹は翌日ふたたび被雷沈没してしまった。

昭和十九年一月中旬には、南方で被雷した空母雲鷹《うんよう》が損傷し、傾斜しながらも自力で横須賀へ帰投したときには、当隊も使用可能全機によって、二日間、対潜直衛や前路警戒に従事した。

二月初めには電探搭載機が使用可能になり、夜間の対潜哨戒もできるようになった。早くも二月十六日の夜半には、恵良孝義上飛曹（乙十期）機が、イナンバ島南西洋上にて浮上潜水艦を探知して攻撃を加えている。

三月初旬までに全機が新兵器搭載機に改修された。ちょうどそのころ、松号作戦と呼称される輸送作戦がおこなわれた。これは、中部太平洋・内南洋のトラック島やマリアナ諸島の各島へ陸軍部隊を増勢するもので、大陸から移動してきた部隊や内地での編成部隊などであった。

これらの部隊を東京湾内に集結した船団が、強力な直衛の護衛艦艇に周囲を守られて南下するもので、東松何号船団と呼ばれていた。ときには名古屋方面からの船団も加わり、館山湾那古沖に集結し、ここで護衛隊形をととのえて出発していった。

三月初旬から四月下旬にかけて、数次の大船団が南下していった。これら船団の出発には、当隊では可動全機を使って前路対潜警戒にあたった。とくに磁探隊は錬成過程にありながらも、今後の磁探隊の使用方法なども研究しながら、連日のように鳥島の南の受け持ち海面以南まで飛行し、それ以降は父島空、硫黄島に展開している九〇一空や九三一空の対潜航空部隊と交代した。

三月十三日の早朝、東松二号船団の護衛艦の旗艦である軽巡龍田《たつた》が被雷したとの情報をうけて、さっそく現場へむかった。八丈島西南西約六〇浬《かいり》付近で、すでに四〇度近く傾斜した同艦を認めた。東側が明るくなりつつあるころに浮かびあがったシルエットに、敵潜は西側から雷撃したようであった。

まだ、夜間における航空機の対潜方法は不充分であったが、この龍田以外のほかの船団には被害もなく、全東松船団がぶじ目的地まで到着していることは、ようやく海軍の対潜方法が進歩してきたことをしめしている。

対潜爆弾を抱いた愛機・零水偵と高橋重男飛曹長

敵潜水艦の探知攻撃法

電探(三式空六号無線電信機)は、ようやく小型機に搭載できるようになったレーダーで、一二〇ミリのブラウン管に反射波をオッシログラフ式に表示するもので、物体の反射距離を目盛からよみとって距離を求める。

方向は主翼右前縁と、胴体後部の左右に、組み合わせのE字形をしたダブレットアンテナを取りつけ、発射電波を逐次三方向のアンテナにスイッチングして方向を測定した。しかし指向性が鈍いので、前方のみを八木式アンテナに改修した。これで指向性が向上した。機体左右方向で探知した場合にも、機首をその方向にむければ、正確な方位が得られる。

物体の確認は、ブラウン管上の反射の大きさと波形から判定する。対航空機の場合には反射波尖頭が不安定にちらつく。丸みがあれば島、細いが尖頭部が鋭角なら艦艇などと、判定には多少の熟練が必要である。

潜望鏡の探知は不可能だった。しかし、洋上潜水艦にたいしては探知することができた。海面反射効果により、高度千メートルくらいで一〇ないし一五浬が限度であった。また同高度で、航空機の編隊なら五、六〇浬、艦船部隊なら一〇〇浬ちかくまで探知できた。

KMXとよばれる磁探(三式一号磁気探知機)は、艦船の艦首から艦尾方向に生ずる磁力線で、機上の回転する感応コイルに起電力を生じさせ、これを増幅して表示灯を点灯させるとともに、自動的に目標弾(アルミ粉末)を落下させるようにしたものである。弱い磁力線を探知するのであるから、感応回転コイルは一抱えもあるほど大きいが、航空機用のためきわめて軽くできていた。

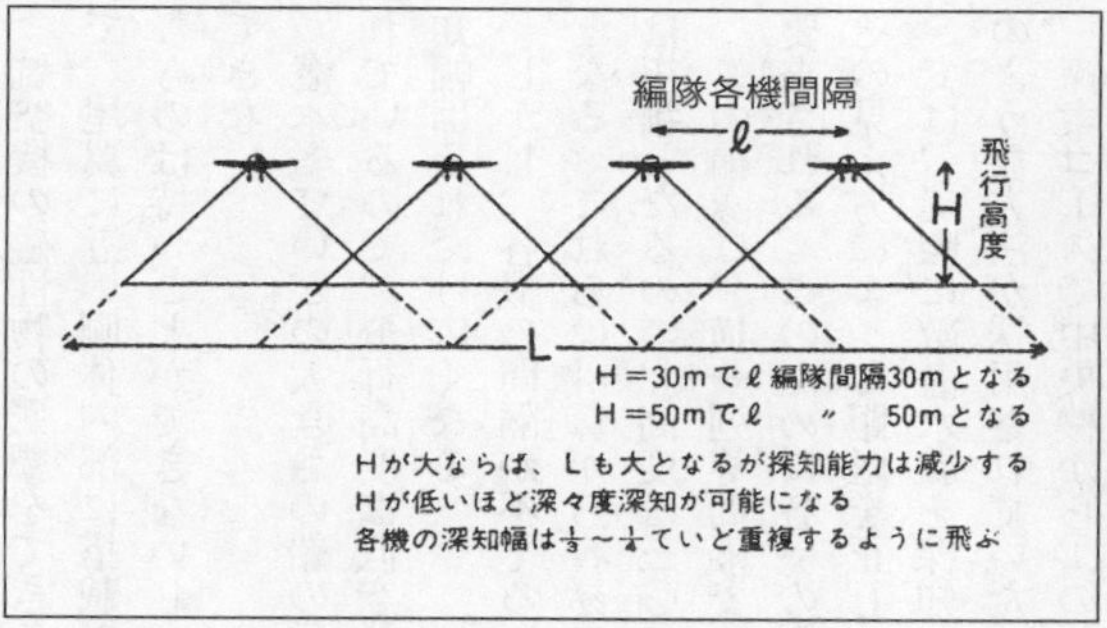

［第1図］

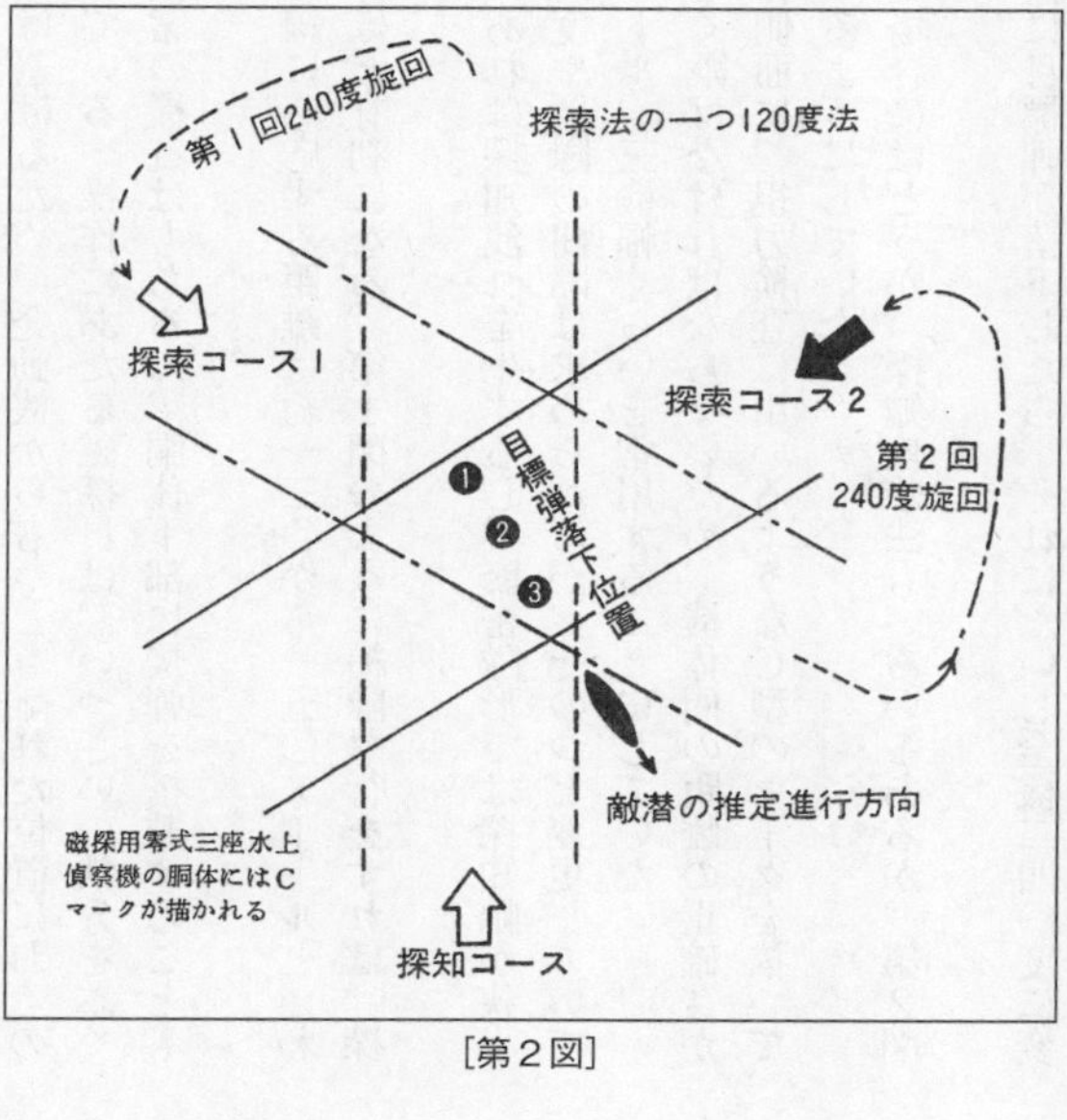

［第2図］

航空機の磁性物の影響をできるだけ避けるため、発動機からもっとも離れた位置におくので、尾翼に近い胴体内部に搭載されている。操作にあたる磁探員は、いっさいの鉄分をふくむものは持つことができないし、後席の機銃はもちろん、胴体下部に爆弾を搭載することもできない。

潜水艦ていどの大きさの船の磁力線に感応する距離は約一三〇から一五〇メートルといわれているので、飛行高度は低空飛行ほど有利になる。第1図のように編隊飛行をすれば、探知幅はそれだけ広くなる。

しかし、各機の間隔が不ぞろいであれば探知洩れを生ずるし、緊密隊形では探知幅が狭小となる。これらは計算から容易に高度や編隊の間隔は求められるが、そのつど変更していては複雑となるので、高度は三〇メートル、三機幅くらいを常用することにしていた。

この編隊は、横一列等間隔で正しく飛ばなければならないため、機体間の距離の正確さが要求される。このために各機の胴体側面に、視力検査に用いるようなC型のマークを描いて、その見え方によって距離を正しくするようにしていた。

では、実際に敵潜水艦を探知した場合にはどうか。探知攻撃法もいろいろあるが、第2図のような方法が採用されていた。

探索コースで中央機から①の位置に目標弾が落下したら、それにたいし全機二四〇度に変針し、①を中心に飛行すれば、つぎの探索コースで左右いずれかの機が探知して②の目標弾を落下させる。つぎにおなじように探索コースに入ると、左右いずれかが目標弾を落下する。

①②③をつらねる方向に潜航していることがわかる。もし目標弾が三角形になれば沈座か、きわめて微速力潜航である。

通常対潜爆弾を搭載した電探機（無装備機のときもある）も、高度五、六〇〇メートル付近で目認対潜で直衛にあたっているので、この磁探機が探索をはじめると連絡をうけ、現場上空に接近し、探索操作終了をしめす発煙投弾の投下地点に飛来して推定位置に爆弾を投下する。対潜艦艇も近くにいれば、発煙弾を目標にして急航し、付近に爆雷攻撃を加えることになる。

北方から南方への新たな進出

松号作戦が四月下旬に一段落すると、四五二空は十二航艦の直轄部隊として、五月にふたたび千島方面の哨戒部隊として北上した。

本隊は択捉《えとろふ》島の年萌《としもえ》に基地をおき、派遣隊は占守島別飛沼《べつとびぬま》に進出し、沙那、加熊別などに臨時基地を設定した。そして、南千島および北千島方面の対潜哨戒や船団護衛に従事した。中部千島には適当な水上機基地はなかったが、松輪島には五〇二空、五五三空の艦爆や艦攻が展開しており、それらが対潜部隊として協力していた。

電探、磁探の整備兵力は従来の無線兵器整備員が兼務していたが、五月には甲種工業学校の電気科を卒業し、第六期予備整備練習生として追浜空で電探、磁探を専修してきた専門の下士官十数名が配属された。そのため可動率はよかったが、それら整備員たちには、それなりの苦労が多かったようであった。

昭和十九年も十月になると、フィリピン方面の状況が悪化したため、十二航艦に所属した各航空部隊は三航艦から二航艦に移され、台湾から比島方面に転用されることとなった。

しかし、四五二空は海上護衛総隊に編入され、また館山および横浜基地に移動することとなった。占守島《しゅむしゅ》の派遣隊員は十月中旬に別飛沼基地から空路館山へ移動したが、まだ空地分離されていなかった四五二空の整備員たちは、飛行機隊を見送ったあと、十月二十四日に白陽丸に便乗して大湊へ向かった。

ところが二十五日、オホーツク海において白陽丸が敵潜の雷撃をうけて大爆発をおこしたあと一、二分で沈没した。これでキスカ島以来の高野整備士や鎌倉整曹長ら一六六名が戦死してしまった。生存者は、千住掌工作長ただ一人だけであった。

館山基地に移動が完了すると同時に、半数はただちに台湾東港基地に移動し、第九〇一空の指揮下に入って台湾および香港、カムラン湾などに進出して、対潜警戒に従事した。

いっぽう館山に残った半数は、横須賀防備戦隊に協力し、東京湾口や伊豆諸島方面の対潜警戒に従事することとなった。

巨大空母信濃《しなの》の公試運転が相模湾でおこなわれることとなった。瀬戸内海西部にうつり、松山基地の戦闘機隊を収容して比島方面に出撃する日も近いなどという噂もでた。

横須賀出航に先だって使用海面の入念な磁探探査が二日間にわたっておこなわれた。当日も早朝から磁探機は超低空で行動を開始した。また電探機も中高度に、さらにその上空には館山空の観測機隊が数機、三段に対潜警戒機をおくという厳重なものであった。

十一月二十八日、いよいよ信濃の回航日である。浦賀水道を通過したのは夕暮れ近くであった。夜間になるため、観測機や磁探機は使えない。電探機による前路哨戒しかできなかった。

高度協定をして三機の護衛で出発した信濃は、大島を過ぎるころから増速して、われわれが聞いていた航路より若干南側を、三隻の駆逐艦に護衛されて蛇行航行している。

十時すぎに当隊受け持ち海面を通過したが、念のため御前崎の延長線まで警戒し、十一時十五分に現場をはなれた。深夜、伊豆半島付近のみぞれ雨に悩まされながら帰隊したのは、二十九日午前一時すぎであった。

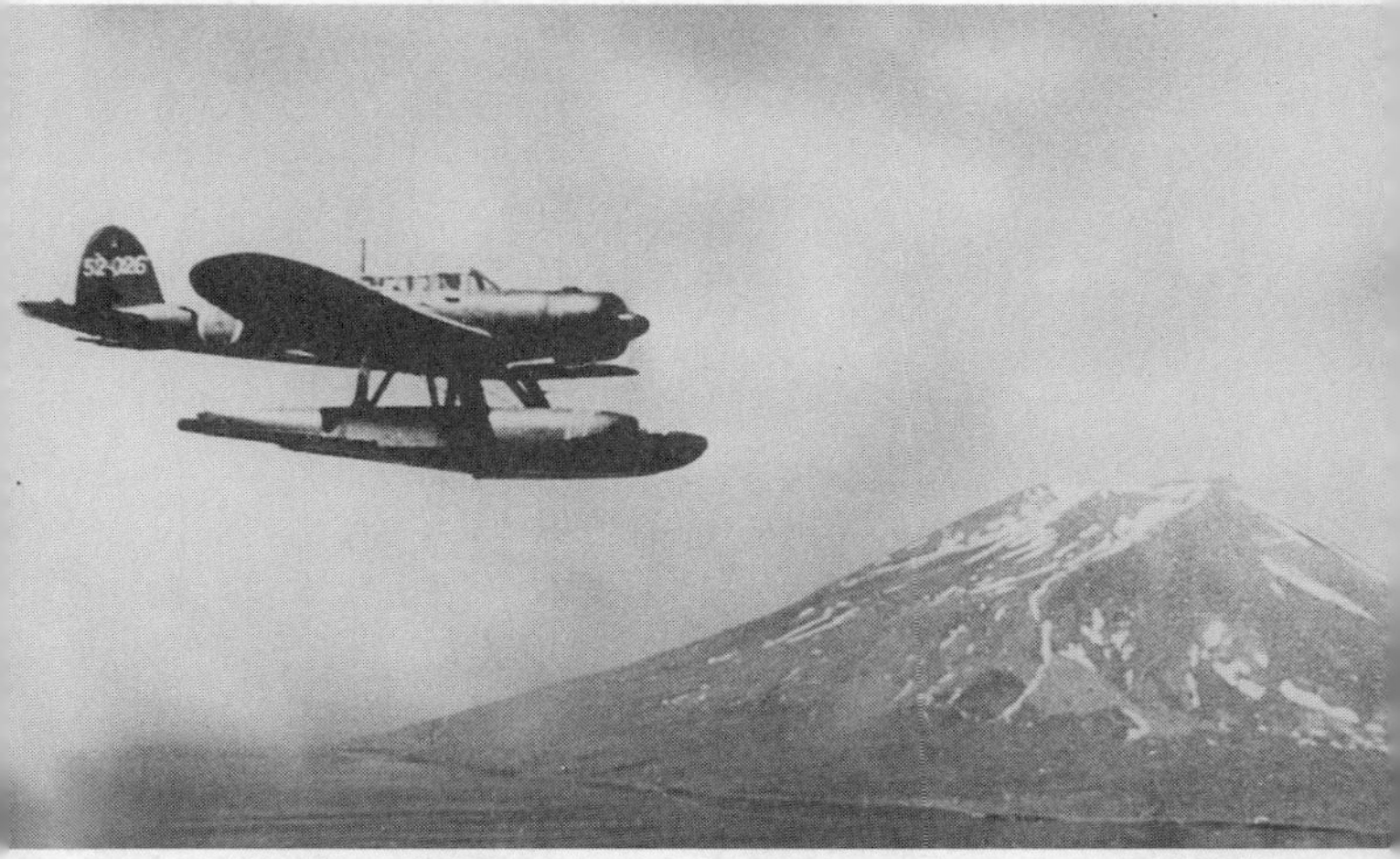
千島列島北端・阿頼度島の千島富士を望み飛翔する452空の零式三座水上偵察機

昭和二十年一月一日、台湾に進出していた派遣隊は、現地で九〇一空に編入されたため、当隊は解隊されることになり、館山の本隊は第八〇一空に編入になった。

飛行艇は詫間と鹿児島の鴨池に展開していたので、水偵隊も鹿児島基地に進出し、S1～S3作戦（台湾、沖縄方面への増強輸送作戦）の対潜警戒に従事したのである。

ところで、沖縄戦のころには、もうわが国の輸送船の動きは、大陸から日本海側のみになってきた。その方面には九〇一空が展開しているので、われわれは対潜部隊から除かれ、索敵攻撃部隊に編成替えし、水上雷撃機に改修されて玄界および桜島基地で本土決戦に当たることになったが、その待機中に終戦をむかえた。

独創性をほこる「紫雲」「瑞雲」よ永遠なれ

航空機研究家　今出川　純

日本海軍は複座型と三座型の二種の水上偵察機を、海軍航空の草創いらい多年にわたって愛用しつづけ、数種のものを開発し改良に改良をつづけてきた。

草創のころすでに、この機種としては世界的な優秀機を国産したし、複座型の方では途中九〇式でアメリカのヴォートコルセアを丸写しに猿真似するといった醜態も演じたものの、三座型の方では世界的な不世出の名機といわれた九四式水偵を生んでいた。

この二機種に独特の用法の経験を積み、射出機の普及から艦載も便利となり、機体の近代化も行なわれて、ついにこの両機種の事実上の最終型となった複座の零式観測機と、三座の零式水上偵察機に到達した。そしてこの両機種を装備して、米海軍との大戦に突入したのである。

これら日本海軍愛用の二種の水偵のうち、複座型の方は本来の近距離偵察や戦艦、巡洋艦の弾着観測の任務のほかにも、三〇キロ、六〇キロの小型爆弾を積んでの急降下爆撃にも、そして固定機銃と旋回機銃をもちいての格闘戦にも対応することができた。とくに、この戦闘機的用法では支那事変の初期に、この機種は九六艦戦をしのぐ撃墜スコアをあげたことさえある。

一方の三座水偵の方は、複座型と飛行艇との中間に位置する航続力を持ち、それにふさわしい航法能力を備えていて、艦隊の前程哨戒や索敵、それに触接にもちいられた。雷装や爆装もやろうと思えばできたが、そうなると構造上からカタパルト発進には不便であった。

しかしこの後に零式となった、二種の水偵の開発がすすめられていた。支那事変三年目の昭和十四年になると、日本海軍の多年にわたって愛用し、用兵も定型化したこの艦載の水上偵察機という分野に、画期的ともいうべき用兵思想の革命が生ずるにいたった。

それは世界の〝下駄ばき水偵〟の概念と用法に革命をもたらすものであり、それまでどの国の海軍も、水上偵察機にこのような用法を考えついたものはいなかった。それは従来の艦載水偵の概念から完全に脱却した、飛躍的に高い機能を要求したものであった。

この年に日本海軍は、二種の零式にかわるべきものとして二種の水偵を計画し、民間の二社に試作を命じたが、このいずれもが世界にまったく前例を見ない、独創的な性格のものなのである。

その一は高速水偵のE15K1、のちの紫雲《しうん》であって、これは特殊任務の潜水戦隊旗艦用の丙巡大淀《おおよど》型に搭載され、特製の長大カタパルトで発進して長駆洋上に単独偵察行をし、場合によっては浮舟を投棄して敵戦闘機をふりきる高速を出そうという、いわば陸軍の司令部偵察機の艦載機版というべきものである。もうひとつのほうが、Ｅ16Ａ１の瑞雲《ずいうん》であって、これまた従来の水偵の概念をやぶるものであった。すなわち、これまでの小型爆弾による軽攻撃から数歩すすめて、本格的な急降下爆撃のできる水偵が要求されたのである。

海軍で爆撃機といえば急降下爆撃機のことを意味するから、これは水上爆撃機にほかならない。これをもって、いままでの複座水偵のように観測や、艦隊上空迎撃や、軽攻撃にあまんずることなく、艦載水偵というものを艦隊同士の決戦に積極的に攻撃に参加させようというものであった。

しかも、一般の艦上爆撃機と同様の急降下爆撃と、あるていどの格闘戦性能の機能にくわえて、当時開発中の零式艦戦にも匹敵する二五〇

投棄可能な単浮舟、引込式補助浮舟、二重反転プロペラ。高速をめざした紫雲

ノットという高速が要求されたのである。このような高速の下駄ばき機は、実用機では世界に例がなかった。

このように、昭和十四年に計画された二種の艦載水偵はきわめて独創的、かつ野心的なものであったが、その後においても今日にいたるまで、これに類するものは世界のどこにも出現していない。まさに空前絶後のものである。しかしながら、結果はどうであったか？

まず前者の川西の紫雲は明らかに失敗だった。二重反転プロペラ、投棄式浮舟、引込式補助浮舟など幾多の新機軸がわざわいして開発に手まどり、制式になっても取扱いに難儀し、ろくに実績もあげないうちに母艦大淀はカタパルトを小型にかえ、格納庫は連合艦隊旗艦用施設に改造されてしまったのである。

また愛知の瑞雲のほうも、前例のない高速の水上機であるだけに、機体設計に幾多の欠陥をばくろして開発に手まどり、ようやく量産に入って戦列にくわわったときは、計画当時の高性能も色あせており、当初の期待ほどには実績をあげえないで終わったのである。

艦上機なみの強武装

瑞雲はこのように、前列なき水上爆撃機として愛知航空機で試作された。二五〇キロ爆弾をかかえて急降下可能、一般の艦爆同様の格闘性能、そして時速二五〇ノット（四六三キロ）がその要求の骨子であった。

この要求がさだまったときはすでに昭和十五年に入っていたが、この年の八月に計画要求書が出され、艦載に適する寸度の制限と主翼の折畳み、カタパルト射出時の性能と沈み量の制限、使用エンジンは三菱の金星四〇改、艤装と兵装、そして航続力が一九〇ノットで五〇〇浬《かいり》、過荷で千浬、偵察過荷で一四〇〇浬などが指定され、その全貌がさだまった。空前の高性能水上機のため、計画研究にかなりの日時を要したことになる。兵装は当初は前方固定の七・七ミリ機銃二、後方旋回七・七ミリ機銃一、爆弾二五〇キロ一、または六〇キロ三といったものであった。

そして数次の研究会や木型審査をへて昭和十五年秋に試作設計が着手され、第一号機は明くる十六年五月に起工された。そしてこの時に、それまで十四試として計画をすすめてきたのを改めて、十六試水上偵察機という開発呼称のもとに試作がすすめられるようになった。本機は強力で信頼性の高い金星エンジン（離昇一三〇〇馬力）と定速プロペラを装備し、独特の構造としては、浮舟の前脚柱前部を左右に観音開きになる、急降下速度制限のための抗力板としたこと、主フラップ後縁を別個の可動機構にしてこれを空戦フラップとし、操縦桿頭の押しボタンで操作できるようにしたことである。

試作一号機は昭和十七年春に完成し、五月下旬に処女飛行を行ない、開戦後の緒戦の大勝利に意気あがるなかで飛行試験が続行された。しかし戦闘機なみの高速をねらった水上機としては稀有の高翼面荷重機だけに、飛行試験は必ずしも順調には進展しなかった。

いや、むしろトラブルが続出したといってよい。エンジンは信頼性が高い金星だけに問題はなく、その艤装にも難点はなかったが、機体には大小の難点がつぎつぎと露呈されたのである。まず主翼に自転癖が生じ、これによって誘発される補助翼のオーバーバランスが明らかとなった。そのため外翼の取付角を変え、補助前縁バランスをへらしてこれを解決した。

つぎの難点は、最大速度が要求値を一〇ノットあまり下まわり、上昇性能も要求値に達しなかったが、これはいまさらどうしようもないことだった。さらには浮舟の艇底強度が不足で、破損浸水が生じたし、浮舟脚柱の剛性不足で滑走中に機体が尻をふることが難点となった。そこで浮舟が補強され、また脚柱には後方脚柱に内側に補強支柱が増設された。これはわずかながらとはいえ、性能をそこなうものであった。

そうしたことより何より、本機の開発でもっとも手こずらされたのは、新案の前脚柱を利用した抗力板であった。これを急降下中に開くと、乱れた気流によって機体につよい震動が発生したのである。この震動が激化して、あげくのはてはついに浮舟が脱落するという事故まで生じた。

関係者のけんめいな研究と対策により、とうとう後年の高速機のエアブレーキに見るように、この抗力板に円《まる》い孔《あな》を多数あけるという方法によって、ようやくこのトラブルも解決をみたのである。

このように生みの苦しみを色々とつぶさになめ、開発にはかなりの長期間を要してしまうことになったけれども、昭和十八年八月にいたってようやく制式採用されることが決定し、瑞雲と命名されて量産されることになった。

この開発期間中に、射撃兵装は戦訓によって格段に強化され、前方固定は二〇ミリ機銃二、後方旋回は一三ミリ機銃一と、九九艦爆や彗星《すいせい》より格段の重武装となり、本機よりあとにできた艦攻・艦爆兼用機である流星《りゅうせい》に匹敵するものとなった。もちろん日本海軍の水偵中ではもっとも強力な兵装である。また同じく燃料タンクには、自動消火装置がもうけられるようになった。そのほか機体各部にかなりの補強がくわえられ、また量産機においてはエンジンをより強力な金星五四型に換装することになった。

敵グラマン機との死闘も

だが、量産一号機が完成したのは、昭和十九年に入ってからのことになってしまった。この年二月五日のロールアウトである。以後はひたすら量産が続行されたが、愛知独特のヘンシェル式丸管治具の応用や、タクトシステムの適用がなされ、量産機の出来ばえはわるくなく、他の戦時中の量産機にありがちだった粗製濫造《らんぞう》の気味はほとんどなかった。

ことにエンジンが使いならされたきわめつきのものだったから、実用上この点でのトラブルがほとんどなかったのは有利なことであった。ただ他の機体部分の整備が手間をくってやりにくい、という非難はときたま耳にした。

部隊編成もまた、広航空隊をはじめとして急ピッチですすめられ、世界に例のない水上爆撃機隊の用法も練られていった。また戦艦の伊勢と日向の後部砲塔を撤去して飛行甲板と格納庫をもうけ、航空戦艦に改造中の二隻に、本機が主搭載機の候補にのぼったこともある。

しかし、実施部隊が編成されて訓練もすすんだ昭和十九年八月にいたって、つづけざまに

急降下爆撃もできる水偵をめざした瑞雲。双浮舟前支柱の小穴部がエアブレーキ

二度、本機の急降下中の空中分解事故が発生した。原因はフラップ取付けの剛性不足にありとされ、フラップ取付法の改良が全機にわたってほどこされた。しかし事故の真の原因は別のところにあった。例の抗力板の発生する渦流が主翼をたたいて生ずるバフェッティングが、ある条件下で発散振動となったのである。

本機は、高翼面荷重のわりには水上での安定性もよく、操縦も容易な方の部類に属した。けれどもつづけざま二度の空中分解事故によるショックは、本機の搭乗員の頭にのちのちまで本機の強度にたいする一抹の不安となって残ったようである。

瑞雲の初陣は、昭和十九年秋のフィリピンをめぐる攻防決戦の舞台でのことである。さすがに水上爆撃機などというものは米軍には例がなく、意表をついて本機はかなりの戦果をあげたこともある。敵のグラマン戦闘機と格闘戦に入りながら、助かって帰還してきたような例もある。しかしながら、もともと急降下爆撃機は他機種にくらべて格段に損害の多いものである。

また計画当時は戦闘機なみとまでいわれ、水上機としてはほかに例を見ない高速とはいっても、二四〇ノットの最大速度はこの頃になるともう、あまり物をいうほどの値ではなくなっていた。こんなことから本機の部隊は損害も多く、あたら有能な搭乗員の消耗がつづいたのである。

瑞雲の愛知航空機における量産は昭和二十年春までで、以後、同社は彗星の増産に全力をあげることになり、瑞雲の生産は日本飛行機（日飛）に移管された。しかしもはや敗色濃い時期でもあり、日飛での生産は工員の質の低下や資材の欠乏、空襲と工場疎開などで、あまり実績があがらなかった。

愛知での生産機数は一九四機、また日飛で昭和十九年から終戦までに五十九機を生産したのが瑞雲のすべてである。

戦争直後、資料収集にやってきた米軍は、本機と二式大艇に他の機種よりずっと深い関心をしめしたといわれる。この二種とも水上機としては世界に類のない高性能であり、最高速二五〇ノットという水上機は、米海軍には一機もなかったからである。

しかし戦後は、第一線の戦闘用機種における水上機を参考にして、高性能の水上機をつくるようなこともなく終わった。したがって瑞雲と二式大艇とは、レシプロの水上機としては、ともに世界の最高峰に到達した存在となり、これらを凌《しの》ぐものはついに出現しなかった。持てる力をフルに発揮したとはいえぬ瑞雲、末期には特攻専門に使われてしまうことになった瑞雲も、以て瞑すべしというべきであろうか。

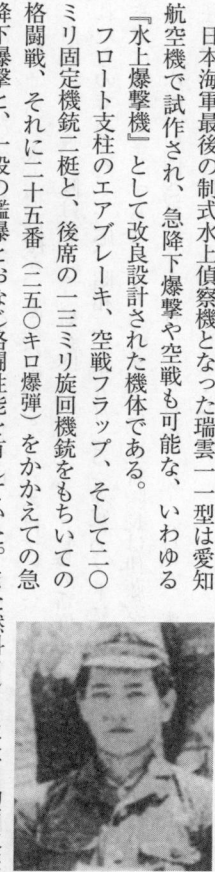

水爆「瑞雲」驕れる海上要塞に一弾を放て

沖縄洋上に敵艦船を迎えうった瑞雲隊の爆撃行

当時 八〇一空偵察三〇二飛行隊操縦員・海軍一飛曹　田村　晃

日本海軍最後の制式水上偵察機となった瑞雲《ずいうん》一一型は愛知航空機で試作され、急降下爆撃や空戦も可能な、いわゆる『水上爆撃機』として改良設計された機体である。フロート支柱のエアブレーキ、空戦フラップ、そして二〇ミリ固定機銃二梃と、後席の一三ミリ旋回機銃をもちいての格闘戦、それに二十五番（二五〇キロ爆弾）をかかえての急降下爆撃と、一般の艦爆とおなじ格闘性能を有していた。また燃料タンクには自動消火装置が設けられ、そのほか機体各部にかなりの補強がくわえられていた。エンジンもより強力な金星五四型に換装され、これにより最高速二五〇ノットを得ていた。

田村晃一飛曹

このように斬新な機構が随所にとりいれられていたが、実用化が遅れたため、わずか二五六機の生産にとどまった。その活躍もほとんど知られていないのが現状である。ともあれ、昭和十九年十二月中旬、横浜基地において偵察三〇二飛行隊が編成された。当時すでに太平洋全域で敵に制空権をうばわれる状況にあった。とても鈍足の水上機の出る幕ではなかったが、比島戦線では第六三四空瑞雲隊（岩国で編成）と偵察三〇一飛行隊（横須賀で編成）の二水上機部隊が、激烈な戦闘をくりひろげていた。

偵察三〇二飛行隊は第八〇一航空隊に所属して、これらの新増援兵力として新たに編成されたものであった。一応、昭和二十年五月ごろを交替のメドに（台湾、比島へ進出）、それまでに訓練を完了するというものであった。飛行隊長は伊藤敦夫少佐（海兵六三期）で、瑞雲は十八機が配備された。十二月二十五日に、呉空、佐伯空、艦隊搭乗員、その他からの転任者で、人員もほぼそろって編成を完了した。

横須賀空実験隊より転入した、ごくわずかの人たちをのぞいては、搭乗員も整備員も瑞雲の未経験者が多かった。が、若い搭乗員ばかりのはち切れんばかりのむき出しの闘志により、一日も早く機種になれるよう、いつも隊内には活気が満ちあふれていた。私は甲飛十二期の出身で、隊内ではいちばんの若輩であった。

恐ろしきかな新鋭機「瑞雲」

昭和二十年一月上旬より、横浜の本牧《ほんもく》沖において基礎訓練がはじまった。新鋭機の瑞雲は取り扱いが難しく、これの知識の吸収や新しい水爆としての夜間攻撃訓練は非常に困難をきわめた。

搭乗員、整備員ともに技量の未熟がめだった。また工作程度が悪く、機体の粗雑なこともあって、実働機数は二〇パーセントという低い状態がつづいた。それにともなう整備員の苦労は並み大抵のことではなかった。

新品の瑞雲は、横浜基地のとなりの日本飛行機より受領した。先任搭乗員が何回となく出向いていっては受領飛行を行ない、クレームをつけてはキャンセルしたことがたびたびであった。私たち若輩の操縦員も、訓練のあいまをみては先輩の後席に同乗した。そして前席の指示にしたがって、各種計器、主翼の振幅状況などをチェックした。

異色なのは、主翼の前縁を形成するV字形の外板（いまの用語ではリーデングエッジ）が、裏返しに取り付けられていることだった。それが主翼付け根付近の仰角を変形させているので、七〇ノット以下の低速では機首ががっくり落ちこむという、恐ろしい現象がおこった。それが発見できずにそのまま受領したのが原因で、着水時に数機が転覆事故をおこしている。当時は徴用工に女学生なども総動員しての急速大量生産に入っていたので、生産技術がきわめて低下していた。粗製濫造の瑞雲があまりにも多かったのである。

双浮舟の実用機である瑞雲で初めて飛行したときは、飛練時代の九三式水上中間練習機（赤トンボ／水中練）を思い出した。しかし水中練とはちがって、水中舵によって滑走するのは初めての経験であった。零観《ぜろかん》（零式観測機）ともちがい離着水も難しかった。横浜沖の朝凪《なぎ》のときは水面が鏡のごとしで、水面にフロートがひっついて前のめりとなり、逆立ちす

250キロ爆弾搭載、空戦フラップや自動消火装置と、艦爆なみの格闘性能を有した

るのをふせぐに精一杯であった。一月の厳寒期にも、汗が出る始末であった。ましてや総飛行時間一五〇時間ていどの私たちには、心労の連続であった。

さらに、降爆訓練がそれ以上に難しいものとは、夢にも思わなかった。零観の対潜降爆は昼間が主体の訓練であったが、瑞雲では夜間降爆が主体であったから、なおさらであった。これは昭和十九年十一月の比島攻撃のさい、瑞雲隊もレイテやミンドロに昼間攻撃をおこない、全機未帰還という大きな損失を出していた。その戦訓から夜間降爆に切りかえられたのである。夜間の単機攻撃とはこの時期までは全然わからず、座学のと

訓練を終え帰投した水上爆撃機「瑞雲」。20ミリ機銃２梃、12.7ミリ後方旋回銃、

きにやっと知ったのである。

零観の降爆は高度八〇〇メートルで、瑞雲は昼間は三五〇〇メートル、夜間は一五〇〇メートルの緩降下爆撃となる。月明の海上で目視できる限界高度が一五〇〇メートルぐらいだからである。

この方法はしかし、急降下よりかえって難しかった。降下時間が十秒ていどで、その間に照準、修正、投下、機の引き起こしを行なわなければならないからだ。また、敵への接近高度も低いので、敵防禦砲火の射程距離内となる。さらに投下高度も四百メートルと低く、投下後の脱出も敵艦船群の上空三〇〇メートルという至近高度を脱出、退避しなければならず、危険度は非常に高くなる。そのため降爆訓練ではいちだんと身がひきしまり、心が緊張した。

隊長に訓練の報告後、ゆったりとした気分で結果や降下角度などを話し合うのは、最高の気分のときである。目標に接近すればするほど、命中率はそれだけ高くなる理屈である。直角三角形の斜辺にあたる下降距離は短くなり、また降下角度は深くなって加速度がつきすぎる。その相乗効果で、照準期間が極端に短くなって非常に危険であった。

のちに福岡県の玄界基地に移動したあとの昭和二十年六月十九日午後九時過ぎ、部隊の大部分の人や付近住民が浜辺で見守るなか、訓練中の一機が機首を上げることもなく、そのまま一直線に標的にむかって海中に突っこんでしまった。徹夜の捜索もむなしく、遺体はおろか機体の破片すら見つからなかった。

沖縄決戦がはじまった日に

さて、比島キャビテを基地として奮戦していた第六三四空瑞雲隊は、飛行機、搭乗員とも日ごとに損耗がはげしくなった。飛行隊長、分隊長以下も戦死し、人員はいちじるしく減殺《げんさい》された。そのため台湾に転進する方針がうちだされ、昭和二十年一月早々から転進がはじまったのである。そして逐次、台湾の東港基地に移動して戦力の回復をはかることになった。

その結果、偵察三〇二飛行隊の比島進出は、必然的に解消されることになった。そして一月よりの訓練の成果に応じて、まず第一陣が二月中旬に鹿児島県指宿《いぶすき》に進出した。私は第二陣として三月に進出を終えた。三月に入って敵機動部隊は沖縄、九州方面に大空襲をかけ、西部方面の航空機とのあいだに激戦が展開した。いよいよ敵の本土進攻が本格的になってきたのである。

三月二十五日、米軍は慶良間列島に上陸、翌二十六日には輸送船をふくむ機動部隊が仮泊して、沖縄本島への上陸が明白となった。二十六日に天一号作戦が発令され、沖縄作戦にそなえて即時待機となった。同時に、東港方面にあった偵察三〇一飛行隊（第六三四空瑞雲隊もこれに統合された）は、全攻撃兵力を淡水基地へ集結せしめるとともに、沖縄方面の敵艦船攻撃の火ぶたを切ったのである。

もちろん、指宿に進出していたわれわれも攻撃待機に入った。その待機中にも敵艦載機の来襲になやまされた。三月二十七日に、降爆訓練中の一機がグラマンF6Fの攻撃をうけて撃墜された。また地上攻撃により、虎の子の数機が炎上する被害をうけた。

偵三〇一、偵三〇二飛行隊も、古仁屋《こにや》基地を中継基地として、南から、または北からと沖縄の上陸艦船部隊への反復攻撃をくりかえした。こうして以後、三ヵ月におよぶ激烈な沖縄航空決戦に突入し、全力を投入したのである。

瑞雲は出撃機が複数のときも、まとまっては出撃せず、いつも単機による出撃である。やがて博多基地に移動し、ここより古仁屋基地を中継として沖縄をめざした。二五〇キロ爆弾を一発、六〇キロを二発装備し、燃料を半載にしてフロートの大半を沈めながら、一機また一機と翼端灯だけを見せて上がっていく。深夜帰還した被弾機、故障機にとりつく整備員の苦労も、搭乗員以上のものがあった。

三月三十一日、「敵輸送船団沖縄本島に接近中」との報をうけ、夜間十時、熟練搭乗員による第一次攻撃隊瑞雲四機が、慶良間列島付近の敵艦船を目標に初出撃を行なった。中継基地古仁屋で燃料と爆弾を装備して沖縄にむかったが、一機未帰還、二機は帰投中に喪失、一機は天候不良のため古仁屋に帰投できず指宿基地に帰投した。このときの戦果は不明である。

さらに四月一日に四機、二日に八機出撃したが、戦果損失ともになかった。なお二日付で偵三〇二は第八〇一空より海上護衛総隊に編入となった。

三日午前一時、発進した五機のうちの一機が、奄美大島東方で空母二隻をふくむ米機動部隊を発見した。そして対空砲火のなか戦艦二隻、巡洋艦、駆逐艦の輪形陣の中に突入、必殺の爆撃をくわえたが戦果は不明であった。この日も三機が事故をおこしており、月明かりだけが頼りの夜間攻撃の難しさを感じさせた。夜間攻撃とはいえ単機攻撃であるから、敵にとっては対空砲火もこの一点に集中できる有利さがある。

この時期に、後続部隊の本拠地を前述した博多基地に、指宿、古仁屋を作戦基地とすることになった。

四月六日、菊水一号作戦が実施され、銀河隊や桜花隊の特攻出撃と相まって、偵三〇一、偵三〇二瑞雲隊も必殺降爆の雨を敵艦船部隊にくだしていた。

この日は瑞雲一機が敵中型艦を爆撃し、火柱を認めた。全機が帰還であった。「九州南部より発進せると思われる水上機に攻撃をうけ、巡洋艦一隻中破」との敵信を傍受して、戦果の確認がとれたのである。瑞雲は単機攻撃のため、往々にして戦果確認がとれない。爆撃後は低空で帰投し、また後席では夜戦の見張りも厳にしなければならず、確認するのが困難である。

四月二十五日、偵三〇二飛行隊は第五航空艦隊詫間《たくま》航空隊（四国）に編入されたが、単に機構が変わっただけで、飛行隊は従来どおり沖縄攻撃を続行していた。

百機を擁した一大玄界基地

五月ごろ、指宿や博多基地のように、既設の航空基地では敵に所在を知られているため、空襲攻撃目標になりやすいというので、生地基地を利用することが必要となった。そこで、福岡県糸島郡小富士村船越地区（現糸島郡志摩町船越）に適地を求め、これを玄界基地と呼称し生地基地とすることとなった。

やがて、指宿より玄界基地へのひきあげを完了し、残り一部は鹿児島県牛振の桜島基地を設営し、中継あるいは索敵哨戒の基地とした。

これより先、偵三〇二飛行隊を特攻隊に編成する、という話が出たことがあった。八〇一空の江口司令は、偵三〇二はいまでは精鋭をそろえた飛行隊であり、現に夜間攻撃をつづけているのは瑞雲隊と芙蓉《ふよう》隊（零戦爆装の夜間攻撃隊）だけなので、これを一度の攻撃でつぶしてしまうのは当を得たことではない、という意見であった。

伊藤敦夫隊長も、特攻隊反対の意見を述べられたようであった。命をかけての攻撃はあっても、生還の途《みち》をとざしての攻撃はさけるべきである、というのがその主意であった。

未帰還機のなかには、敵レーダー射撃で撃墜されたり、事故で失ったものもあった。最大の敵は米夜間戦闘機群であった。四月以降、米陸軍夜間戦闘機隊のP61が、伊江島を基地として活動を開始しはじめた。そのほかに夜戦隊のF6Fもくわわり、沖縄はもとより作戦基地の古仁屋上空も、敵の夜戦哨戒圏内に入るようになった。いかに瑞雲が高速水偵とはいえ、動きのにぶい下駄ばき機では敵夜戦の好餌とならざるを得なかった。

六月いっぱい、沖縄方面への反復攻撃がくりかえされた。連日七機から十機と、瑞雲の総攻撃がつづけられた。しかし、瑞雲にようやく慣熟した搭乗員の必死の攻撃でも、大した戦果は得られなかった。二十七日に出撃した金武湾攻撃で、直撃弾一、至近弾二をあびせて駆逐艦を撃沈しているが、くわしい戦果は不明である。

七月一日に偵三〇二の瑞雲、水偵隊全員が、所属を詫間空より第六三四空にうつされ、偵三〇一と偵三〇二両飛行隊が集結された。さらに十四日付で、零水偵四十八機が各航空隊よりの増強をうけ、六三四空も本土決戦用水偵部隊となった。

この水偵部隊は、超低空で敵艦に夜襲をかける構想で編成されたものである。航空魚雷一本、一二五キロのロケット弾を各翼二発ずつ搭載する重装備機だが、飛行に支障なかった。操縦に関しても水偵隊員は消耗率が低くベテランが多く残っていたのも、水偵雷撃部隊編成の要因であった。

決号作戦（本土決戦）の準備に入った第六三四空に、第九五一空、第九〇一空、第九〇三空、佐伯空、詫間空より人員機材ともに、空輸でぞくぞく転入されてきた。こうして玄界基地は一大水偵基地となったのである。

米軍の次期の進攻作戦は九州南部か済州島方面と判断され、九州方面に航空部隊の配備が急がれた。このため玄界基地をふくむ唐津湾には、鹿島空、大津空などの観測機も進出してきていた。

桜島基地に一部の瑞雲隊を派遣していたが、補用機もふくめ八十機をこえる六三四空の飛行機と、前記航空機の合計一〇〇機をこす水上機が、この玄界基地を中心にして唐津湾で決戦をむかえることになった。

八月十四日、南シナ海方面の敵機動部隊を目標に特攻待機が発令された。これまで特攻にくわわらず、正攻法で作戦してきた偵三〇一、偵三〇二飛行隊全員が、爆装機のもとで待機した。

十四日午後十一時に第一次、明くる十五日午前一時に第二次出撃が決められていたが、索敵機による発見ができないまま終戦をむかえ、作戦は中止となった。以後、十八日午前零時三十分、土佐沖に敵艦隊を発見し、攻撃用意の電文が入ったが誤報とわかり、中止となった。

八月二十二日、搭乗員は呉、横浜、舞鶴の各航空隊にむけて、玄界、桜島両基地より発進した。こうして事実上、偵察三〇二飛行隊は解散となったのである。

下駄ばき四千機でたどる太平洋海戦記

海戦の裏方として地道な偵察活動を展開した水上機隊の真価

航空史研究家　村上洋二

昭和十六年十二月八日午前一時（日本時間）、オアフ島の北二五〇浬《かいり》に進出したハワイ空襲機動部隊第八戦隊の重巡利根と筑摩から、各一機の零式三座水上偵察機が射出された。

機動部隊は攻撃地点に進出するまでにハワイ領事館や先遣の潜水艦からの情報を、大本営海軍部を通じて受けとっていた。それまでの情報では、米主力艦隊がオアフ島の真珠湾に在ること、空母は出港中、群島の東に位置するマウイ島のラハイナ訓練泊地には艦隊がいないということが、ほぼわかっていた。しかし綿密な事前作戦計画にしたがって、空襲直前偵察にこの二機を飛び立たせたのだった。直前偵察によってこれまでの情報を確認し、攻撃隊に欠かせない精密な敵情、天候などを知ることは、やはり絶対に必要であった。

これより少し前、利根では午前零時に、第八戦隊の阿部弘毅司令官が水偵搭乗員と艦内の利根神社に参拝し、おみきを酌みかわして任務の必成を誓ったばかりだった。藤田第八戦隊参謀は「まず本日の先陣、いな、対英米戦の先頭をきる当隊偵察機発進」と、日記に記している。

この二機の零式水偵を追うように、三十分後の午前一時三十分、淵田美津雄中佐が直率する第一次攻撃隊一八〇機が、歴史的なハワイ空襲に飛び立ったのだった。

午前三時、先行した筑摩機は真珠湾上空に達し、まず「真珠湾在泊艦ハ戦艦一〇、甲巡一、乙巡一〇」、ついでその停泊隊形をくわしく報じ、さらに「敵艦隊真珠湾ニアリ、真珠湾上空、雲高一七〇〇メートル、雲量七、〇三〇八」と貴重な情報を打電した。またラハイナ泊地に向かった利根機も三時五分、同泊地に敵艦のいないことを知らせた。

機動部隊司令部にも、攻撃隊の淵田指揮官にも、この報告はまことに貴重だった。これまでの敵情報告によってねりあげた精密な攻撃計画をなんら変更することなく、もはや日ごろの猛訓練の成果をひっさげて、真珠湾に突進すればよかったからだ。

午前三時十五分、機動部隊、いや連合艦隊が待ちに待った攻撃隊指揮官機の「攻撃隊突撃準備隊形ツクレ」、そして三時十九分に「トトトト」とト連送(突撃せよの略)が発信された。真珠湾はたちまち炎の海と化した。淵田機からは早くも三時二十二分に「トラトラトラ」、すなわち「ワレ奇襲ニ成功セリ」の電報が発せられた。真珠湾の現地時間では十二月七日、日曜日の午前七時五十二分のことだった。

第一次攻撃隊にひきつづいて第二次攻撃隊が真珠湾で大戦果をあげているころ、機動部隊から遠く東に、西に、北に、四機の九五式二座水上偵察機が飛んでいた。第三戦隊の戦艦比叡、霧島と第八戦隊の利根、筑摩から発進し、敵潜水艦を警戒し、敵艦艇の出撃、さらには敵航空隊の来襲をいちはやく機動部隊に知らせるための警戒索敵飛行を実施していたのだ。当時なお、太平洋にあるはずのアメリカ空母二隻、重巡十隻の所在がいぜんとして不明という状況下でもあったのである。

ハワイ空襲は日本軍の圧倒的な勝利に終わったが、その後も、はなばなしい機動部隊や航空隊の戦果のかげには、いつもこうした地味な水上偵察機の活躍があったのである。

ラバウル零戦隊の片腕として

なんといっても太平洋戦争の、いわゆる〝下駄ばき〟機の中心的存在は零式水偵であった。あの悲しい敗北を喫したミッドウェー海戦では、利根搭載の零式水偵の発艦がおくれたことが戦闘のすべてとはいわないまでも、最初のつまずきになったことはいまではよく知られている。艦隊における水偵の任務は地味だが、一歩のちがいが大きな敗北につながることを如実にしめしているのではなかろうか。

しかし零式水偵は艦隊だけでなく、南方諸地域や遠くアリューシャンでも地味な活躍をしている。

昭和十七年八月ガダルカナルの激戦がはじまっていらい昭和十九年の春まで、ソロモン群島の海と空では連日激闘がつづいた。制空権の獲得にはラバウル航空隊などの陸上機が連日出動したが、敵の物量の前にしだいに圧倒されていった。

昭和18年10月、ガ島方面の索敵哨戒から帰投し、揚収される重巡鳥海の零式水偵

そのため日本軍の輸送船団や、米艦隊の攻撃に向かう海軍艦艇の行動は夜間を主とするようになった。そこでソロモン群島中部サンタイサベル島のレカタや、ブーゲンビル島に隣接するショートランド島に水上機の前進基地をもうけて、夜間に行動する艦艇の耳目となって活躍した。

ラバウルの陸上機隊が艦隊との協同作戦になれておらず、機能的にも不向きであり、艦隊から不平の声がおこっていたときだけに、かゆいところへ手のとどくような水上機隊の協力は、大いに感謝された。両基地には空戦性能のすぐれた零式観測機や二式水上戦闘機も参加して、敵陸上機との空戦にも一役買い、ラバウル零戦隊の片腕として活躍するという場面もあった。

昭和十八年十一月ブーゲンビル島タロキナに米軍が上陸して以来、ラバウルからブーゲンビルにいたる艦艇による補給が困難になったとき、同島に弾薬糧食、さらにはマラリア薬などの輸送にあたったのは、零式水偵はじめこれらの水上機だった。昼間の敵の爆撃時にはジャングル内に機体をかくし、夜間になると水上に引き出しては黙々と困難な仕事をはたした。

対潜水艦護衛航空隊を意味する九〇〇番代の航空隊九五八空が、昭和十七年十二月にラバウルで開隊されて、終戦までラバウルにあり、昭和十九年後半には数少ない連絡飛行しかできなくなっていたが、とにかく終戦まで水偵を隠蔽《いんぺい》保持して任務を遂行していたのである。

昭和十八年四月にはショートランド島に、当時、同方面で活動中の第十一航戦（神川丸、国川丸）を解隊して、零式水偵、零式観測機などのそれまでの搭載飛行隊で、同様の九三八空を開隊している。

べつの方面では、豪北方面のアンボンに基地をおいた九三四空の零式水偵一機が、前進基地のドボから発進、オーストラリア北方一〇〇浬の地点で敵の小型艦艇をみごと撃沈したうえ、海上に着水して艇長を捕虜にして帰るという放れ業《わざ》をやってのけた。

零式水偵はこのように、偵察はもとより通常の海上護衛、潜水艦、艦艇攻撃に使われたばかりでなく、戦争後期には電探を装備して夜間偵察に、また二〇ミリ機銃を中央席下方に装備して魚雷艇攻撃を行なうなど、万能ぶりを発揮した。そして終戦直前には特攻機としても使われた。

敵爆撃機を撃墜した九五水偵

さて、ハワイ空襲のときにちょっとふれた九五式二座水偵や、その他の水上機に話をうつそう。

日本海軍における二座水偵の本来の任務は、艦隊決戦時の弾着観測、艦隊上空と対潜警戒、中距離攻撃などときめられていた。ハワイ作戦ではもっとも地味な役割をつとめたわけだが、南方やアリューシャンの上陸作戦では、零式水偵の先輩である九四式三座水偵や、零式観測機——いわゆる零観《ぜろかん》とともに、輸送船団の護衛、上陸作戦の援護などに活躍した。

昭和十六年十二月ボルネオ攻略作戦のさい、同地に敵陸上機のあることはわかっていたが、日本軍の基地は仏印にあって足がとどかず、やむをえず上陸軍の護衛を水上機隊である第十二航空戦隊の旗艦神川丸一隻で行なうことになった。

上陸軍がボルネオ北岸のミリ付近に達すると、その翌日には早くも双発爆撃機三機が来襲したが、これを九五水偵一機が迎撃してたちまち一機をたたき落としてしまった。その後も連日六日間、爆撃機が数機ずつ来襲、後半には戦闘機を一、二機ともなってくるようになった。九五水偵はそのつど空戦をまじえ、一週間にじつに双発爆撃機五機、飛行艇一機を撃墜した。

当時、ミリ付近には水上機基地をもうけるのに適当な海岸がなく、飛行機の発着はデリックによっていた。そのため敵機を見つけてからの発進ではまにあわず、ほとんどの戦闘は上空警戒中の九五水偵の一、二機で戦ったものだった。

「下駄ばきのしかも複葉機が、敵機を落とした」と聞くと、「敵機がよほどふるくさい飛行機だったのだろう」と思う読者も多いにちがいない。が、じつはそれには理由があったのである。

昭和六年、九五水偵の前身の九〇式水偵が生まれたとき、この機体には固定銃および旋回銃各一梃がつけられていた。この機体は操縦性がよく、格闘戦にもむく水上機だった。そこで海軍では種々の実験のすえ、昭和九年に敵戦闘機の妨害を排除しながら弾着観測などの任務を遂行できるように、戦闘機との格闘戦を二座水偵の〝正規の戦技〟にとりいれ、それ以後、猛訓練を行なったのである。

その結果は、より高性能の九五水偵が採用されてまもなく昭和十二年七月に支那事変がはじまり、八月に上海に戦火が拡大して、中国空軍がわが支那派遣艦隊の爆撃に来襲した時いかんなく発揮された。出雲、川内の九五水偵二機が、敵の戦闘機と爆撃機を一機ずつ撃墜したのである。しかもこれは中国軍との初の空中戦だった。

ひきつづいて行なわれた南京地区制空戦では、九六艦戦は敵航空機の撃滅戦に専念し、九五水偵は本来なら下駄ばき機より軽快なはずの艦上爆撃隊の護衛をひきうけることになった。第一次には九五水偵は十二機が参加して、水偵隊だけで敵戦闘機十二機を、第二次には十機が出動して五機を撃墜した。このほか陸戦に協力して急降下爆撃を行なったり、超低空偵察などあらゆる面で活躍した。

北ボルネオほかでの活躍も、このように輝かしい過去の戦績からすれば、べつに不思議ではなかったわけである。

この格闘性の重視は、次に作られた零観でも踏襲された。いや、さらに徹底したものになった。二座水偵という呼称から観測機と名は変わったものの、任務に変わりはない。零観は日本海軍最後の複葉機だったが、その洗練された姿は通常の複葉機とはまったくちがった内容を秘めていた。

じつはこの零観については〝下駄ばき複葉機〟の格闘性能について徹底的な追求が行なわれ、制式採用時には国産初の傑作艦上戦闘機とうたわれた九六艦戦と、まったく互格の格闘戦を行なえる性能をもつにいたっていたのである。

零観も戦争初期にはフィリピン、蘭印などで九五水偵同様に使われている。昭和十六年十二月二十四日、フィリピンのルソン島ラモン湾上陸作戦援護中の十一航戦二番艦瑞穂《みずほ》の零観一機は、高度二千メートルで飛来したグラマン一機と格闘戦を行なって撃墜。越えて昭和十七年一月下旬のセレベス島メナド攻略のさいにも、おなじ十一航戦の零観が哨戒迎撃にあたり、上陸作戦中に六機撃墜の戦果をあげた。この攻略戦のさいも陸上機の基地が遠く、水上機母艦千歳、瑞穂、特設水上機母艦讃岐丸からなる十一航戦が上陸援護にあたったのである。十一航戦はこのほかさらに蘭印各地、西部ニューギニアでの攻略作戦に参加し、零観隊は十一機を撃墜し二十六機を撃破した。わが方の損害は一機のみであった。複葉の下駄ばき機が、小まわりをきかせてフトコロに飛びこんでくるのを見た敵機のパイロットは、大変おどろいたらしい。

十一航戦の各艦には九四式三座水偵も搭載されており、同じ作戦中に零観隊と協力して、潜水艦六、駆逐艦一、商船五を撃沈、商船二を大破させ、さらに上陸援護の地上攻撃では車輌数十台を破壊している。

零観はこうして緒戦から地味ながら目ざましい活躍をつづけ、ソロモン方面の戦況が急を告げると、先にもふれたように、レカタ、ショートランドの基地に進出した。

最初のうちはまったくの水戦隊として活躍し、大型機攻撃用の、空中で炸裂する三号爆弾をだいてB17、B24の迎撃なども行なった。後には二式水戦と敵機迎撃の任務をわかちあったが、零観隊はさらに零式水偵隊と艦艇の護衛、対潜哨戒・攻撃などにも活躍したのである。

昭和十七年六月のキスカ、アッツ攻略のさいにも零観は水戦隊として参加している。同年八月五日、水戦隊による第五航空隊（十一月四五二空と改称）がキスカに配備され、はじめは零観、のちには二式水戦が敵機を迎え撃った。しかし、この方面でも日本軍の補給は充分でなく、敵の物量の前に困難な戦いがつづいたが、水戦隊はよく戦い、孤立した陸上部隊全員の士気を高めたのだった。

実用化された初の水上戦闘機

アリューシャンからソロモンと、ひろい戦域で活躍した二式水戦は、実用化された世界初の水上戦闘機だった。日本海軍が仮想敵をアメリカ海軍において、しかも進攻作戦を考えるならば、陸上基地を占領するまでのあいだの制空権を獲得するための飛行機が当然必要になる。

空母搭載機による援護制空も考えられるが、敵の陸上基地のちかくで貴重な空母を長期に作戦させることは、危険が大きすぎる。じつはこうした理由から、最初から水戦として計画した十五試水戦（のちの強風）の試作が昭和十五年からはじめられていた。しかし、戦局の急速な展開は強風の完成を待つのを許しそうになかったので、零戦を改造した二式水戦がピンチヒッターとして登場したのである。

名機零戦からの改造だけに優秀な水戦が誕生したが、機数はミッドウェー作戦終了時にやっと二十四機が完成していたにすぎない。その後の量産機をふくめて、昭和十七年の夏もすぎるころから二式水戦隊がつぎつぎに編成されて、アリューシャン、ソロモンに出動してい

地上員の協力で給油中の二式水戦。主浮舟中央部も補助燃料タンクとして利用

った。

ソロモンでの活躍は同機にとって時機をえたものであったが、消耗もはげしかった。昭和十七年八月の米軍のガダルカナル上陸から十九年二月のラバウル航空隊の撤退までが、いわゆる〝ソロモンの消耗戦〟で、この一年間に失った日本機の総数は七〇九六機、そのうち五〇五七機が水戦や水偵（零観もふくむ）だったといわれている。

戦局は曲がり角にあった。北方戦線では昭和十八年五月にはアッツ島が玉砕して、航空隊は千島に後退し、南方戦線でも圧倒的な敵機の数の前に、水戦の活躍の余地はなくなっていった。

世界最強の水戦強風は昭和十八年十二月に完成したものの、このような状況では有効な活用はのぞめず、一部が蘭印のバリクパパンで、のちには内地の大津基地で防空用に使われたぐらいで終わってしまった。しかしこの強風から戦争後期の名戦闘機紫電や紫電改が生まれたことを思えば、その労はむくわれたともいえるだろう。

斬新な構想の紫雲と瑞雲

零式水偵の後継機には、斬新な思想をもりこんだ新しい機種が計画されていた。そのひとつは十四試二座水偵（のちの紫雲）であり、潜水艦旗艦の巡洋艦に搭載して、敵の制空権下に高速強行偵察を行なわせようとするものだった。

そのため層流翼や二重反転プロペラ、引込式翼端フロートが装備され、緊急時には主フロートを投下して、敵戦闘機から離脱するという変わった機体であった。

しかし、完成した六機を実用試験をかねてパラオに進出させたところ、期待ほどのスピードは出ず、主フロートの投下もうまくゆかず、結局は全機が敵戦闘機の餌食になり、生産は中止されるという悲運をたどった。

もうひとつは、急降下爆撃も空戦も可能という十六試水偵（のちの瑞雲）だった。こちらは途中、幾多の困難はあったものの、昭和十七年五月に試作一号機が完成した。しかし水上機パイロットや整備員の評判は悪く、量産機が出はじめたのは昭和十九年ころからだった。全海軍を通じての零式水偵への愛着が、量産をおくらせた原因だったともいわれている。

瑞雲は計画時には艦隊護衛用の二座水偵になるはずだったが、前線に現われたときにはすでにおそく、零戦なみの重武装と速力、それに爆撃能力を買われて、もっぱら水上高速爆撃機として艦船攻撃に使われ、最後には特攻機にもなった。あまり活躍の機会にはめぐまれなかったとはいえ、日本海軍最後の水偵としての資格は充分な機体であった。

波間に消えた三機の晴嵐

日本の水上機として絶対に忘れられないものに、潜水艦搭載機がある。潜水艦に小型水偵を積んで、潜水艦の目にしようというもので、世界中の海軍が採用をはかったが、結局は日本海軍だけが実用化に成功したものだった。

開戦時には、九六式小型水上偵察機と零式小型水上偵察機があり、甲型、乙型の大型潜水艦の一部に搭載されていた。海の隠密である潜水艦の、そのまた隠密的な兵器であった。これらの小型水偵はその存在さえ極秘であったため、活躍ぶりはほとんど国民に知らされなかった。

しかしハワイ空襲の直後の十二月十七日、そして明くる十七年一月五日、二月二十四日と三回にわたって真珠湾にしのびこみ、ハワイ空襲の戦果の確認と、損傷艦の修理状況の写真偵察を行なったのをはじめ、米本土、アリューシャン、オーストラリア沿岸など、太平洋の全域にわたって、敵艦船の動向などの偵察を行ない作戦に寄与するところが多かった。

昭和十七年五月三十一日のオーストラリアのシドニー港と、アフリカのマダガスカル島のディエゴスワレス港への特殊潜航艇の攻撃のための事前偵察も、潜水艦搭載の水偵が行なっている。

同じく昭和十七年九月、伊二五潜（伊号第二十五潜水艦）搭載の藤田信雄兵曹長操縦の零式小型水偵による二度の米本土オレゴン州への空襲は、史上唯一の米本土爆撃の栄誉をになう快挙となった。浮上した潜水艦の小さな格納筒から飛行機を引っぱり出して組み立て、カタパルトで射出されて敵の要地を偵察し、帰還には大洋上のちっぽけな潜水艦を探す。たいへんな努力のいる偵察機を、よくここまで使ったものという観を禁じえない。

日本海軍は潜水艦に搭載する飛行機として、さらに大変なものを作っていた。八〇〇キロの爆弾または魚雷を搭載する十七試特殊爆撃機（のちの晴嵐）がそれである。これは日本海軍がほこった潜水艦建造技術をもとに計画した排水量四千トン、航続力七万キロ以上という超大型潜水艦である伊四〇〇潜（伊号第四百潜水艦）型に搭載されるものだった。

伊四〇〇潜型の建造予定は十八隻、各艦に晴嵐《せいらん》を三機（最初の予定は二機）積んで、要地奇襲攻撃用の海

伊6潜搭載の九六式小型水偵。潜偵初の実用機として昭和17年初頭まで活躍

底機動部隊を編成する計画だった。潜水艦の航続力が七万キロもあれば、世界のどこへでも奇襲攻撃ができる。まさに戦略的な潜水艦隊であった。最初の目標にはパナマ運河が選ばれ、昭和二十年八月下旬決行の予定であった。

しかし、戦局の推移は中、小型潜水艦の量産を不可欠なものにしたため、伊四〇〇潜型の生産はおくれ、とても大編成の部隊は作れそうになくなってきた。そんななかで、それでも伊四〇〇潜が昭和十九年十二月三十一日に完成、ついで翌二十年一月八日に四〇一潜が完成した。

そこでふつうの旗艦潜水艦として建造中だった伊一三潜と伊一四潜にも二機ずつ晴嵐を積めるようにして、この四隻で第一潜水隊、すなわち爆撃機十機をもつ世界最初の海底空母隊が編成された。

当時、瀬戸内海はB29の投下した磁気機雷でいっぱいで、訓練は日本海の七尾湾で行なった。この訓練中、目標はパナマからウルシー泊地に変更された。パナマはなんといっても遠すぎたし、それにウルシーの敵艦隊を攻撃する方が、さしせまった重要さをもっていた。

七月中旬、第一潜水隊は「神龍特攻隊」と名づけられ、大湊に回航されて出撃の日を待った。伊一三潜と伊一四潜は一足先にトラックに向かったが、伊一三潜は敵の攻撃をうけたのか消息をたった。

七月下旬、待望の出撃命令がくだり、伊四〇一潜がまず出港。翌日、伊四〇〇潜もそのあとを追った。攻撃予定日は八月十七日。晴嵐の搭乗員はもちろん整備員も潜水艦乗員も、この破天荒な攻撃の成功に必死の願いをかけていた。

だがどうしたことか、八月十四日、直属の第六艦隊司令部から「神龍攻撃隊の発進を二十五日に延期せよ」との電命があった。乗員たちはその意味を理解しかねた。

八月十六日の夜明け、ウルシー泊地は第一潜水隊の目の前にあった。だがそのとき、日本降伏の悲報がとどいた。第一潜水隊には帰投命令が出た。大命とあれば致し方なかった。

帰航中の二十日、さらに電報がとどいた。その電報はこう告げた。「麾下艦船ハ攻撃兵器、重要書類ヲ処置セヨ。各艦、ソノ所在、針路、帰投予定地、到着日時ヲ報告セヨ」

第一潜水隊の伊四〇〇潜は、この電報をうけて浮上すると、搭乗員と整備員は涙をながしながら三機の晴嵐のフロートに穴をあけて、無人のままカタパルトからつぎつぎに発射した。晴嵐はしばらくの間、海にうかんでいたが、やがて波間に沈んでいった。

日本海軍水上機〝下駄ばき機〟のあらゆる意味での最後の傑作機であった晴嵐は、こうして一度も戦うことなくその生涯を終えたのだった。

※本書は雑誌「丸」に掲載された記事を再録したものです。
執筆者の方で一部ご連絡がとれない方がおります。

お気づきの方は御面倒で恐縮ですが御一報くだされば幸いです。

単行本　二〇一三年九月　潮書房光人社刊

NF文庫

海軍水上機隊

二〇一七年九月十九日　印刷
二〇一七年九月二十三日　発行

著　者　高木清次郎他
発行者　高城直一

発行所　株式会社潮書房光人社
〒102-0073　東京都千代田区九段北一-九-十一
振替／〇〇一七〇-六-五四六九三
電話／〇三-三二六五-一八六四(代)

印刷所　慶昌堂印刷株式会社
製本所　東　京　美　術　紙　工

定価はカバーに表示してあります
乱丁・落丁のものはお取りかえ
致します。本文は中性紙を使用

ISBN978-4-7698-3029-0　C0195

http://www.kojinsha.co.jp

ＮＦ文庫

刊行のことば

第二次世界大戦の戦火が熄《や》んで五〇年――その間、小社は夥しい数の戦争の記録を渉猟し、発掘し、常に公正なる立場を貫いて書誌とし、大方の絶讃を博して今日に及ぶが、その源は、散華された世代への熱き思い入れであり、同時に、その記録を誌して平和の礎とし、後世に伝えんとするにある。

小社の出版物は、戦記、伝記、文学、エッセイ、写真集、その他、すでに一、〇〇〇点を越え、加えて戦後五〇年になんなんとするを契機として、「光人社ＮＦ（ノンフィクション）文庫」を創刊して、読者諸賢の熱烈要望におこたえする次第である。人生のバイブルとして、心弱きときの活性の糧《かて》として、散華の世代からの感動の肉声に、あなたもぜひ、耳を傾けて下さい。